今世紀最大の衝撃 ハーモニー宇宙艦隊第二弾

闇の政府をハーモニー宇宙艦隊が追い詰めた！

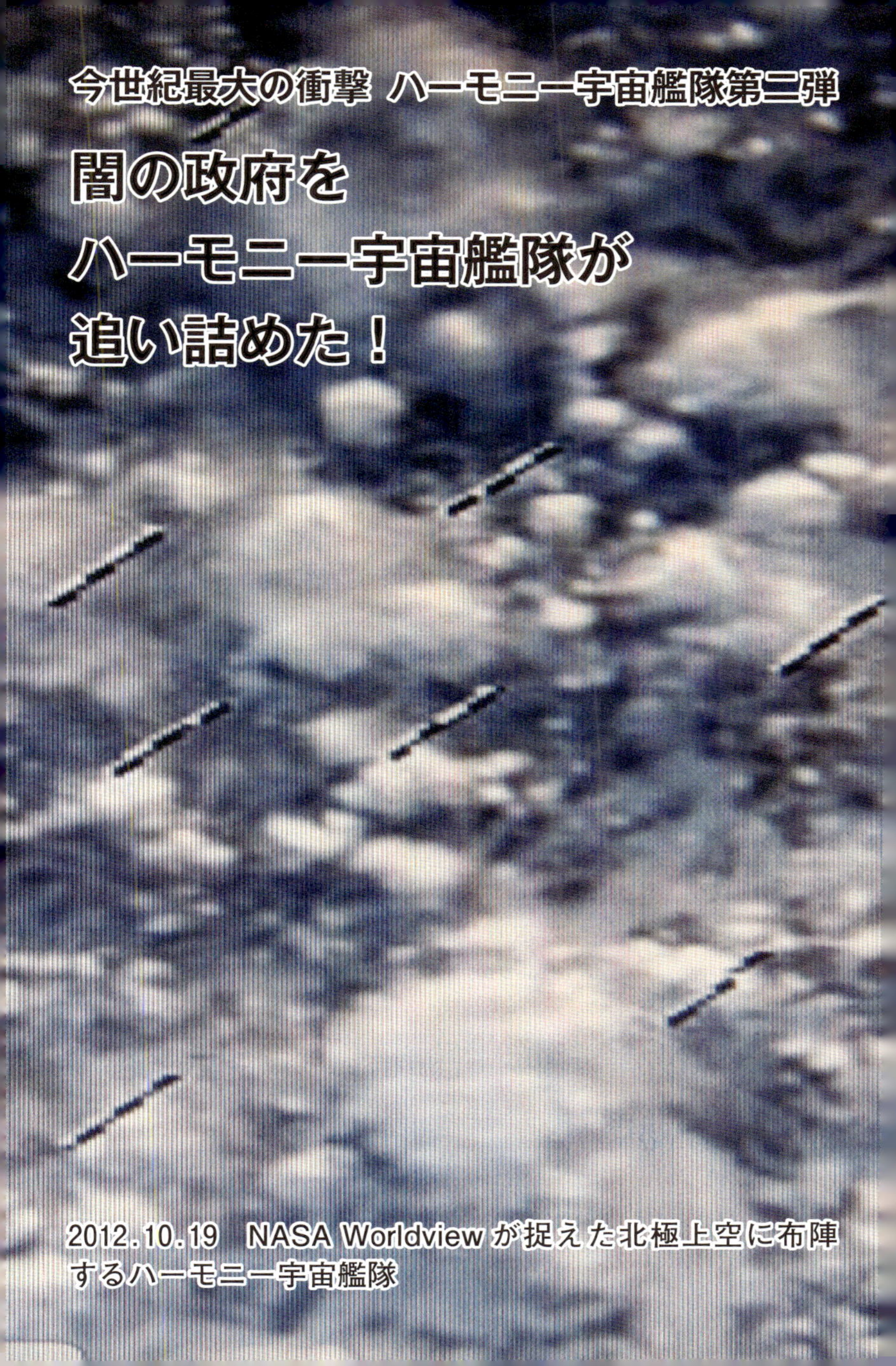

2012.10.19　NASA Worldview が捉えた北極上空に布陣するハーモニー宇宙艦隊

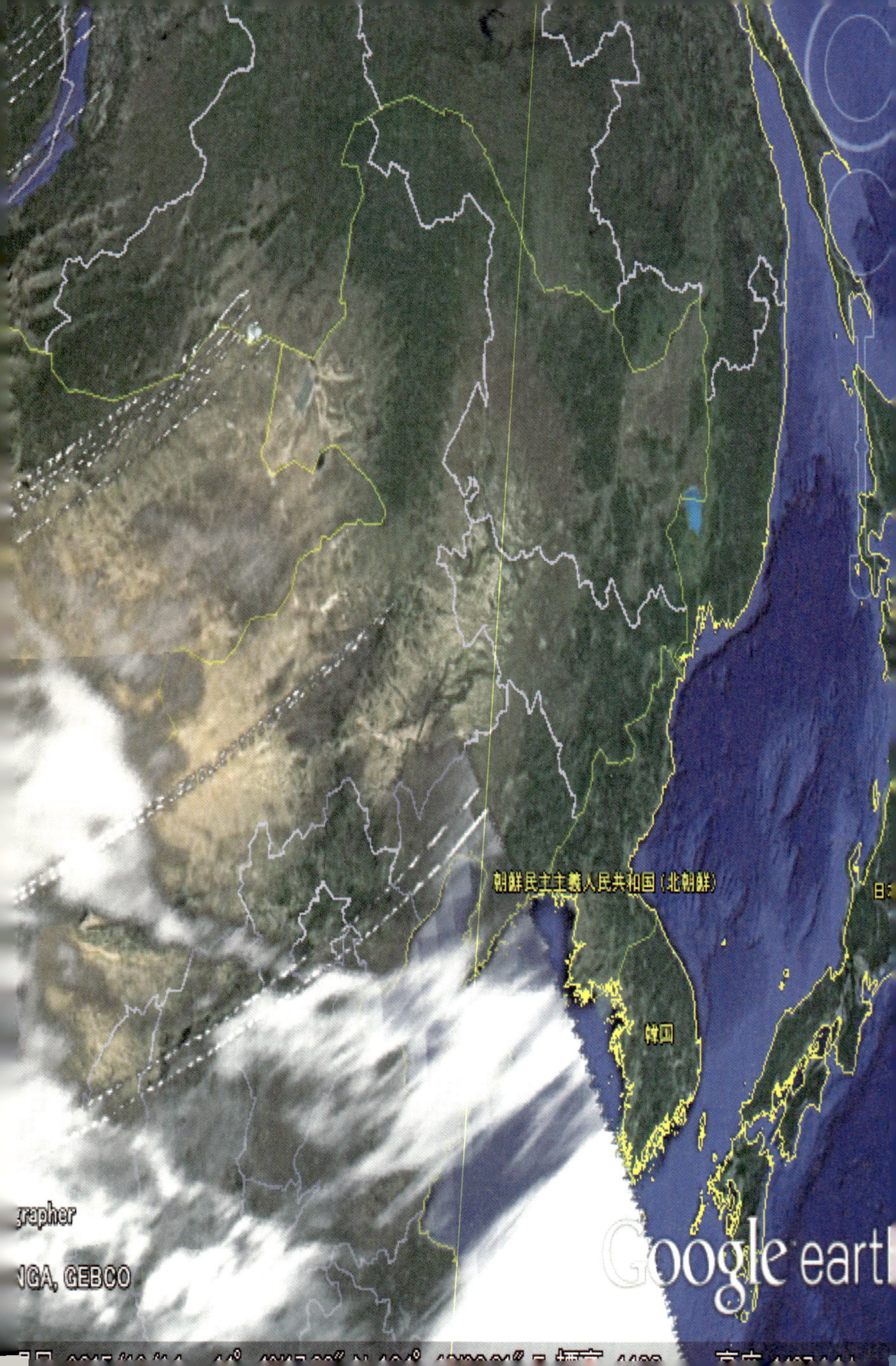
朝鮮民主主義人民共和国（北朝鮮）
韓国
GEBCO

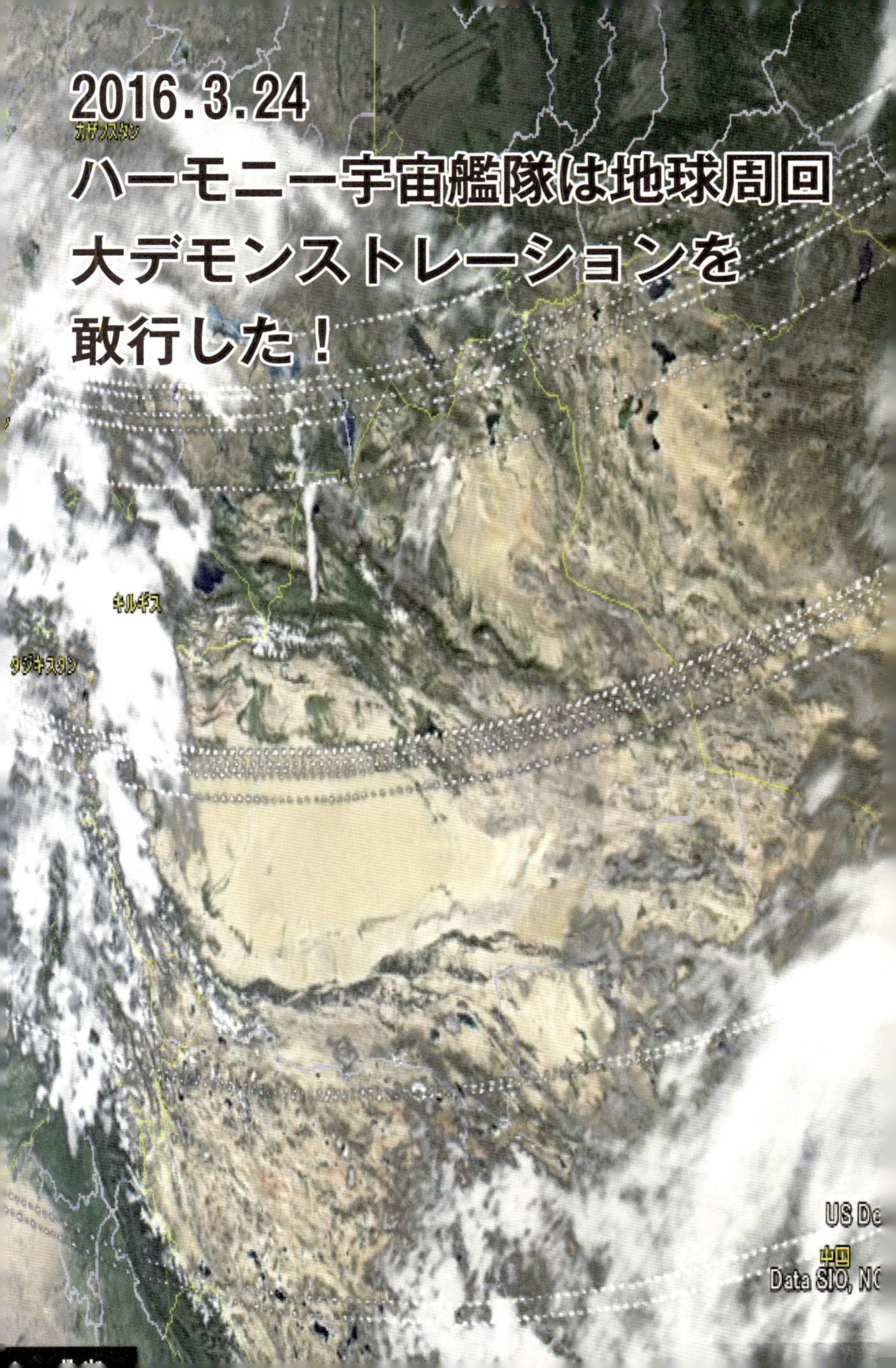
2016.3.24
ハーモニー宇宙艦隊は地球周回
大デモンストレーションを
敢行した！
カザフスタン
キルギス
タジキスタン
中国
Data SIO, NC

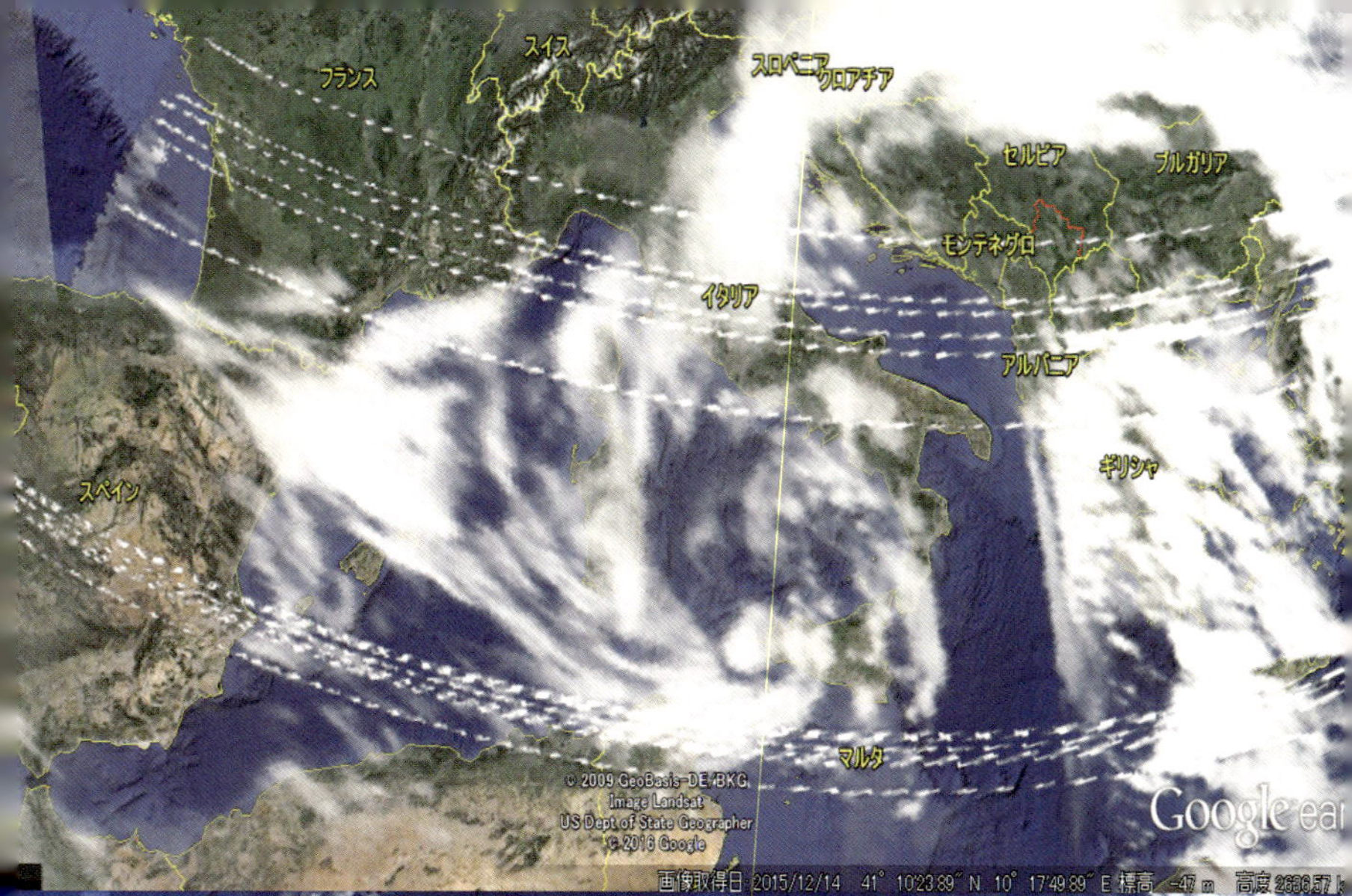

フランス
スイス
スロベニア
クロアチア
セルビア
ブルガリア
モンテネグロ
イタリア
アルバニア
ギリシャ
スペイン
マルタ
© 2009 GeoBasis-DE/BKG
Image Landsat
US Dept of State Geographer
© 2016 Google
画像取得日 2015/12/14 41° 10'23.89" N 10° 17'49.89" E 標高 -47 m 高度 2686.57 k

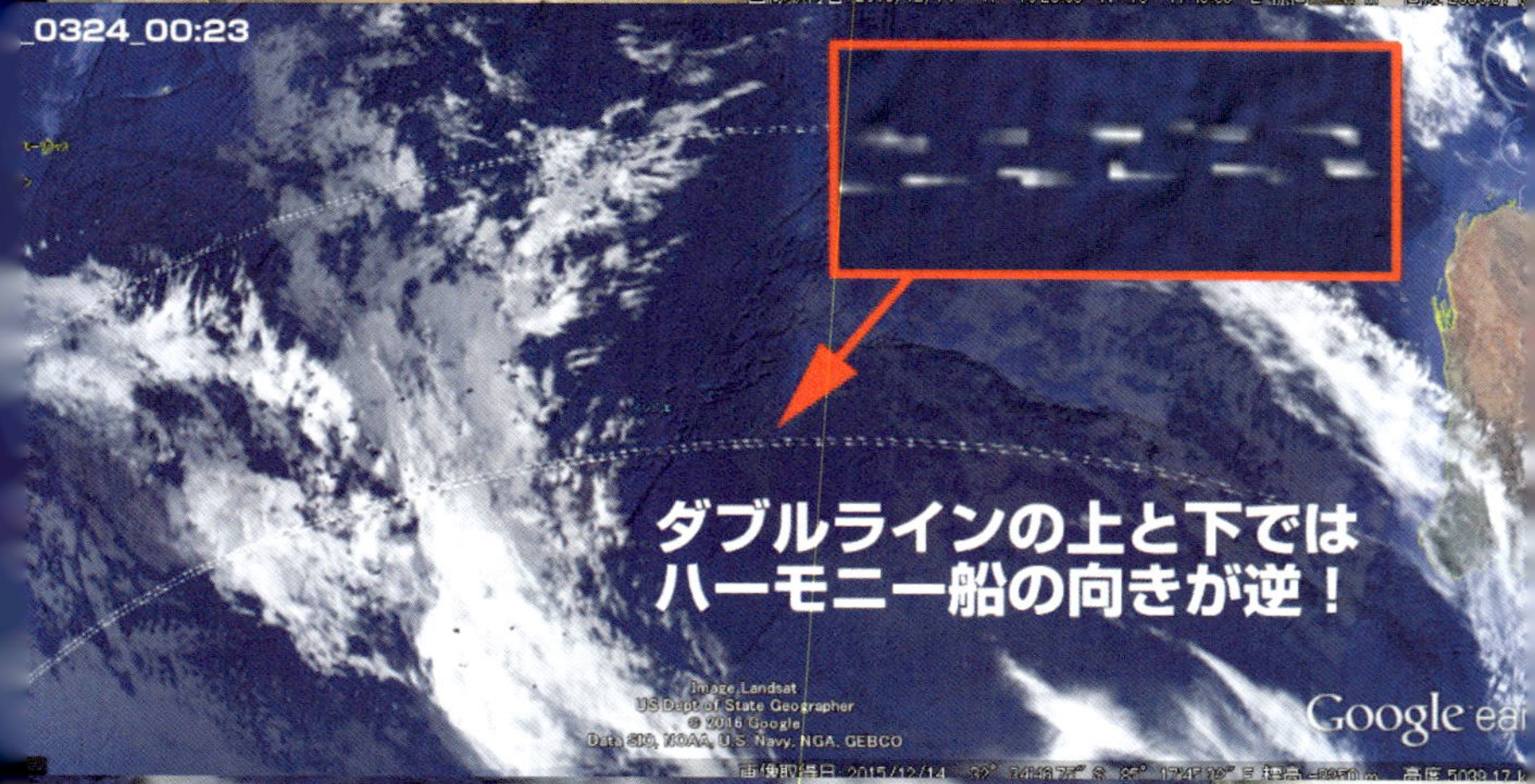

_0324_00:23
ダブルラインの上と下では
ハーモニー船の向きが逆！
Image Landsat
US Dept of State Geographer
© 2016 Google
Data SIO, NOAA, U.S. Navy, NGA, GEBCO

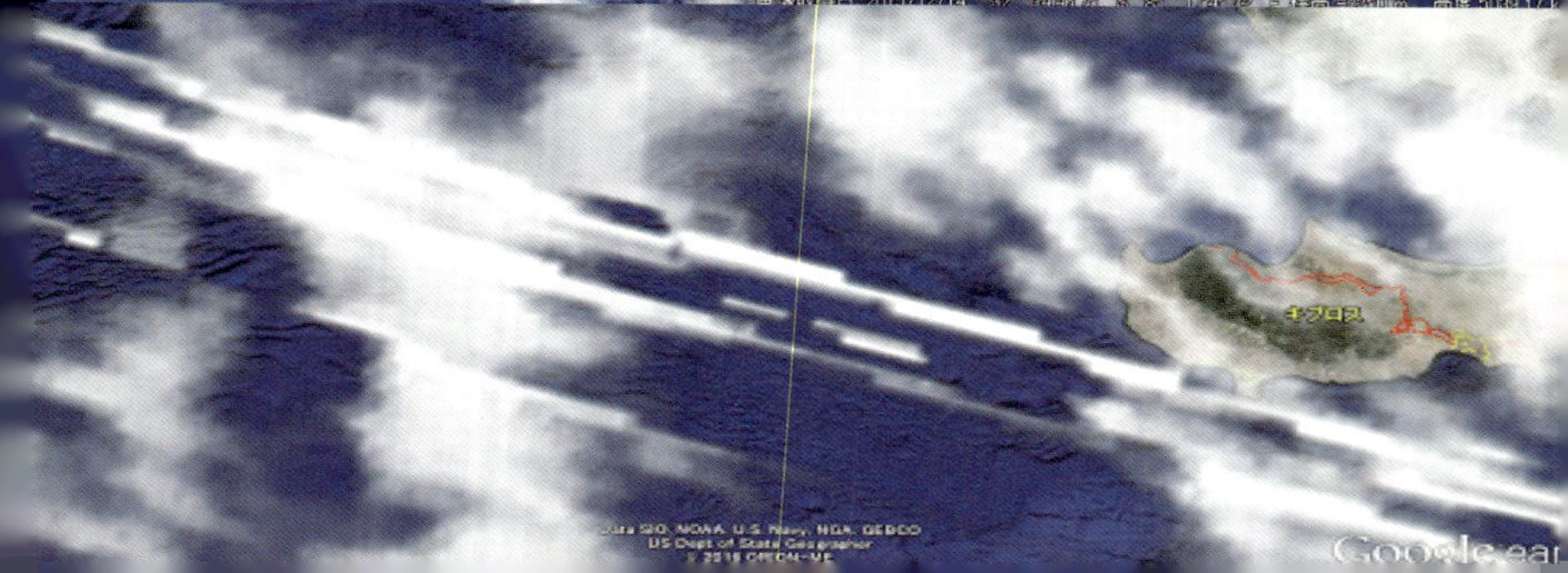

キプロス

南極基地から世界中に
飛び立つハーモニー宇宙艦隊

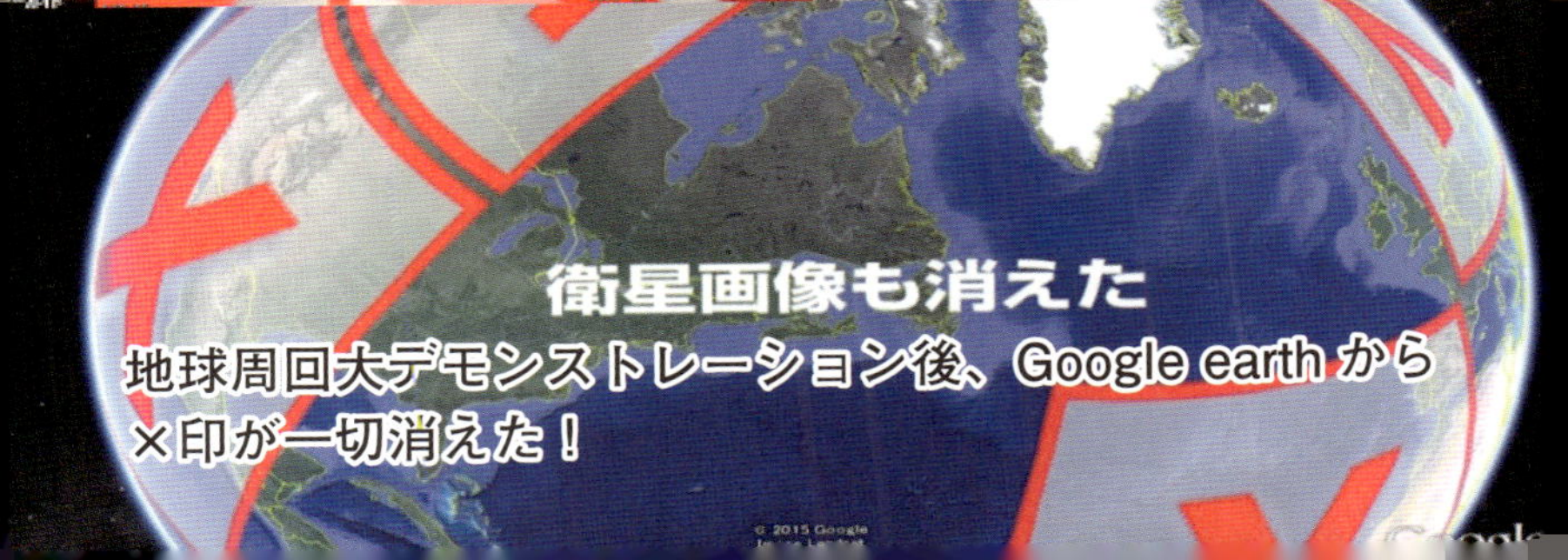

衛星画像も消えた

地球周回大デモンストレーション後、Google earth から×印が一切消えた！

2016.4.14・16
熊本地震はHAARP＆小型核爆発を使った人工地震だ!?

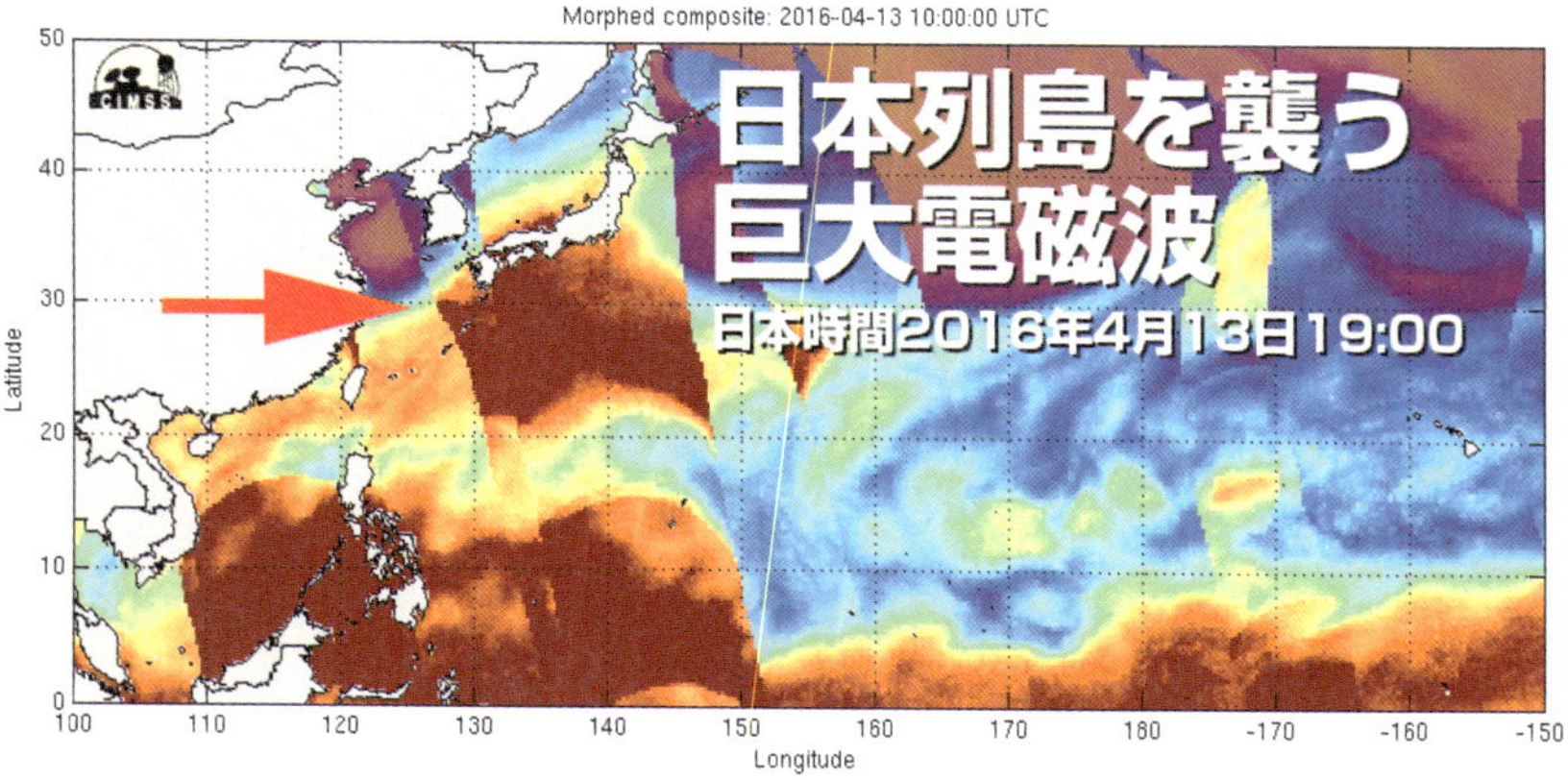

2016.4.13　MIMICで熊本地震直前、日本列島が電磁波攻撃を受けたことがわかる。

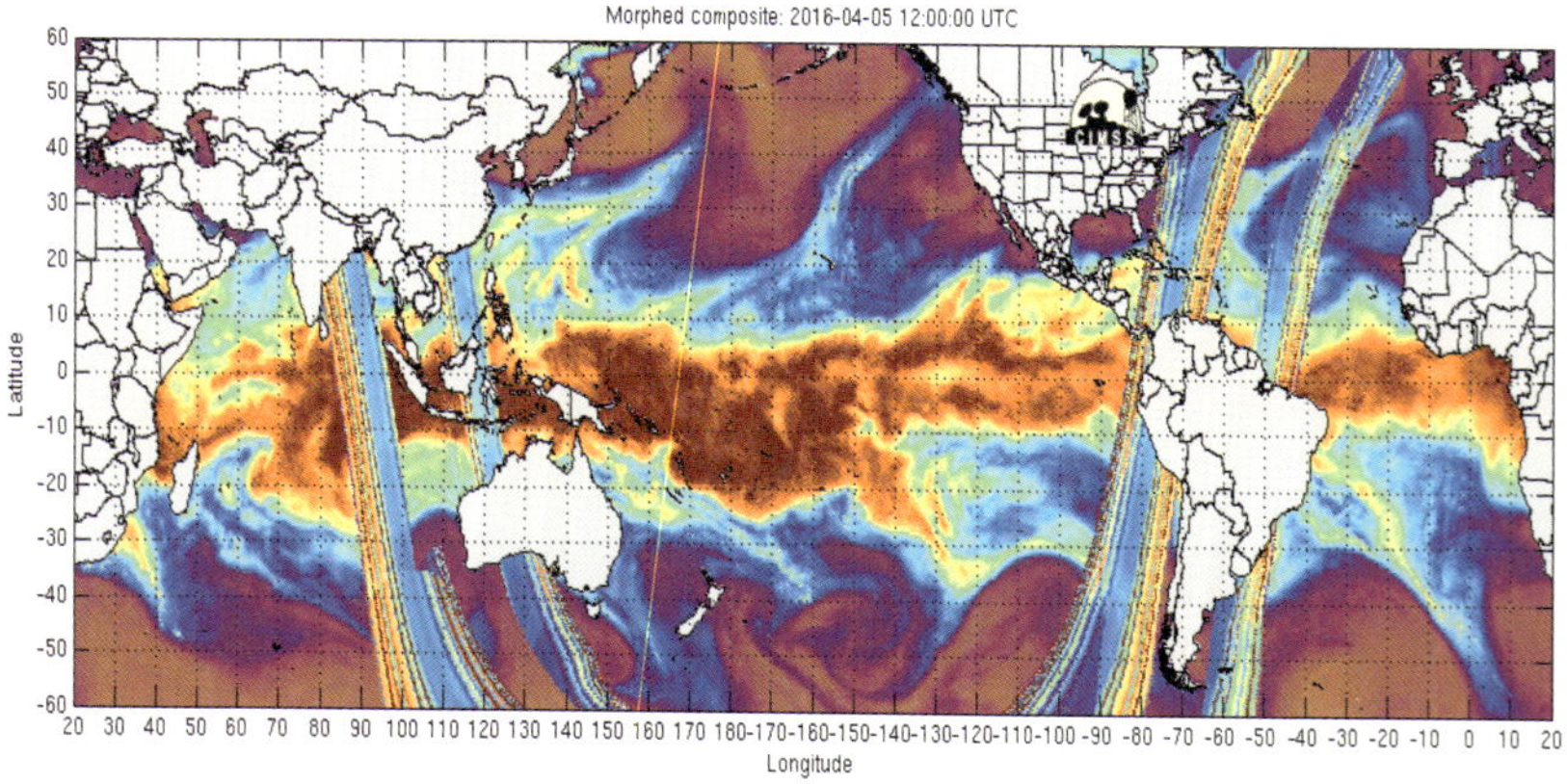

無人衛星からマイクロ波が照射された!?

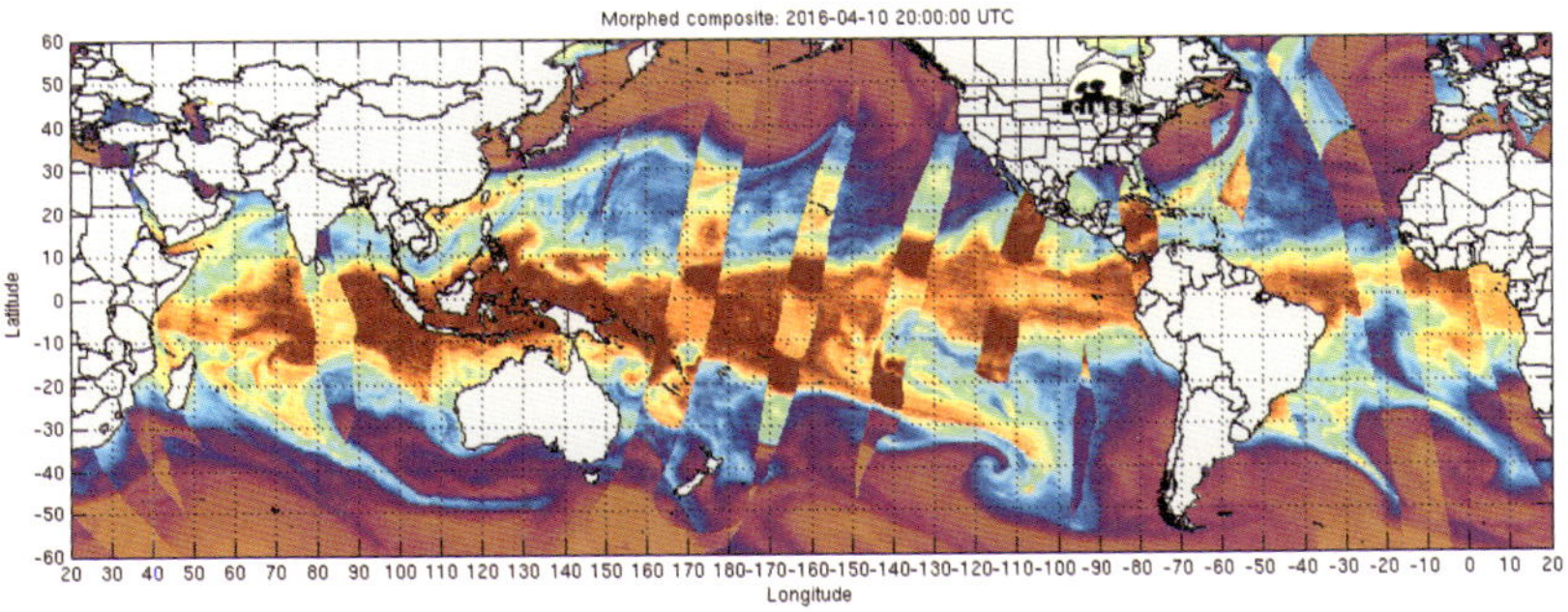

2016.4.10　狂ったように世界各地に電磁波が照射された。

●気象庁の青木元・地震津波監視課長は16日午前の記者会見で、「熊本、阿蘇、大分三つの地域で別々の地震が同時多発的に発生、このような地震は近代観測史上、思い浮かばない」との見解を示した。

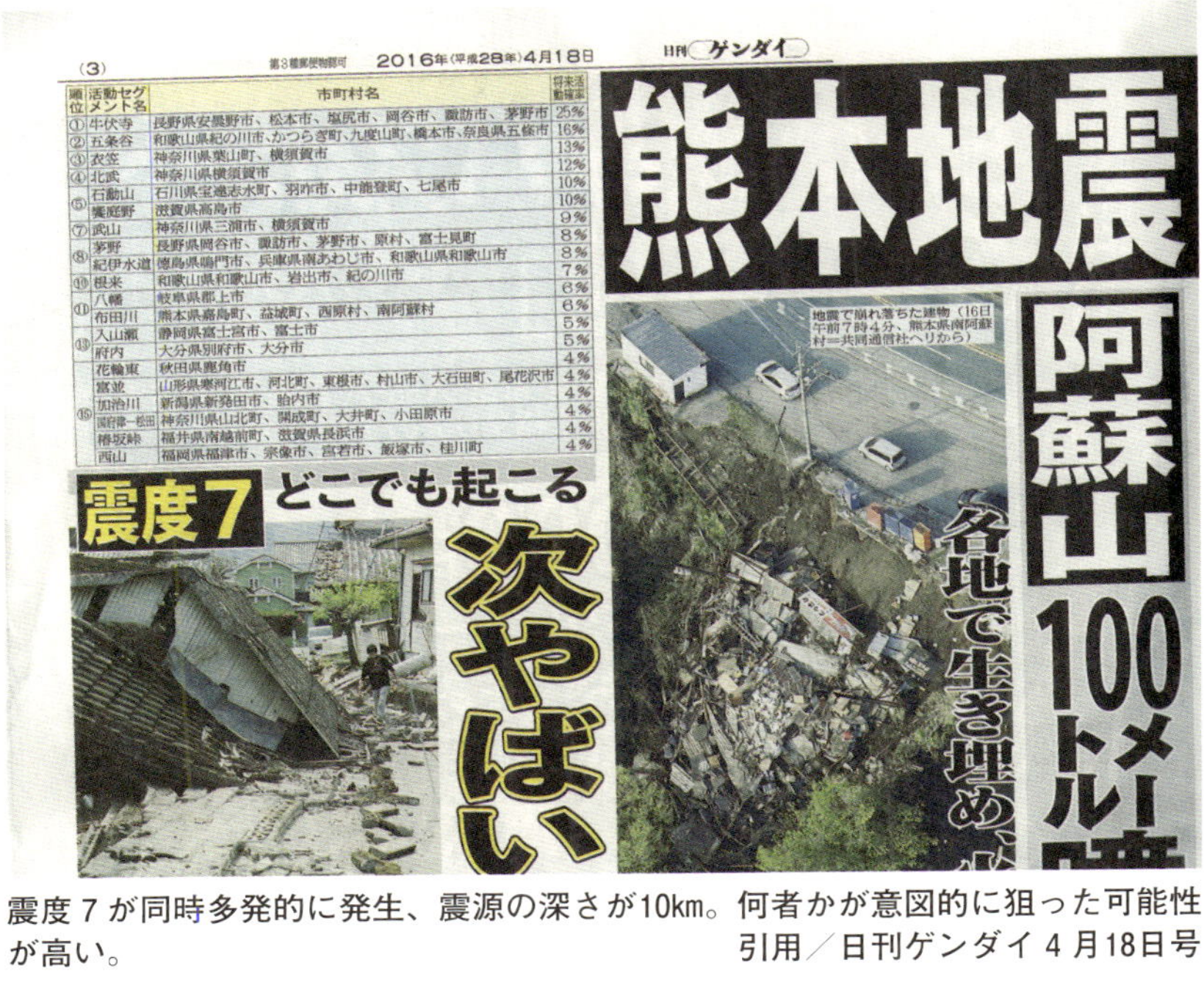

(3)　第3種郵便物認可　2016年(平成28年)4月18日　日刊ゲンダイ

順位	活動セグメント名	市町村名	将来活動確率
①	牛伏寺	長野県安曇野市、松本市、塩尻市、岡谷市、諏訪市、茅野市	25%
②	五条谷	和歌山県紀の川市、かつらぎ町、九度山町、橋本市、奈良県五條市	16%
③	衣笠	神奈川県葉山町、横須賀市	13%
④	北武	神奈川県横須賀市	12%
⑤	石動山	石川県宝達志水町、羽咋市、中能登町、七尾市	10%
	饗庭野	滋賀県高島市	10%
⑦	武山	神奈川県三浦市、横須賀市	9%
⑧	茅野	長野県岡谷市、諏訪市、茅野市、原村、富士見町	8%
	紀伊水道	徳島県鳴門市、兵庫県南あわじ市、和歌山県和歌山市	8%
⑩	根来	和歌山県和歌山市、岩出市、紀の川市	7%
⑪	八幡	岐阜県郡上市	6%
	布田川	熊本県嘉島町、益城町、西原村、南阿蘇村	6%
⑬	入山瀬	静岡県富士宮市、富士市	5%
	府内	大分県別府市、大分市	5%
⑮	花輪東	秋田県鹿角市	4%
	富並	山形県寒河江市、河北町、東根市、村山市、大石田町、尾花沢市	4%
	加治川	新潟県新発田市、胎内市	4%
	国府津－松田	神奈川県山北町、開成町、大井町、小田原市	4%
	椿坂峠	福井県南越前町、滋賀県長浜市	4%
	西山	福岡県福津市、宗像市、宮若市、飯塚市、桂川町	4%

震度7 どこでも起こる

次やばい

熊本地震

地震で崩れ落ちた建物（16日午前7時4分、熊本県南阿蘇村＝共同通信社ヘリから）

阿蘇山100メートル

各地で生き埋め、

震度７が同時多発的に発生、震源の深さが10km。何者かが意図的に狙った可能性が高い。

引用／日刊ゲンダイ４月18日号

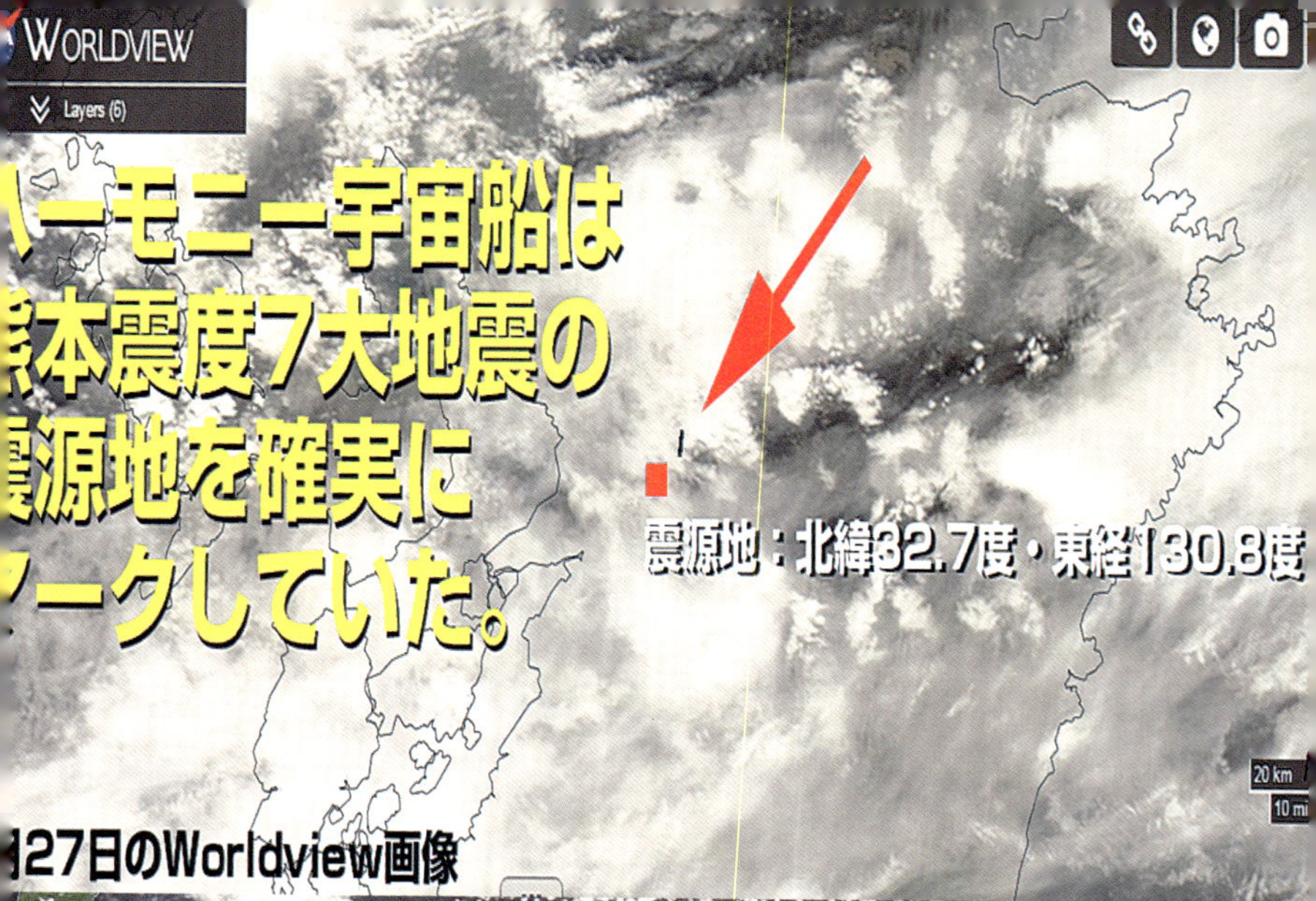

2016.4.29　北九州に出現したハーモニー宇宙艦隊。

2016.4.14　昼と夜、益城町上空にUFOが出現

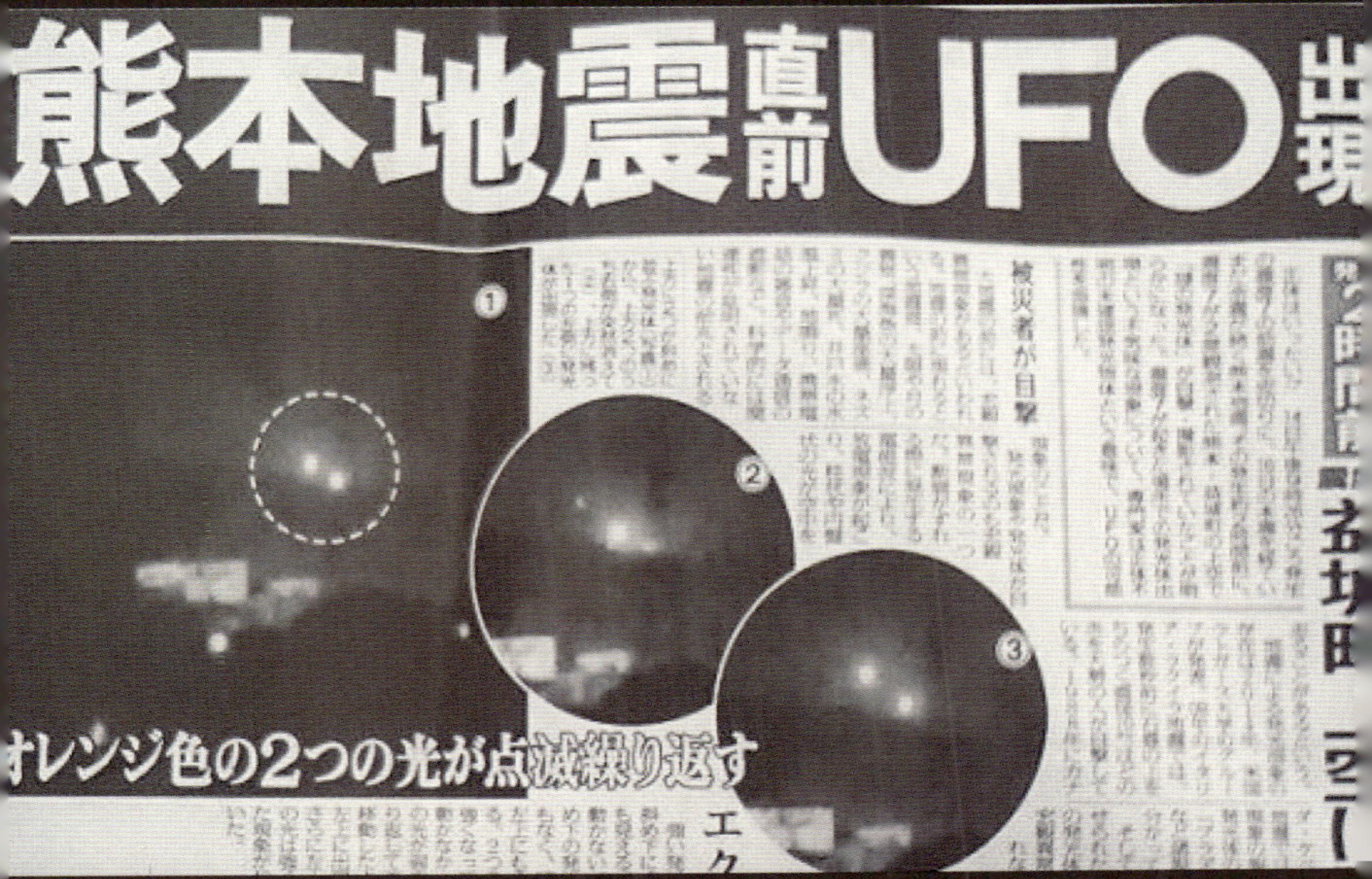

悪魔の日（6＋6＋6）＝18
この日を持って、悪魔が攻撃するのをご存知だろうか？
2016.0606　2016.0616　2016.0626

ぶら松が崇拝する悪魔
（聖書に登場する「獣」）を
象徴する数字＝「666」

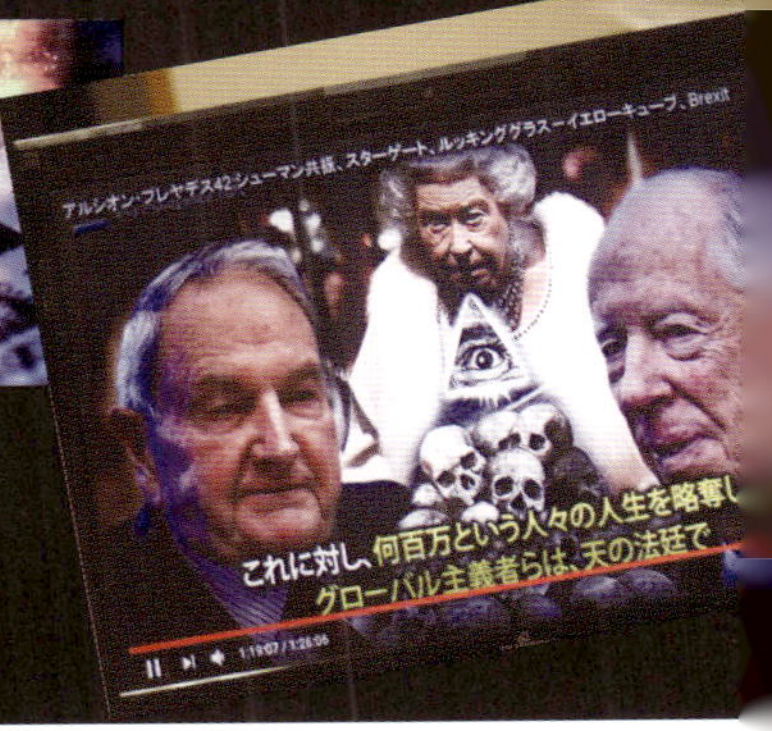

●東日本大地震：2011年３月11日
2＋0＋1＋1＋3＋11＝18
●熊本地震：2016年４月14日
2＋0＋1＋6＋4＋1＋4＝18

米国軍産複合体を操るグローバリストは、悪魔の日（18）を狙って人工地震や人工台風を仕掛けるのが常だ。

県道沿いの家屋が傾いたまま放置されている。

2016年９月６日、熊本益城町を訪れたが、破壊された街はあの当時のままだった。なぜ、復旧作業が行われていないのか？　筆者は熊本滞在中、ずっと締めつけられる頭痛に悩まされた。

なぜ、半年近く経っても益城町はあの時のままなのか？

益城町内の放射線量は0.05μ Sv/hと異常がなかったが……。

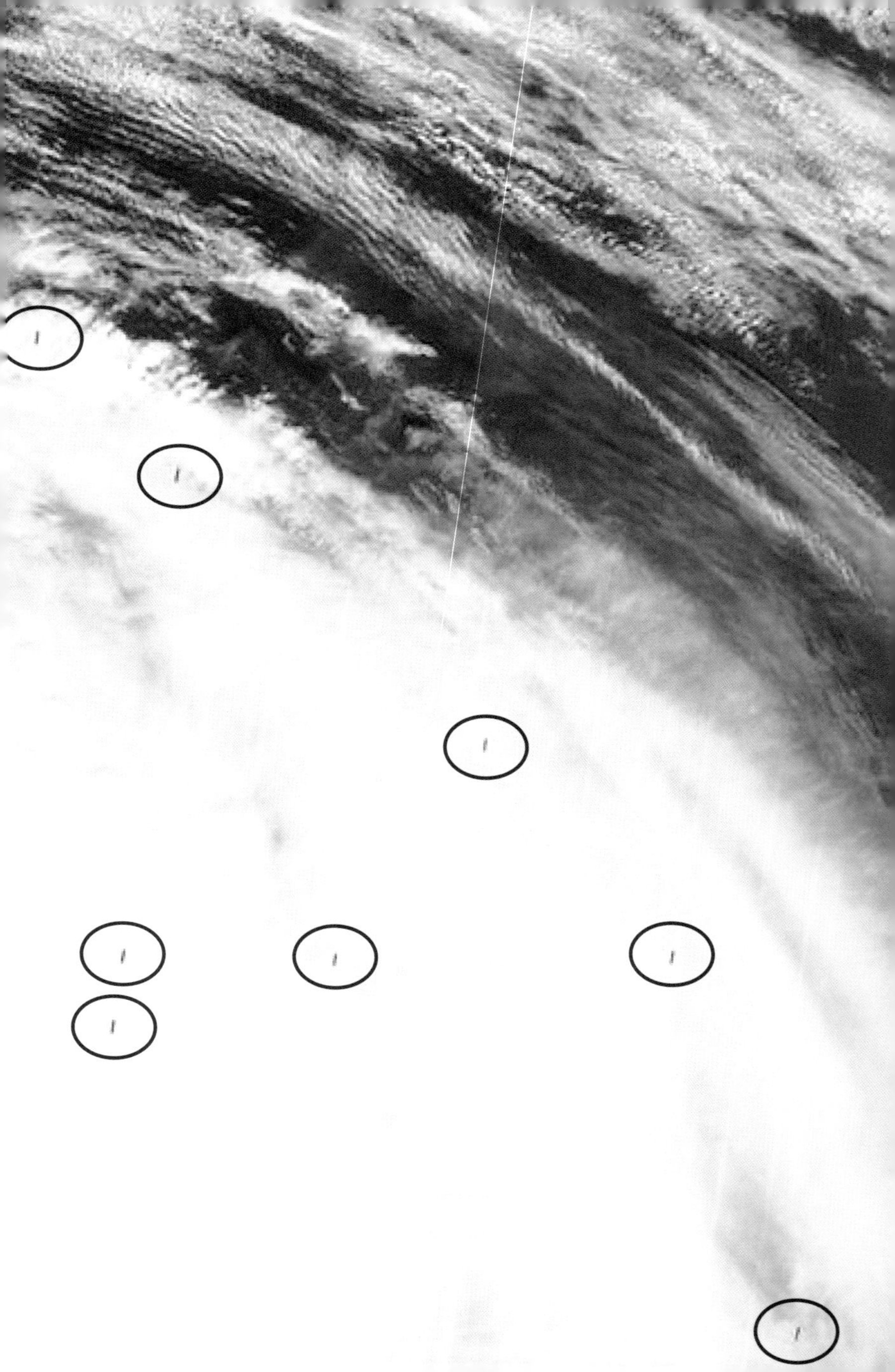

2016年８月29日、台風10号に
写真内は９機だが全体で13機
のハーモニー宇宙艦隊が突入、
福島上陸を阻止してくれた！

NASA Worldview 2016.08.29

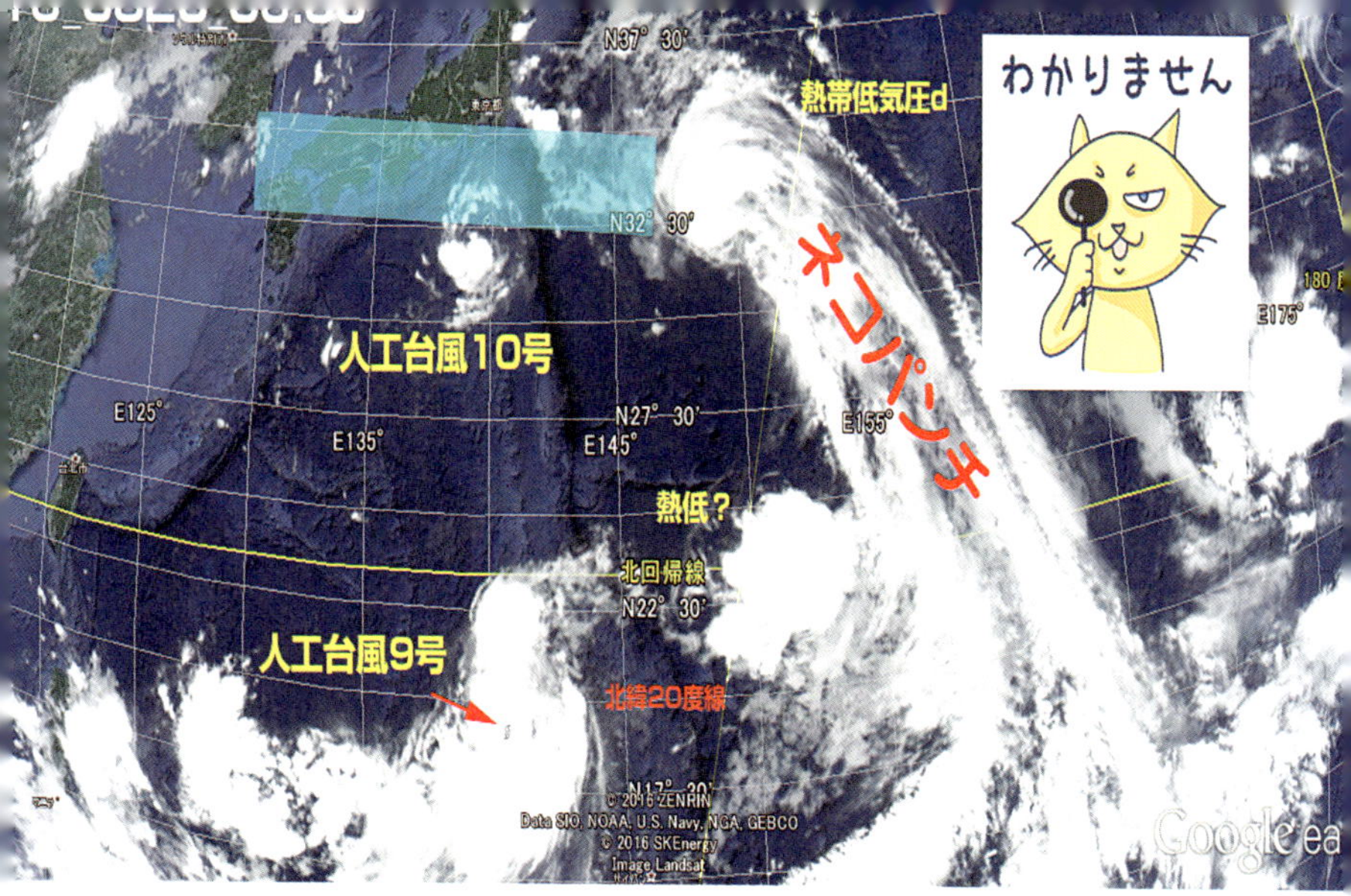

2016.8.20　台風９、10号が連続発生。

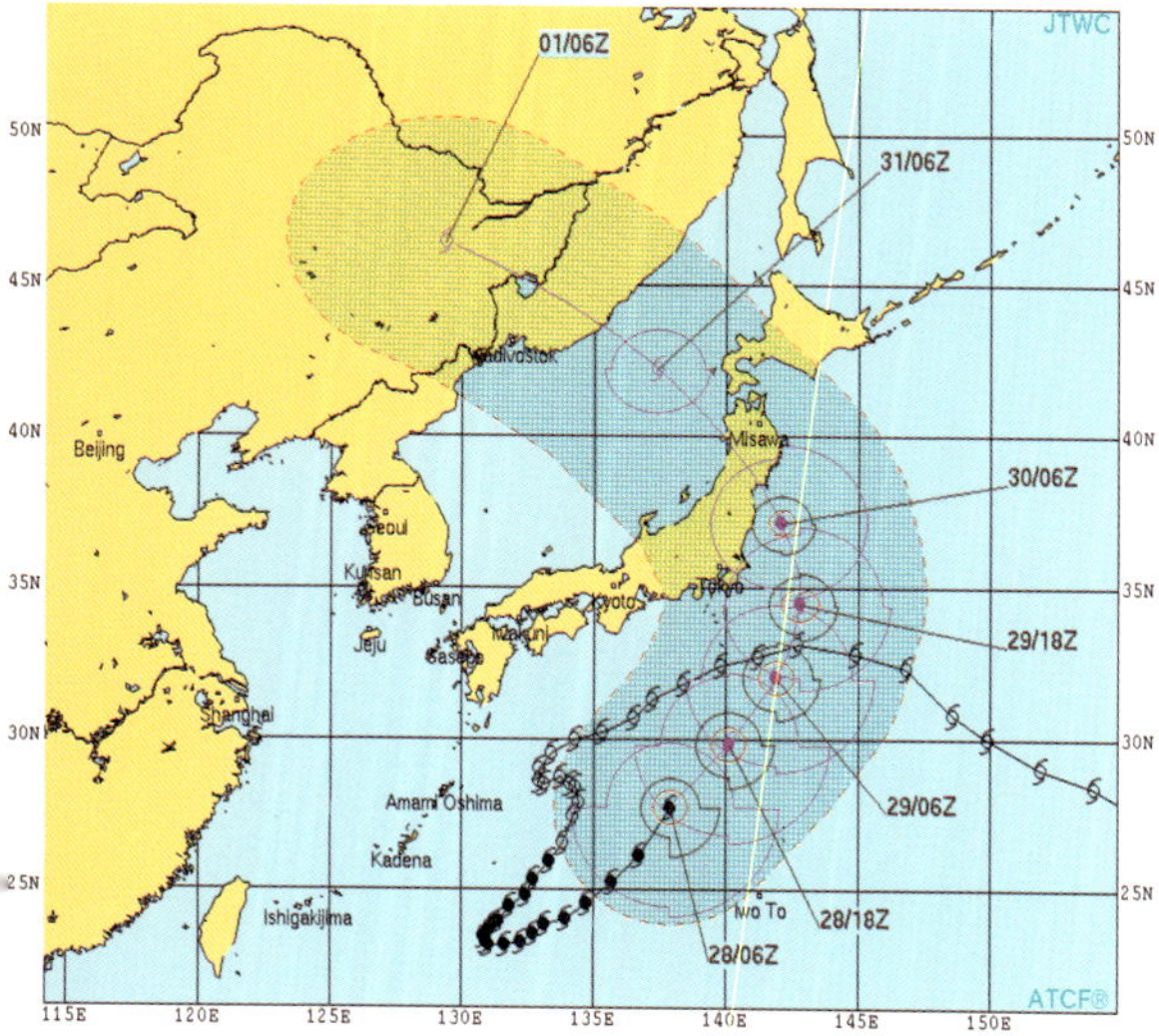

TYPHOON 12W (LIONROCK) WARNING #42
WTPN34 PGTW 280900
280600Z POSIT: NEAR 27.7N 137.9E
MOVING 035 DEGREES TRUE AT 19 KNOTS
MAXIMUM SIGNIFICANT WAVE HEIGHT: 42 FEET
28/06Z, WINDS 115 KTS, GUSTS TO 140 KTS
28/18Z, WINDS 110 KTS, GUSTS TO 135 KTS
29/06Z, WINDS 105 KTS, GUSTS TO 130 KTS
29/18Z, WINDS 090 KTS, GUSTS TO 110 KTS
30/06Z, WINDS 075 KTS, GUSTS TO 090 KTS
31/06Z, WINDS 040 KTS, GUSTS TO 050 KTS
01/06Z, WINDS 035 KTS, GUSTS TO 045 KTS

CPA TO:	NM	DTG
IWO_TO	251	28/07Z
CHICHI_JIMA	189	28/15Z
YOKOSUKA	148	30/01Z
CAMP_FUJI	185	30/02Z
NARITA_AIRPORT	108	30/02Z
ATSUGI	158	30/03Z
CAMP_ZAMA	158	30/03Z
YOKOTA_AB	153	30/04Z
R2RS	328	30/14Z
MISAWA	80	30/19Z
SHARIKI	54	30/21Z

BEARING AND DISTANCE	DIR	DIST (NM)	TAU (HRS)
ATSUGI	149	244	24
CAMP_FUJI	142	248	24
CAMP_ZAMA	149	244	24
CHICHI_JIMA	357	294	24
NARITA_AIRPORT	161	234	24
YOKOSUKA	150	226	24
YOKOTA_AB	150	255	24

○ LESS THAN 34 KNOTS
34-63 KNOTS
MORE THAN 63 KNOTS
PAST 6 HOURLY CYCLONE POSITS IN BLACK
FORECAST CYCLONE POSITS IN COLOR

全域が放射能汚染で壊滅していたのではないだろうか⁉

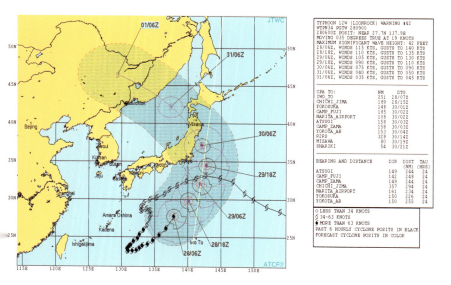

2016.9.30　東北沿岸で最高潮位10m に達する 1 年で一番危険な日だった！

迷走台風10号が福島第一原発を再度破壊していたら、東日本

2016.8.5　青森を訪れた日、十和田上空がケムトレイル攻撃を受けた。

2016.9.25　筆者が訪れた新潟駅上空（左頁）と長岡上空がケムトレイルで終日攻撃された。

ケムトレイル攻撃は止むことはない

日本政府はなぜ、この国際問題となっているケムトレイルを放置するのだろうか？

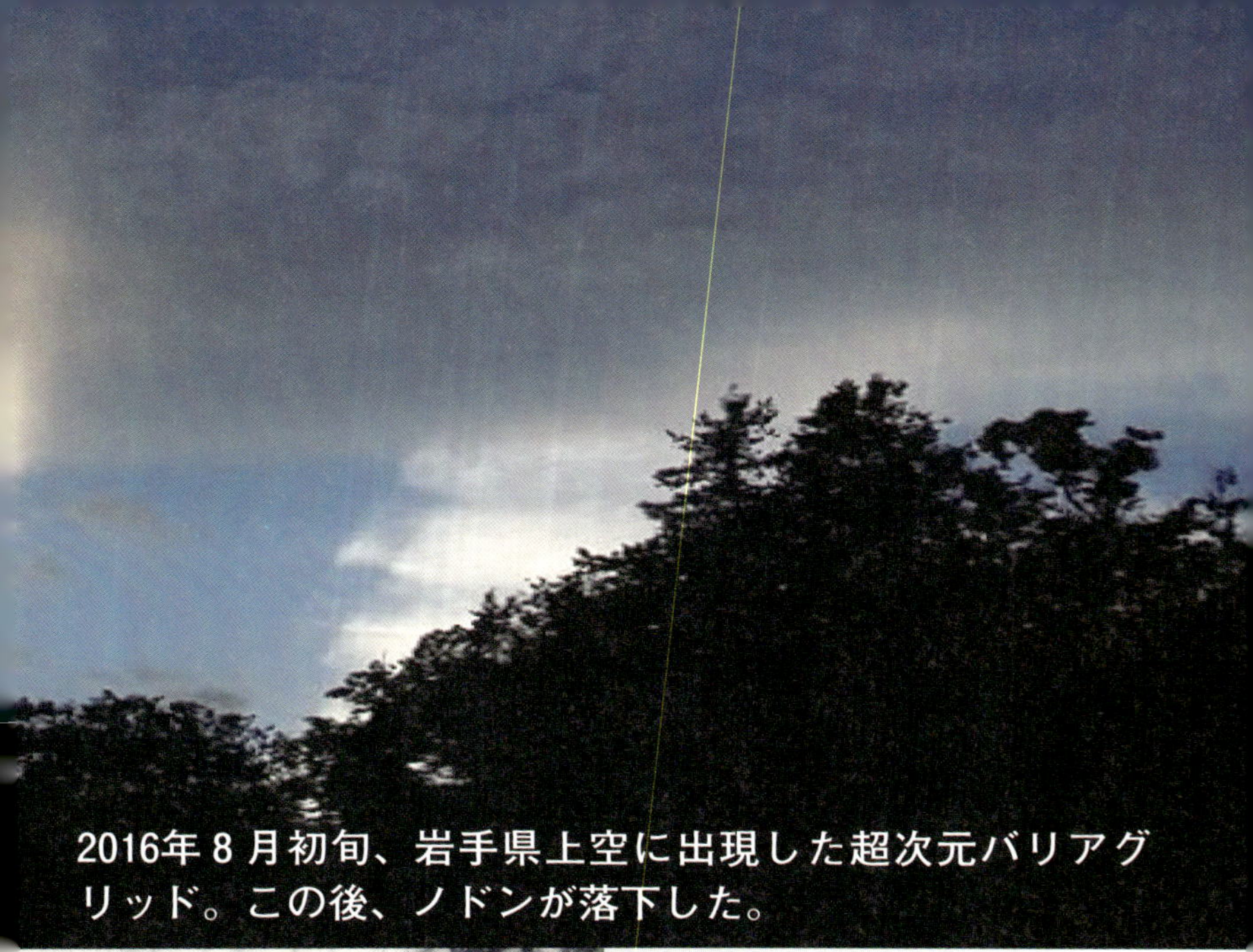

2016年８月初旬、岩手県上空に出現した超次元バリアグリッド。この後、ノドンが落下した。

3 総合 12版 2016年（平成28年）8月4日（木曜日）

ノドンか 北ミサイル発射

排他経済水域に落下

複数の漂流物

【ソウル＝島崎諭生】北朝鮮が三日に中距離弾道ミサイル「ノドン」（射程千三百㌔）と推定されるミサイルを発射し、秋田県・男鹿半島の西約二百五十㌔の排他的経済水域（ＥＥＺ）に当たる日本海に落下させたことを受け、海上保安庁は周辺海域でミサイルの残骸の一部とみられる複数の漂流物を発見した。同庁と海上自衛隊は、回収に向けた作業を急いでいる。

＝正恩体制33発⑨面

ミサイル発射を受け、国連安全保障理事会は三日午後（日本時間四日午前）に緊急会合を開く。

韓国軍によると、ミサイルは二発発射され、一発は発射直後に爆発。もう一発は約千㌔飛行した。菅義偉官房長官は「わが国の安全保障に対する深刻な脅威。

抗トとて全たE何

北朝鮮の弾道ミサイル

2016.8.2
UFO 艦隊がノドン撃墜

2016年９月上旬、都内上空が分断されたようだ。円内はハーモニー船。

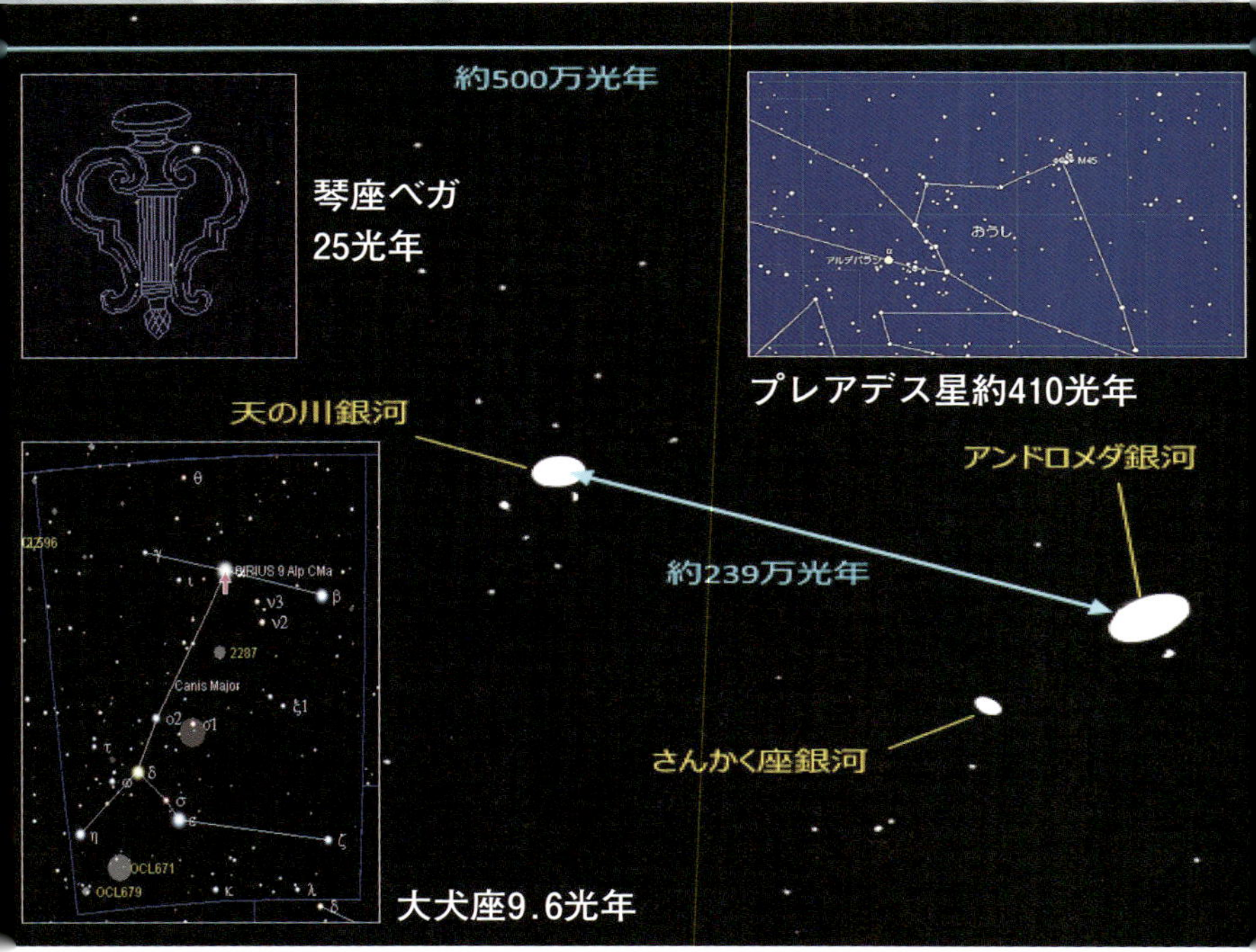

約400光年離れたプレアデス星から数時間で地球に来られる!

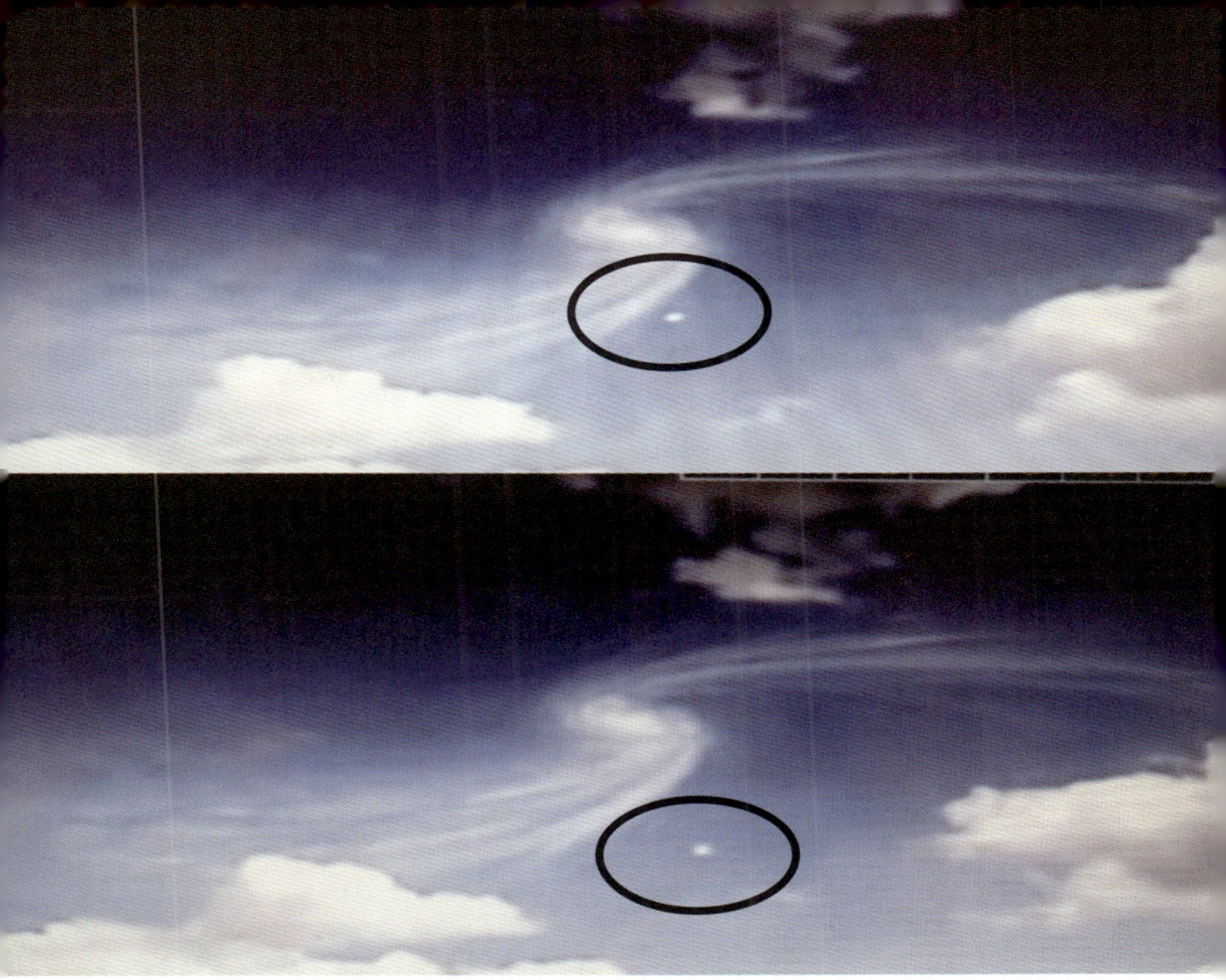

2015年12月、スイスで撮影されたワームホールに入り込むUFO。

S．グリア博士が公表した女性はアンドロイドか？

1980年、ビリー・マイヤー氏が撮ったプレアデス星UFOと横石集が撮ったUFOとが酷似する!

円内を拡大、画像処理するとビリー・マイヤー型UFOが出現した。

ビリー・マイヤー氏（右）

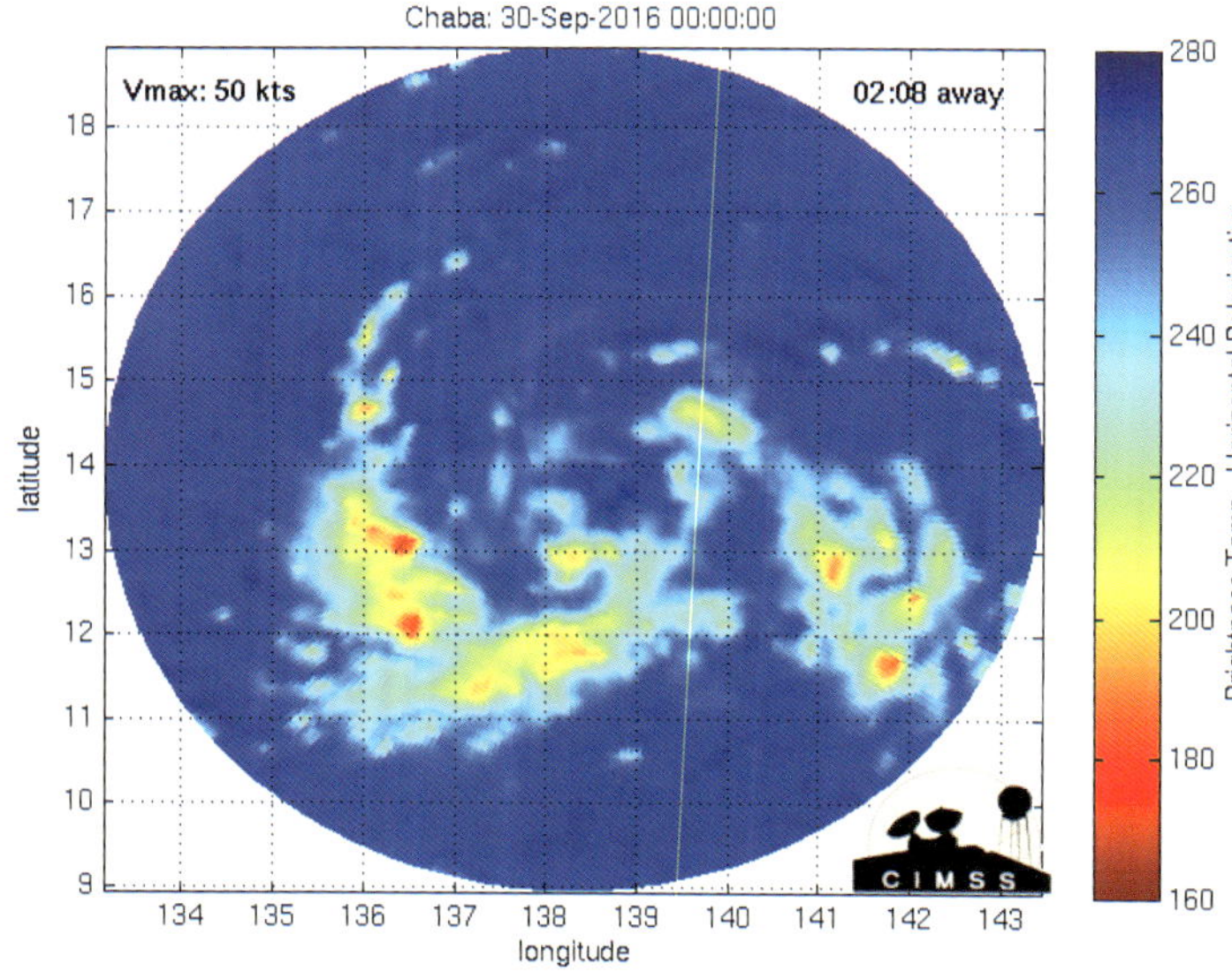

台風18号に中国方面から HAARP が照射された!?

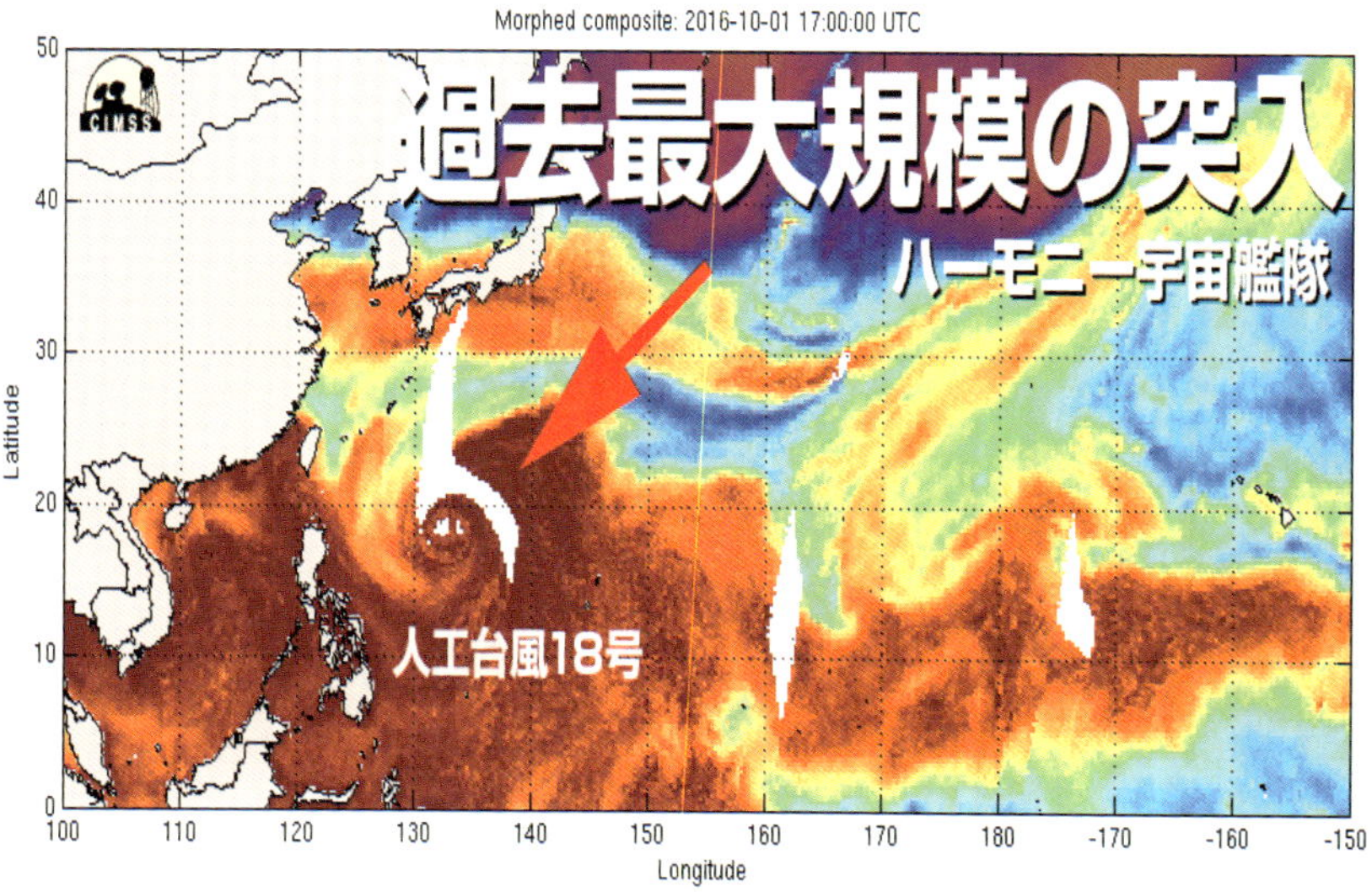

突入、同時刻石垣島にUFOが撮影された！(円内ハーモニー船)

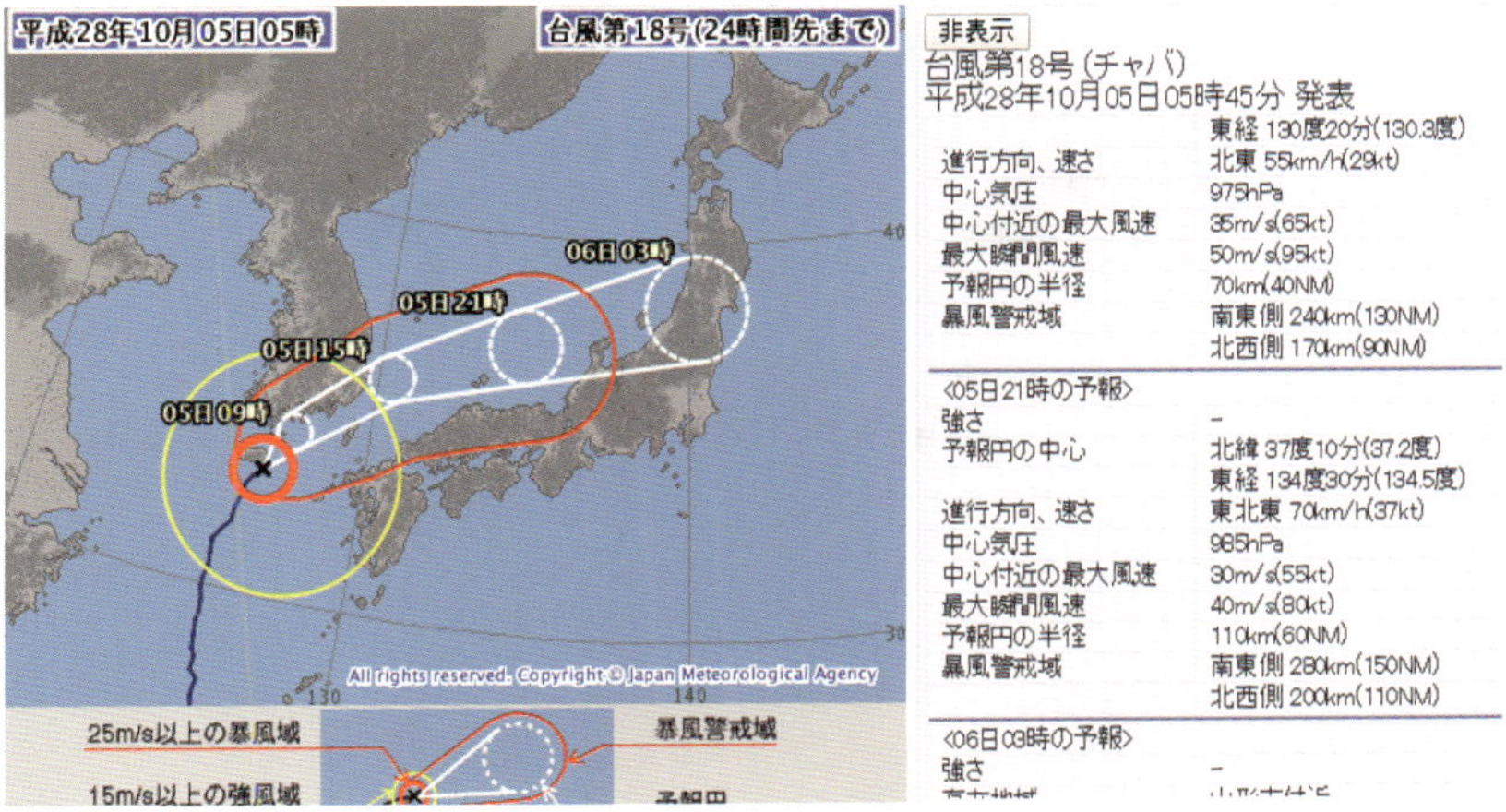

2016.10.5 台風18号は九州上陸できず、日本海に追っ払われた！

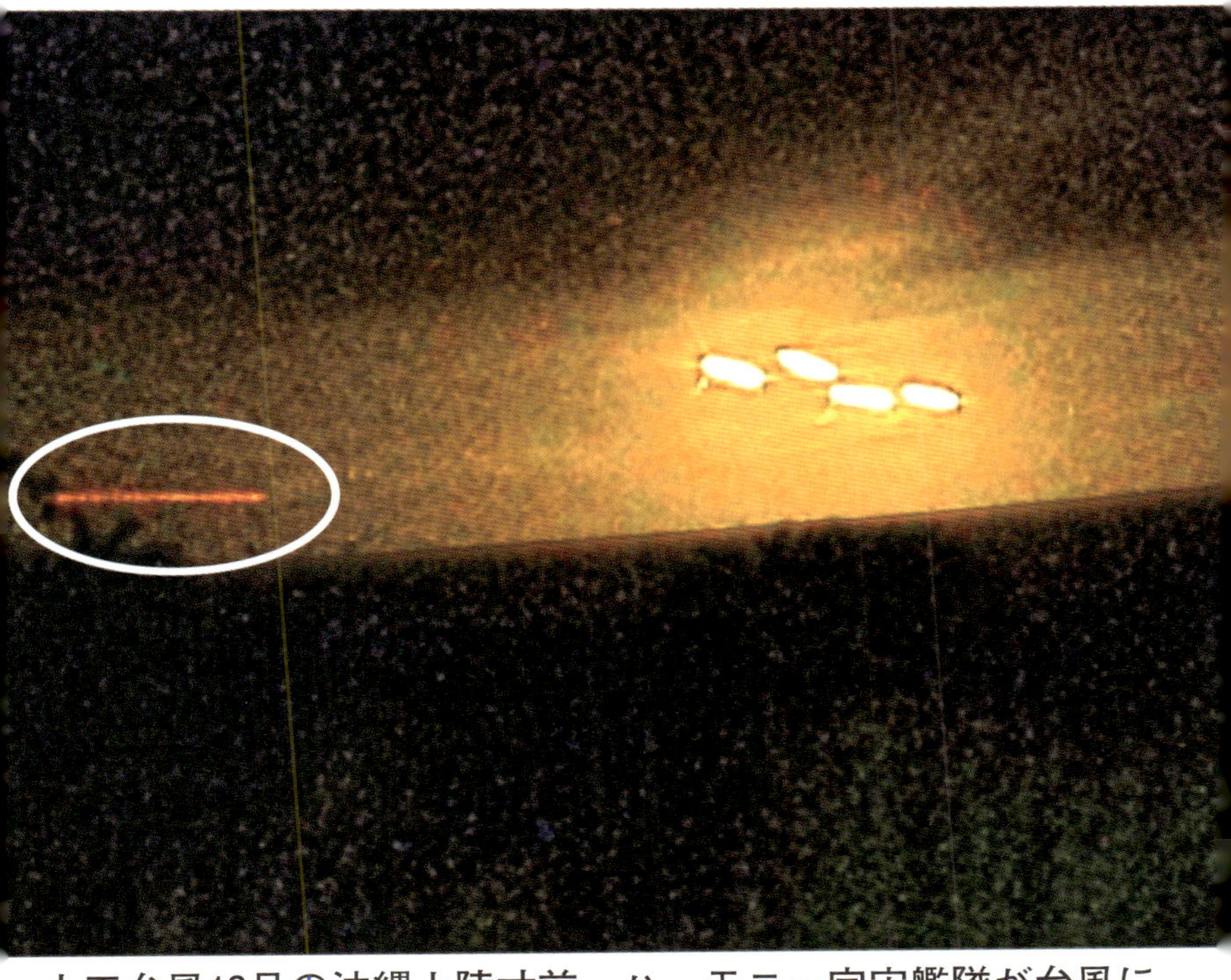

人工台風18号の沖縄上陸寸前、ハーモニー宇宙艦隊が台風に

闇の政府をハーモニー宇宙艦隊が追い詰めた!　目次

第1章　熊本地震は人工地震だった!?

I　多発する熊本人工地震説の謎を追え!

Ⅱ 〝闇の政府〟の謀略を暴け！

Ⅲ 〝ぶら松〟の謀略を阻止、ハーモニー宇宙艦隊に呼応しよう！

第2章 銀河連盟が動きだした！

第3章　ハーモニー宇宙艦隊が闇の謀略を暴く

Ⅰ　〝ぶら松〟が最後のあがきを繰り出してきた！

Ⅱ　奇想天外〝ぶら松〟の狂乱台風攻撃が始まった！

第4章 人類は銀河意識にアセンションする⁉

Ⅱ ETの科学は数万年進んでいる！

カバーデザイン　ムシカゴグラフィクス
校正　麦秋アートセンター
本文仮名書体　文麗仮名（キャップス）

プロローグ　ＵＦＯ艦隊が〝闇の政府〟を追い詰めた！

Google earth 上にハーモニー宇宙艦隊が大デモンストレーションを敢行した

本書は、日本国中に衝撃を与えた『日本上空をハーモニー宇宙艦隊が防衛していた』（ヒカルランド）の第２弾だ。

ＵＦＯ艦隊が大挙、日本上空から東方沖、北海道、シベリア、北極上空に出現したのは２０１２年10月19日だった。今年３月下旬になって今度は、ほぼ地球全域を周回する大デモンストレーションが敢行された。

こちらは Google earth 上に出現、前回以上の数が地球全域を覆った。その数は数千機を超えたのは確実だ。数時間にわたる大デモンストレーションに、世界中の人がこれに驚愕したのではないだろうか。

一番驚いたのは、Google earth の作業現場で働く作業員だったはずだ。これまで出現していた北半球や北米大陸、ユーラシア大陸などの画像上に出現していた×印が、これ以来、一切消えてしまったからだ。

この×印を添付することで、何か見せてはならない不都合のものが映ったのを隠したかったのかも知れない。

Google earthは、モンサント社やNASAと並びフリーメイソンの代表的な企業だ。背後にいるのが、〝闇の政府〟と称され旧勢力となりつつある国際ユダヤ金融資本だ。

この〝闇の政府〟が行う謀略をハーモニー宇宙艦隊及び銀河連盟がこと如く阻止している様子が**NASAの衛星画像Worldview、ウイスコンシン大学が提供するMIMICという動画サイトでどなたでも確認できる**のだ。

熊本地震で破壊された益城町周辺はそのままだ！

この〝闇の政府〟の謀略とハーモニー宇宙艦隊の動向をブログで発信し、人工台風や人工地震のオペレーションを全国に呼び掛けている〝下町ロケット氏〟こと、横石集は〝ぶら松〟と名づけ、揶揄《やゆ》した。

当初、ブラックマッシュルームと読んだが、謀略が次々、失敗することから〝ブラウンマッシュルーム〟に格下げ、つまり〝ぶら松〟と揶揄した。

それにしても、今年4月14日、16日の熊本地震から始まり、8月からの台風騒動はまったく異常だった。9月上旬、筆者は実際、熊本市内に1週間ほど滞在、益城町の周辺を取材した。詳細は本文をお読み戴きたいが、ほとんど8割方、民家や建物が地震発生時と何ら変わっていないことに衝撃を覚えた。

田んぼが広がる田園地帯でもブルーシートで覆われた農家の屋根が目立った。瓦が破損したため、雨漏りを防ぐためだろう。倒壊した家屋から聞こえてくるのは、「後1、2年はこのままだろう」と諦観《ていかん》した声だ。

人がいない。業者が足りない。金がない。正にないない尽くしなのだろう。

熊本地震は気象兵器HAARPと小型核爆弾を使った可能性が高い！

何ゆえ、安倍政権はこのような状況下をほおっておくのか。

筆者の生家は、あの〝奇跡の一本松〟、陸前高田だ。兄をはじめ、親族30人ほどが亡くなった。被災した姉や親族は今年、ようやく集合住宅に移った。家賃が格安でそれはありがたいのだが、これまで5年間ほど、隣の様子が筒抜けの仮設住宅で過ごした。

15メートルを超える巨大津波に襲われ、壊滅した街は更地となった。嵩上げ工事が行われているが、ここに商店街を作る計画なそうだが、その全貌は皆目見出せない。

東北はもう復興したと思っている方がほとんどだと思われるが、沿岸の水産業を営む人々にとっては、補助金が切れたこれからが正念場なのだ。

熊本市内の街が蘇るのは、果たしていつのことなのか。仮設住宅暮らしには、厳しい現実があるのだ。

実は、熊本の皆さんには大変気の毒だが、筆者が熊本に着いた途端、頭が締め付けられる頭痛に悩まされたことだ。そこで、異常を感じた筆者は、滞在2日目に益城町周辺と高遊原陸上自衛隊分屯地と健軍陸上自衛隊駐屯地など、数か所で放射線量を測定した。

益城町内では、0・05μSv／h前後だった。震源地となった自衛隊駐屯地は、2か所とも0・20μSv／h前後を記録。明らかに自衛隊駐屯地の放射線量は異常に高い。

ネット・ジャーナリストのR・K氏が4月16日、現地入りし、市内数か所で線量を測定したところ、3・31μSv／hを記録した。やはり、スタッフともども頭痛と腹痛に悩まされたらしい。5時間滞在しただけで、直ちにこの地を離れた。

現在、線量が低いのは半年たっておそらく大雨が降って、除染がかなり進んだためではないだろうか。まさしくこの熊本地震も人工地震によって破壊された可能性が高い。しかも、3・

11東日本大震災のように東北沖にＨＡＡＲＰ攻撃を仕掛け、日本海溝で小型核爆弾を爆発させたように、震源地近辺で爆破させた疑いが強い。

九州全域でも放射線量が異常に高いことが曝露されている。本文でこの事実を列挙した。筆者の頭痛は一週間後、羽田に到着した10数分後、京浜急行に乗ったあたりでかなり緩和された。その2、3日後、ほとんど頭痛は消えた。

台風10号は、Xバンドレーダーを使った明らかな人工台風だ！

それにしても2016年8月から始まった連続台風は全く異常だ。台湾の南部に上陸した台風1号から10月初旬で起こっている18号まで、横石はＭＩＭＩＣの動画サイトで電磁波が照射される様子を追跡した。典型的な人工台風10号は、観測史上初、発生から29日午前3時まで9日と6時間という、46年ぶりの長寿記録を残した。

途中、東から西方に走って、沖縄近辺で突如、Ｕターンというあり得ない動きを見せた。多くの人がこの台風の異常さに気がついたのではないだろうか。怪しいのは、京都と北海道の北斗市に設置されたＸバンドレーダーだ。

横石は、「このＸバンドレーダーと思われる方向からＨＡＡＲＰのような電磁波が照射され、台風がコントロールされている可能性が高い」ことを摑み、これを全国に知らしめた。

この台風10号が東北に上陸、福島第一原発を再度破壊したら、東日本全域が放射線で汚染されてしまっていたはずだ。

この最大のピンチとなった8月29日、ハーモニー宇宙艦隊がこの台風に13機突入したのが、Worldviewで確認できた。翌日、台風は北方の岩手県大船渡市に上陸するという、観測史上初の事態となった。北海道でも水田や農作物など、相当な被害を受けた。

とは言え、福島第一原発が再度破壊されるという、最悪な事態は回避できた。

この時、北海道北斗市にあるXバンドレーダーが作動した疑いが強い。もしかすると、ハーモニー宇宙艦隊がこの台風10号を抹殺、弾き飛ばさなかったのは、日本国内にある気象操作に加担している場所を炙り出したかった可能性もある。

米国では気圧のコントロール、台風、ハリケーンの操作実験は完了している

アメリカでは、すでにこの移動式XバンドレーダーとNASAの無人衛星機からマイクロ波レーザーを照射、そして、国際問題になっている上空に化学物質を撒くケトレイルによって、高気圧をコントロール、ハリケーンを自在に操ることに成功している。

05年、黒人居住区ニューオリンズを襲ったハリケーン・カトリーヌなどがそれだ。

この時の大統領は、ネオコン、ジョージ・W・ブッシュだ。言わずと知れた9・11アメリカ同時多発テロ事件の仕掛け人だ。恐るべき、ニューヨーク・マンハッタンを代表する貿易センタービルを破壊、自作自演によって仮想アルカイダをでっち上げた。アフガニスタン・イラン侵攻の口実をつくった大統領だ。首謀者とされたビンラディンとブッシュは親しい間柄なようだ。仲良く笑顔で映っている写真が公開、曝露されている。

イラクに乗り込み、何の罪もない、一般市民に銃口を向け、老若男女の虐殺を繰り返す命令を発した。ここに派遣された若い米国軍人たちは、母国を護るためと言われ、乳幼児や女性まで情け容赦なく撃ち殺した。しかし、イラクがテロ国家どころか、自分たちこそ世界のテロリストだったことを思い知ったのだ。

その後、**リビアのカダフィ大佐を暗殺、政権を崩壊させた。そして、リビアの武器弾薬、資金を奪い、ISをでっち上げた。これを操り、第三次世界大戦を目論んでいる**ことが暴かれた。ブッシュのスポンサーは戦争を起こさないと経営が成り立たない軍需産業だ。

中東を混乱に陥れているISを育てたのは、モサド、CIAらの特務機関、そして、これを指揮したのが大統領候補に名乗りをあげていたヒラリーであることが明らかとなってきた。

早い話、米国と同盟国になっている西側先進国からもISに資金が供給されていたわけだ。

米国民はこのことに気づきだし、多くの人が民主党に嫌気を持っているらしい。

ここ1、2年でこの支配体制は大きく変貌しつつあり、この旧勢力はかなり追い詰められているようだ。

プーチン&銀河連盟が旧勢力〝闇の政府〟を追放した

こうした〝闇の政府〟によって国家を解体され、立ち上がった男こそ、ロシア・プーチン大統領だ。伝統のロマノフ王朝は、レーニンに倒された。このレーニンこそ、フリーメイソンだったわけだ。2016年の新年早々、プーチンは「イルミナティを殲滅する」と宣言していたのだ。

イスラエル・シリアなどの中東地区では、銀河連盟から技術供与をうけたロシアの新型兵器を使えば、電子機器がまったく作動しない、無用の長物になるという。反アサド政権を支持し、シリア侵略を狙った米軍はもはや撤退しつつあるというのだ。

これに伴い、EU&NATO、そして米国軍産複合体を中心に流れてきた潮流が大きく変わりだしているようだ。

それは、今年7月、イギリスの国際調査委員会が数年の歳月をかけ、当時の英国首相ブレア首相がイラク戦争に参戦したことの間違いを膨大な資料で裏づけした報告書を公表したことだ。

また、**9月下旬、米国の上院・下院議会が、オバマ大統領が拒否権を発動し、葬ろうとした「9・11サウジアラビア遺族賠償責任法」を圧倒的多数で可決**した。

今後、戦争責任を追及されるのは9・11を仕掛け、イラク戦争に誘導した闇の勢力だ。現在、行われている米国大統領選に立候補しているのは、この闇の政府の傀儡ヒラリー・クリントンなわけだ。

残念ながら、安倍晋三首相は、このブッシュ・ヒラリーコンビに恭順の意を示し、闇の政府の傀儡として働いたクリントン夫妻と面談した。この男もまた、憲法を改正し、第三次世界大戦に突入すべく、準備を進めているのではないだろうか。

すでに秘密情報保護法、日米安保関連法を強行採決、先の憲法改正草案から基本的人権の尊重を省いた。

これに対して、大マスコミは沈黙、この政権に付和雷同、一蓮托生とも思える報道姿勢を見せている。これはなぜなのか。

(米国大統領選では、トランプが勝利し、次期大統領はトランプに決定した。トランプ次期大統領は、これまでと全く違った国際戦力を描いているようだ。中ロに接近、核戦争は回避され、思いの他、世界平和はいち早くやってくるかもしれない)

宇宙人とのハイブリッドは市民生活に溶け込み生活している！

ハーモニー宇宙艦隊が日本を襲う人工台風や人工地震をことごとく防御し、日本を防衛してくれるのは、このような安倍政権に対し、何の疑問を持たない日本人をよしとしているのではないだろう。

彼らの目的は原子力の使用禁止と核戦争による人類壊滅の危機回避、そして、地球人が意識を変換し、いち早く銀河連盟に参加できる魂のアセンションを求めているのではないだろうか。欧米人と違い、日本人が持つ〝万民みな平等〟の精神に期待しているのではないだろうか？

本書では、ハーモニー艦隊が日本を防衛してくれている根拠、そして、約400光年離れたプレアデス星を3日間訪問、地球に帰還したX氏や何度もUFOに搭乗した津島恒夫氏らの驚愕の体験談を掲載した。また、4・2光年離れたケンタウルスα星近くの惑星メトン星が故郷という、科学者エイコンの子供を授かったエリザベス・クラーラー女史の体験談も記した。

最近、この惑星メトン星は、ロンドン大学がケンタウルス星に近い、『プロキシマ・ケンタウリ星』と名付けられた恒星に近い『プロキシマb』という惑星と距離が同じで、気候が地球に酷似することから生命誕生の可能性が高いことが科学誌『ネイチャー』に掲載された。

人類は、ようやく科学的に宇宙人の息吹きを感じられるレベルに達したことが明らかとなった。しかし、現実は、途方もない、もうすでに宇宙人が市民生活に溶け込み、生活していることを知らなくてはならない。

本書でこのことを明らかにした。いい加減目を覚まし、人間どうしが殺しあうという、動物にも悖《もと》る犬畜生なみの行為は、即刻止めるべきだ。銀河連盟に笑われないためにも。

多くのハートのいい人たちのご協力、ご声援によって、本書が出来上がった。感謝を申し上げたい。本当にありがとう！

落ち葉が初秋を感じさせる。

２０１６年10月

ジャーナリスト／上部一馬

第1章

熊本地震は
人工地震だった!?

I　多発する熊本人工地震説の謎を追え！

あり得ない震度7が同時多発的に2度発生した

2016年4月16日は、日本人にとって忘れられない日付となった。この日は4月14日に続いて、熊本県益城《ましき》町でまたしても震度7という、激震が発生したからだ。

この地震も3・11東日本大震災と同じように人工地震の可能性がかなり濃厚だ。

「そんな馬鹿な！」と思われるかもしれないが、この地震波と震源地、気象兵器HAARPの痕跡、そして国際情勢を勘ぐると疑わしい事実が次々と浮かび上がってくるのだ。

気象庁の青木元地震津波監視課長は、この地震直後の16日午前の記者会見で、**「熊本、阿蘇、大分三つの地域で別々の地震が同時多発的に発生、このような地震は近代観測史上、思い浮かばない」**との見解を示した。

14日にM6・5震度7、15日にはM6・4震度6強、16日に再度M7・3震度7が発生した。15日午後1時まで120回を超える余震が発生、14日から19日にかけてM5・0以上が12回も発生する異常ぶりだ。気象庁の地震津波監視課長が指摘するように同一地域で震度7が同時多発的に起きた事例は皆無だろう。

こんなことが、果たして自然地震であり得るだろうか。この課長のコメントは、暗に人工地震であると公言したかったのではないだろうか。

怪しいのは、この時の実況画像でも明らかとなった熊本市街で夜間観測された丸い発光体だ。これと同じ現象が、人工地震が定説となった3・11東日本大震災の際、仙台市内でも観測されていた。

地元、熊本の益城町周辺では、数日前から異様なプラズマのような発光現象が上空に出現、電磁波過敏症の人たちの体調が悪化したなどという情報がネットに飛び交った。

これは、今日、問題となっている気象兵器HAARPによる電磁波攻撃だったのではないだろうか。

3・11東日本大地震の真相を暴いた著名な物理学者によれば、「電磁的に地殻に電圧差を作れば、それに沿って温度差もできる。それを超高周波の電子レンジ並みの周波数で加熱すれば、地殻をあっという間に過熱できる。これがHAARPの原理である」というのだ。

したがって、地下の鉱物資源と電磁波を共鳴させれば、地殻に大きなエネルギーが蓄積される。空中で発光するのは、地下の鉱物資源が高電圧に曝《さら》されて起こるアーク放電のためだとい

3.11の際、観測された丸い発光現象（上）が熊本地震でも起こった

うのだ。当日、震度7が発生した夜間、この仙台で起きた同じプラズマ現象らしき発光体がテレビで放映されたわけだ。

この物理学者によれば、「小型中性子爆弾とHAARPによる人工地震に100%間違いない！」というのだ。

HAARPを超えた「宇宙太陽光による電磁ビーム」で攻撃された可能性が高い！

東日本大震災の際に気象兵器HAARPが使用された痕跡は、前著、『日本上空を《ハーモニー宇宙艦隊》が防衛していた！』（ヒカルランド）で明らかにしたように、ウイスコンシン大学が提供する動画サイトMIMICのマイクロ波衛星画像で見事に捉えられていた。

このMIMICとは、太平洋や大西洋、インド洋、そして北極・南極などの海域から発生する空中の水分の蒸発量を、メルカトル図上にアニメーション化したものだ。これはどなたでも24時間365日閲覧できる。

したがって、空中の水分蒸発量が増え、低気圧が形成、巨大化する様子や大気の流れをライブ感覚で摑《つか》むことができる。そのため、どの地域で低気圧が発生し、やがてハリケーンや台風となってどこに進むのかが予測できる。

また、気象庁が公表する気象衛星ひまわりの画像を比較検証すれば、机上で台風や低気圧の進路を容易に摑むことができる。

さらに雨雲レーダーを調べれば、どの地域が大雨に曝されるかがわかる。これに米国海兵隊が提供する台風の進路レーダーを重ね合わせれば、オフィスに座ったままで台風の進路をほとんど把握することができるのだ。

これらを数年前から追跡している下町ロケット氏こと、ハーモニーズ代表、横石集《よこいしあつむ》が2016年に入って異常ぶりを観測したのは2016年4月5日のことだ。

この日、前出のMIMICに映し出されたのは、地球を南北に分断するような巨大な電磁波だ。すでにハーモニー宇宙艦隊地上司令官ぶりを発揮、ブログでUFO艦隊の動きや、〝ぶら松〟こと、〝闇の政府〟ともいえる国際ユダヤ金融資本が仕掛ける謀略の数々を一般公開している横石は、この怪しい電磁波帯に〝なんじゃこら電磁波〟と名づけた。

実に雄大な規模で電磁波のような帯が地球上空を覆っている。

「形状が衛星軌道と同じなので、明らかに軍事衛星、またはそれに類するもの、宇宙空間から地球上に向けて照射されたものと思われます。太平洋上での人工台風電磁波がまったく効かなくなっているので、宇宙空間から直接打ち込む方法を考えたのかもしれません。

地上施設からの発信であれば、電離層にいったん反射させ、間接的に目的地を攻撃することになりますが、宇宙空間からの攻撃であれば目的を直接、電磁波攻撃が可能です。いずれにしてもちょっと様子を見る必要がありますね」。横石は推論した。

実は、気象衛星が特殊兵器を搭載している！　との情報を入手した。なんと、**地球上空の軌道上の宇宙ステーション内で、宇宙太陽光をマイクロ波に変換する技術が数年前に開発された**というのだ。この**電磁ビーム光線を台風やハリケーンに照射することで、台風内の温度を人工的に上昇させ、台風の勢力をコントロールできる**というのだ。

これは従来の気象兵器HAARPを超えた宇宙兵器ともいえる。これをピンポイント照射すれば、簡単に人間を焼き殺せることにならないのか。しかも熱源は太陽、これはフリーエネルギーに繋《つな》がる超技術ではないだろうか？

気象庁においてもこうした技術を使い、「人工台風や人工地震を起こせることは、暗黙の常識として定着している」という、気象庁内からのリーク情報もある。

この後、驚くべきことに地上からの電磁波攻撃も同時に行われたようで、世界各地に電磁波が照射された。〝ぶら松〟は、もうなりふり構わず、日本近海、大西洋、アフリカ西岸沖、インド洋と、ほとんどあらゆる海域への放射を命じたようだ。

4月13日には連続12時間以上、朝5時まで続行され、凄まじい電磁波攻撃が行われたことがMIMICで捉えられたのだ。これをどこのメディアも報道しないのだから、完全にマスコミ

巨大電磁波が日本列島を襲った!!

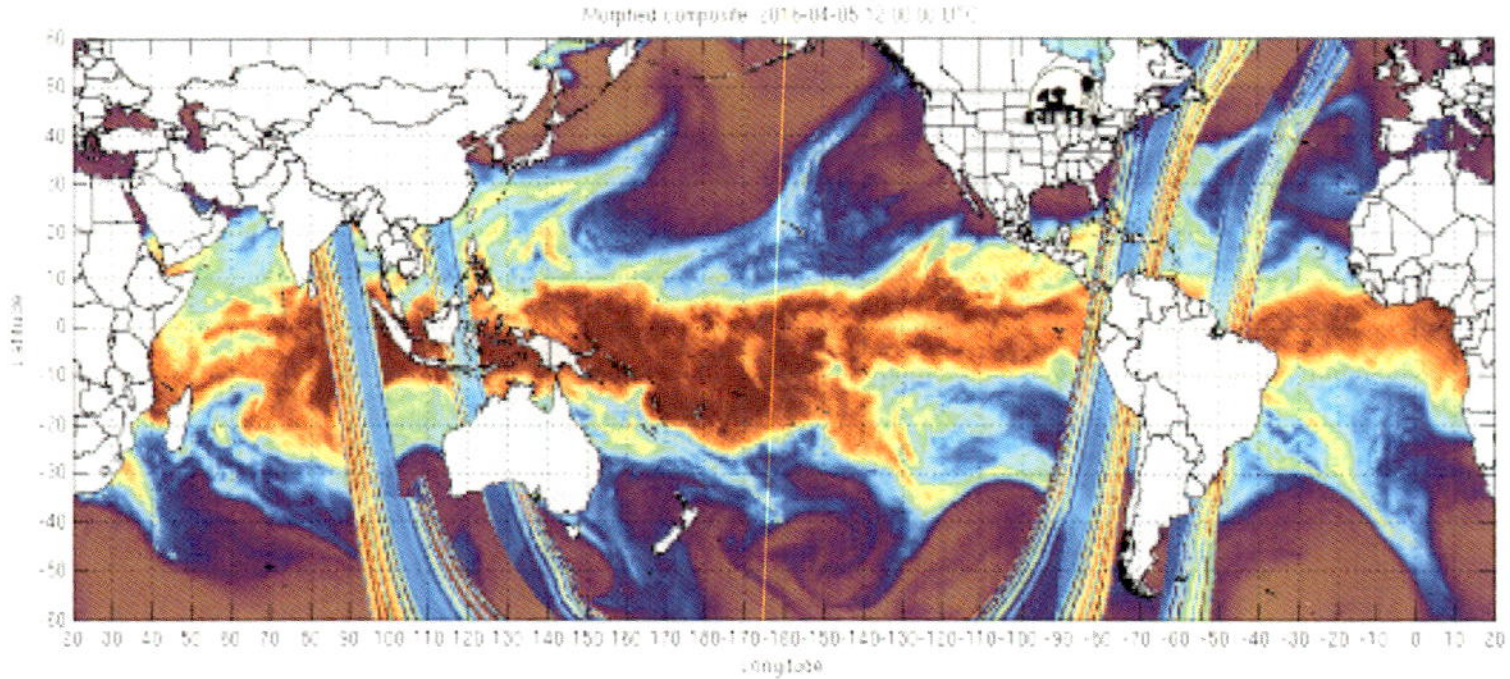

2016.4.5　軌道衛星からマイクロ波が照射された〝なんじゃこら電磁波〟

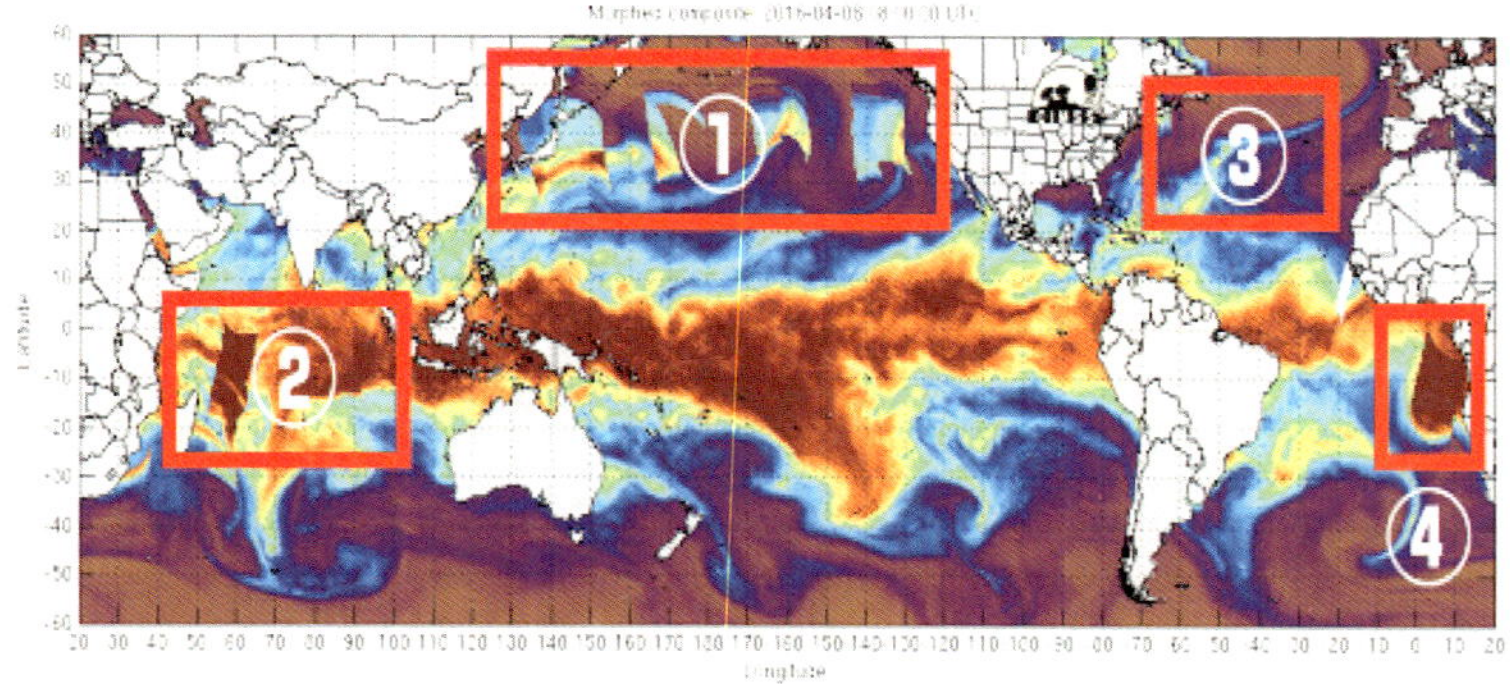

2016.4.8　世界各地で電磁波照射の痕跡が確認された（①②③④）

2016. 4 . 5 ～ 4 .14　熊本地震直前、

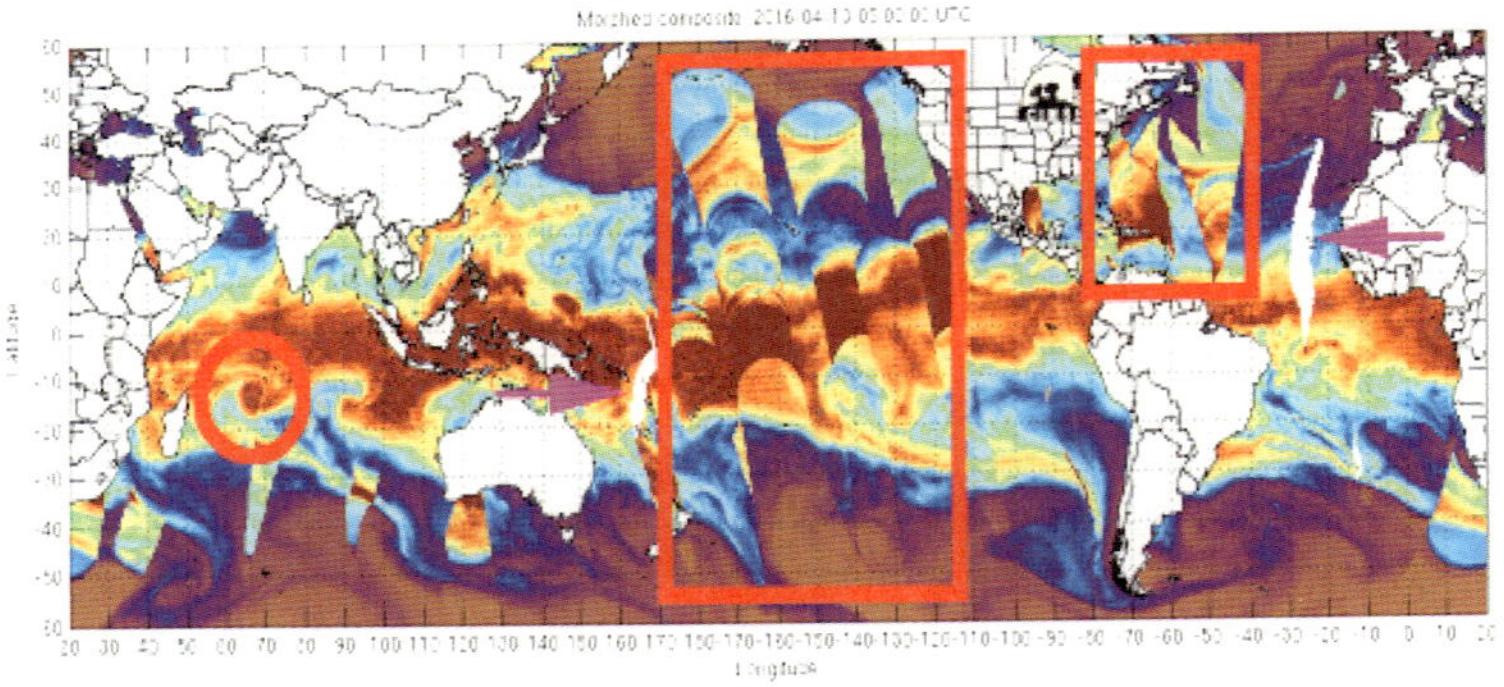

2016.4.13　太平洋上で巨大な電磁波照射が観測された

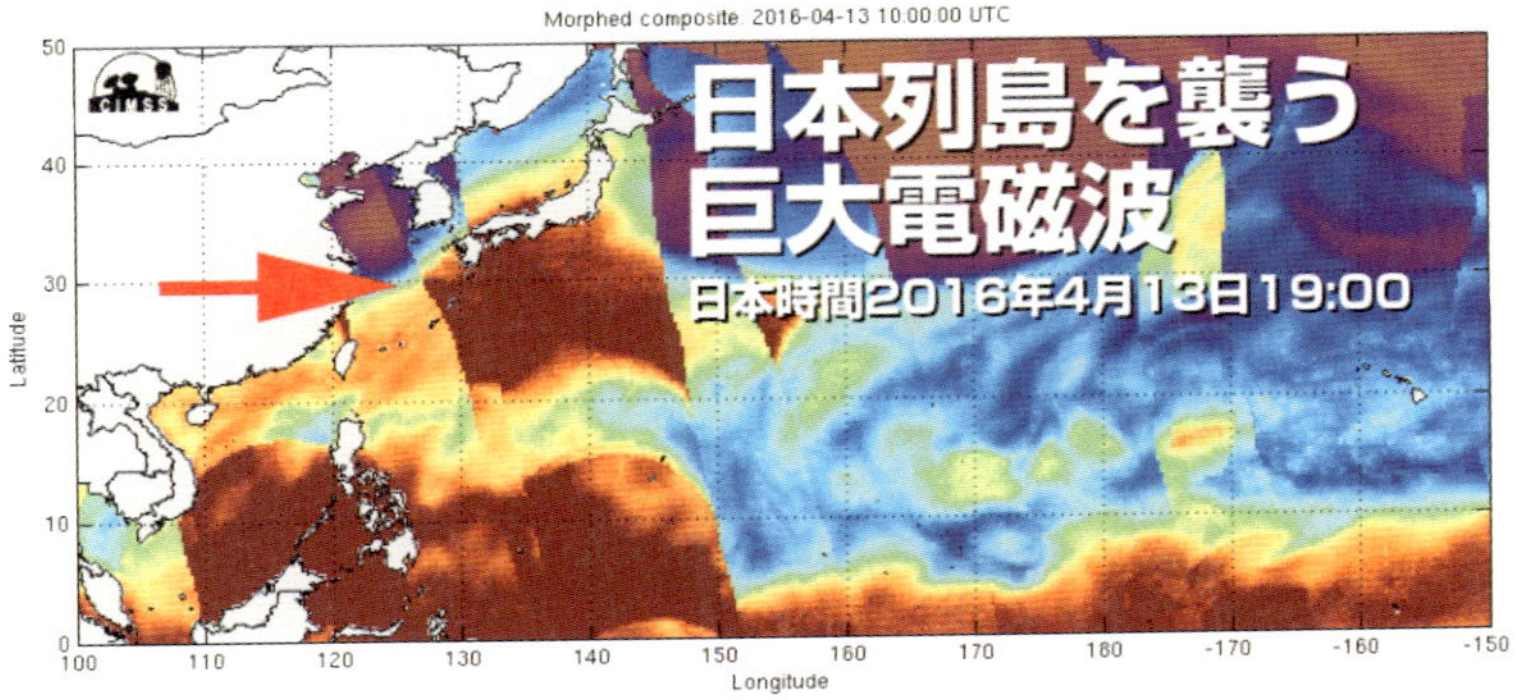

2016.4.13　熊本地震前夜13日午後７時、巨大電磁波が日本列島を覆った

は〝ぶら松〟に情報操作、否、乗っ取られたのは歴然ではないだろうか。

先の都知事選においても21人立候補者がいるにもかかわらず、大新聞・テレビなどの大マスコミは主要3候補しか取り上げなかった。このことでも何者かが情報操作に加担していることが誰の目にも明らかになったのではないか。

そして、13日午後7時になって、日本列島全体を覆う巨大電磁波が観測された。

横石は、ハーモニーズのメンバーに注意を促した。

「明らかに日本をターゲットにしたもので、14日の大地震の事前準備ですね。いわゆるHAARP方式によって地層を柔らかくする目的での照射であって、その後、地下核爆発によって起爆して断層がずれるようにすれば、容易に人工地震を起こせるわけです。

東日本大震災以来5年間にわたって、このレベルの大地震は起きていませんでしたから、日本が人工地震によって攻撃されている事実と、その裏側に潜む黒い意図に、眠れる日本国民が気づく良い機会なってほしいと思います」

横石は4月15日付けブログに綴った。

まさしく紛れもない、巨大電磁波が日本列島を覆った。この攻撃が9日間ほど続行され、地殻が緩んだのではないだろうか。

ユダヤ系巨大企業が公共工事に参入している！

気象兵器ＨＡＡＲＰ攻撃の根拠は、これでわかった。では、核爆発の根拠とはどこに見出されるだろうか？　前著で国際深海科学掘削計画（ＩＯＤＰ）の主力船である地球深部探査船「ちきゅう」の怪しい動きを述べた。

どうやら国際的科学計画とは名ばかりで、偽ユダヤ国際金融資本によるものであることが判明した。ちきゅう号の隊員がその目的をインタビューされ、勢いあまって、「人工地震を起こし、観測する目的です」と答えてしまったからだ。この動画が世の中に配信された。

かつて小泉純一郎元首相、竹中平蔵元蔵相らが「新自由主義――グローバリゼーション」という名の下に新しい経済構想を打ち出し、郵政省も民営化された。これで預貯金３００兆円が消えたといわれる。これがもたらしたものとは、非正規社員の増加と、他国の巨大企業が国内の代表的な公共事業や調査研究などに参入してきたことだ。

いつの間にか日本人が知らない間に巨大公共事業を多国籍企業が受託できるようになってしまったのだ。このことで、小泉と竹中が巨額の資金を手にしたと噂される。

それだけならまだいい。この他国の巨大企業とは、納税を免除された多国籍企業のことでユダヤ系企業が多い。税金も払わずに日本の国家的な事業に参入し日本国民の血税から出た事業収益を本国にまるごと送金しているとしたら、これは完全な日本の乗っ取りではないだろうか。

こうした謀略が遂行されていて、為政者が気づかないはずはあるまい。

しかも、こうした多国籍企業では、今や、世界の火薬庫となったISを仕掛けたとされるCIA（中央情報局）やモサド、NSA（国家安全局）の職員が社長に就任するケースが多いという。よって、現場に工作員を送り込んでいるケースが少なくないことが明らかになってきたのだ。

もはや、映画『007シリーズ』やハリウッド映画ばりのことが現実に起こっているわけだ。前出の物理学者は、こうした国家的な事業が熊本で行われていたのではないかと睨《にら》み、調べてみた。

そこで浮かび上がってきたのが、石油天然ガス・金属鉱物資源機構（JOGMEC）が2015年3月3日から同年11月30日まで公募し、26件を採択した「平成27年　地熱資源開発調査事業費助成金交付事業」だったというのだ。

早い話、原発に代わり得る電源として期待できる地熱発電事業を推進するため、地熱資源量の調査や地下構造を明らかにする調査事業に対して、JOGMECが認める経費について助成金を交付するというものだ。

採択された26件の事業の中、北海道二海郡八雲町の地域調査、鹿児島県指宿市周辺地域の調査などのほかに、熊本県南阿蘇村湯の谷地域の調査事業が採択されていたのだ。

これで「新エネルギー開発」という名目で、熊本県南阿蘇村の地熱発電事業にＪＯＧＭＥＣから助成金が降り、掘削事業がスタートした。**これを受注したのが、「フォーカスキャピタルマネジメント」「レノバ」「デナジー」の3社**である。

この物理学者によれば、「こうした会社の大半は、ＣＩＡやモサドからのスピンアウトした出身者で占められる。ほとんどこうした会社は別の会社に丸投げし、現場は外国人の現場監督に任せられ、受注した会社は何をしているかわからない」という。

この方式でやられたのが、東京湾アクアラインで怪しい動きを見せた掘削船「ちきゅう」号だったわけだ。なんということか!!

人工地震特有の横波P波がない!

もう一つ、多くの先端ジャーナリストや著名なブロガーらが異変を感じ取ったのは、地震予知連絡会が公表した２０１６年4月14日、４月16日の地震波だ。これを図で示した。

通常の自然地震では横波のＰ波が発生する。その数秒後、縦波のＳ波が起こって地震が観測

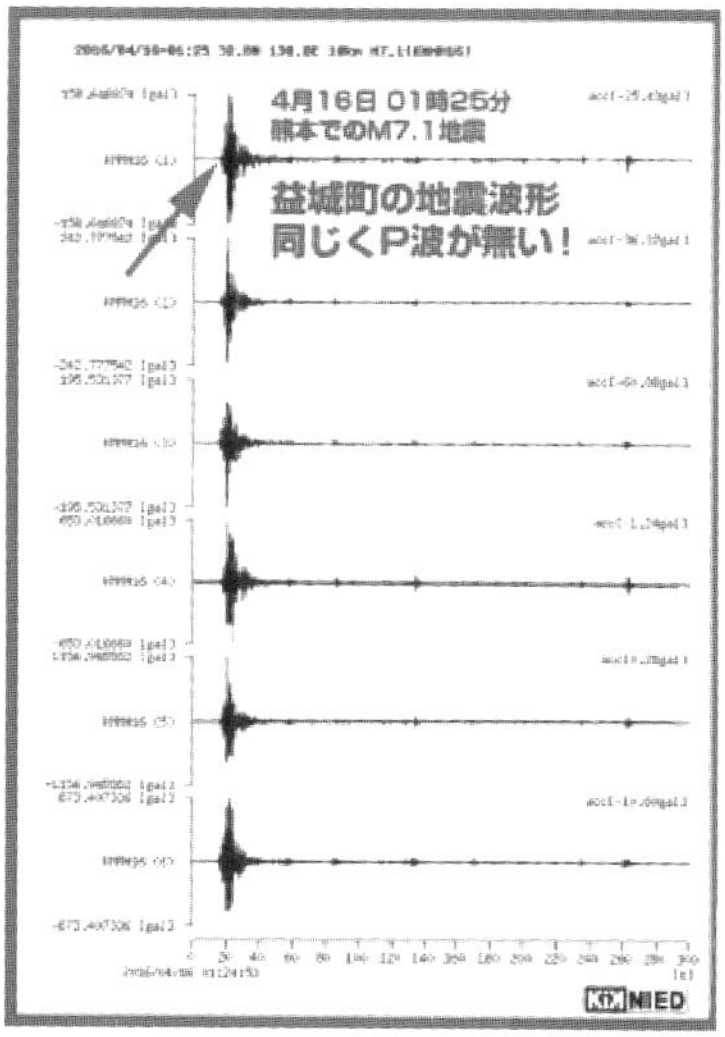

〔B〕

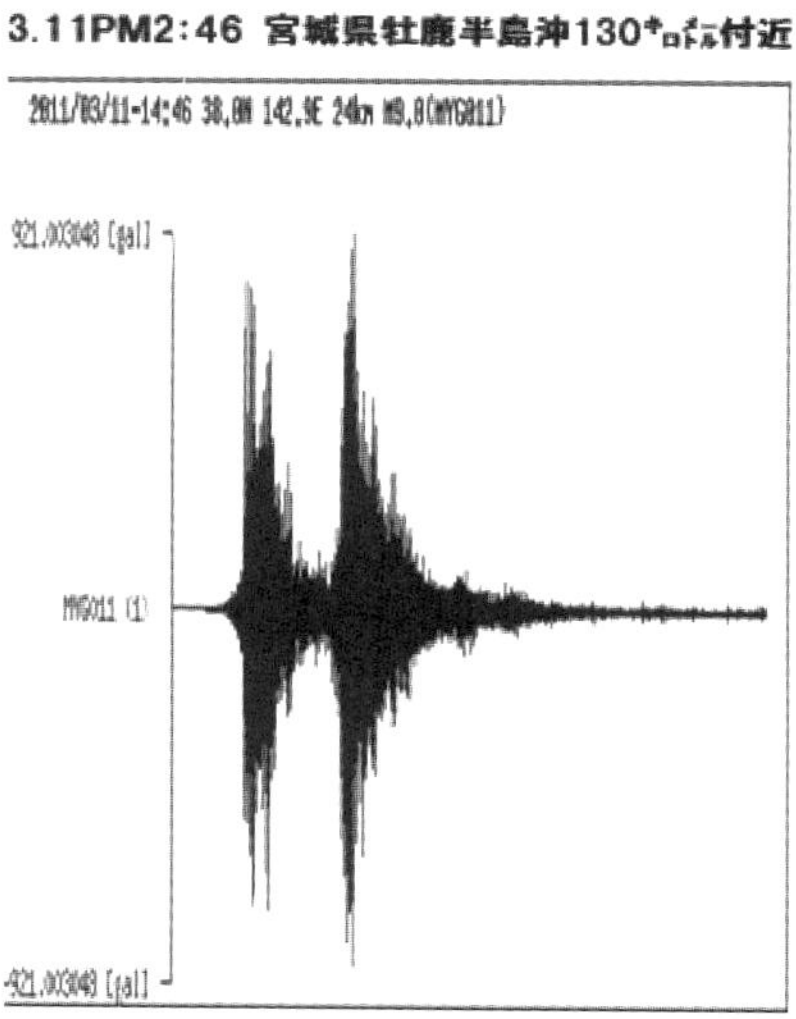

〔A〕

される。地震速報は、このP波をチャッチすることで、警報を鳴らす仕組みだ。

しかし、今回の熊本地震では、３・11と同様、このP波が観測されていないのだ。いきなり、縦波のS波の突き上げが起こった。しかもほとんど、震源の深さが10㎞と浅い。これはやはり震源地地下で何者かが小型爆弾を爆破させたか？ あるいは２０１５年から２０１６年にかけ、東京湾アクアライン地下で行われた「フラッキング工法」が行われたからなのではないか？

図Aは、２０１１年３月11日午後２時46分、宮城県牡鹿半島沖１３０㎞付近で観測された地震波だ。図Bが今回（２０１６年４月16日午前１時25分）の熊本・

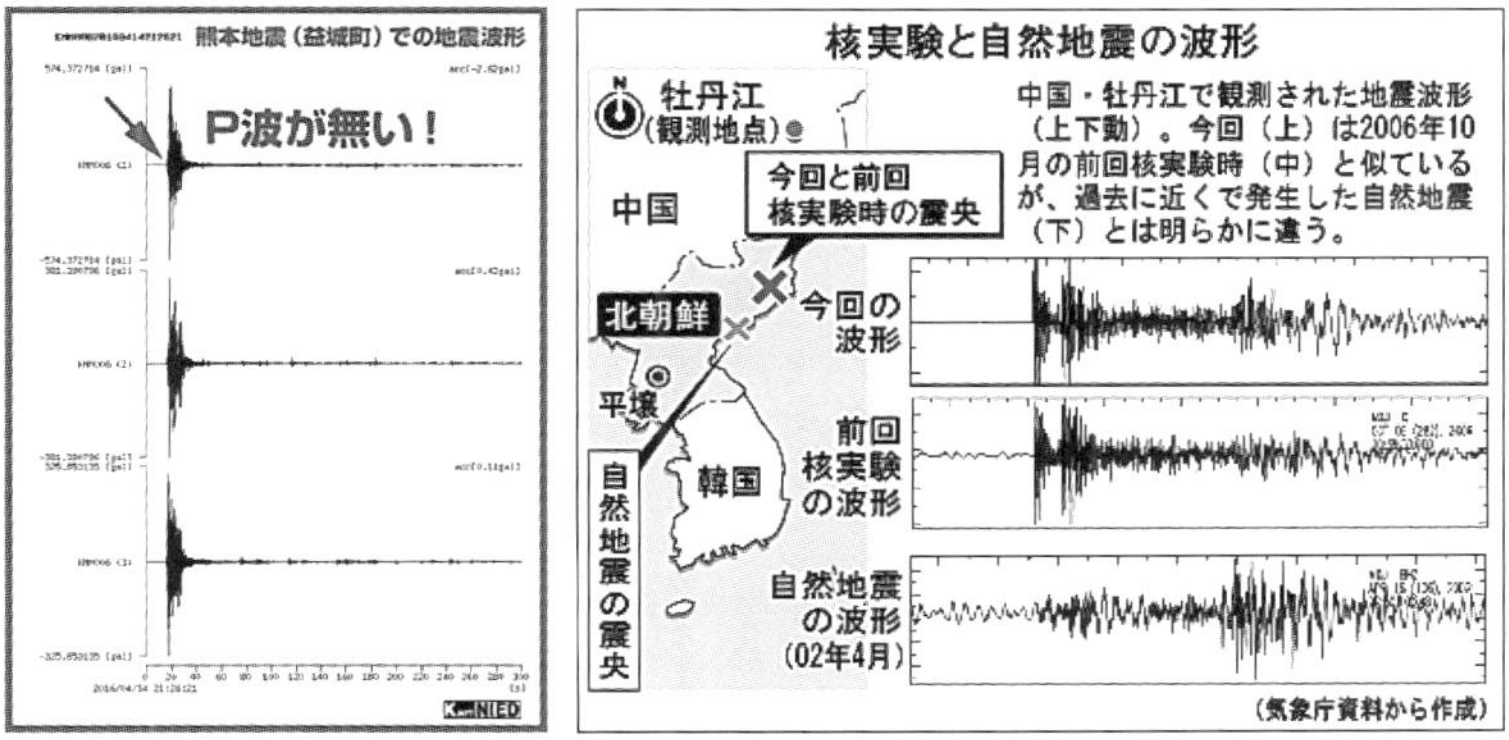

〔C〕
人工地震の特徴は緩やかなP波がない

益城町のもの。次の図Cは、気象庁が発表した北朝鮮が行った核実験（２００６年10月9日、２００９年5月25日）によって発生した人工地震の波形図である。図C下段の自然地震と明らかに波形が違う。3・11、今回の熊本地震とも横波であるP波が観測されていないのは歴然だ。

3・11以降、東京湾アクアラインを震源とした群発地震では、ロックフェラー系グローバル企業、ベクテル社が地中10㎞付近に小型核爆弾を仕掛けておいて、何者かが爆破した疑いがもたれている。このベクテル社とは、１９９５年1月17日に発生した双子型地震である兵庫県南部地震の震源地近くの明石海峡大橋のボーリング工事に関わったことは前書『日本上空を《ハーモニー宇宙艦隊》が防衛していた！』で述べた。

東京湾アクアライン海ほたるの工事のほか、ベク

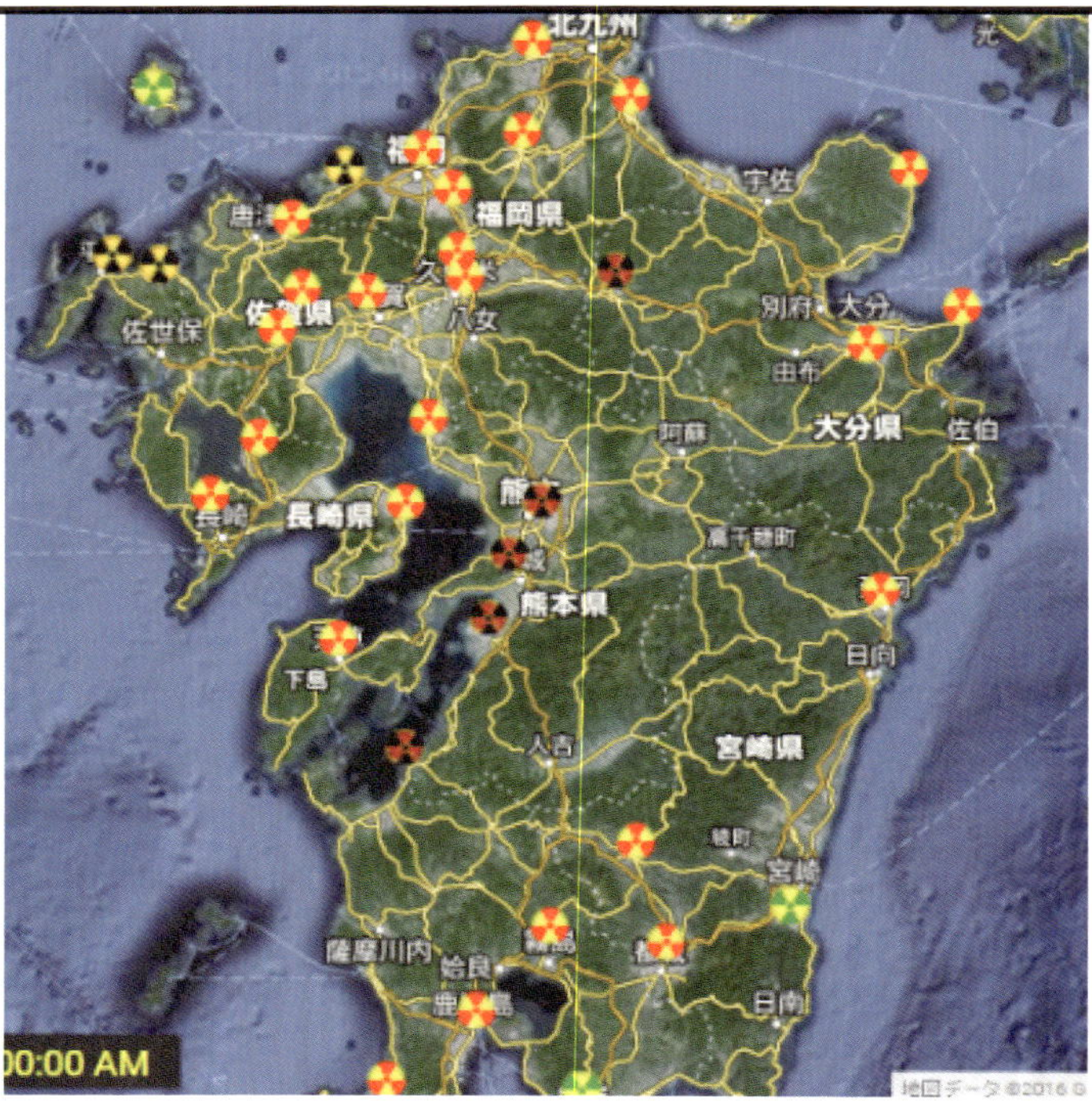

2016.4.21　九州地区の放射線量が異常に高いことがネットで公開。何ゆえ、放射線量が高いのか？

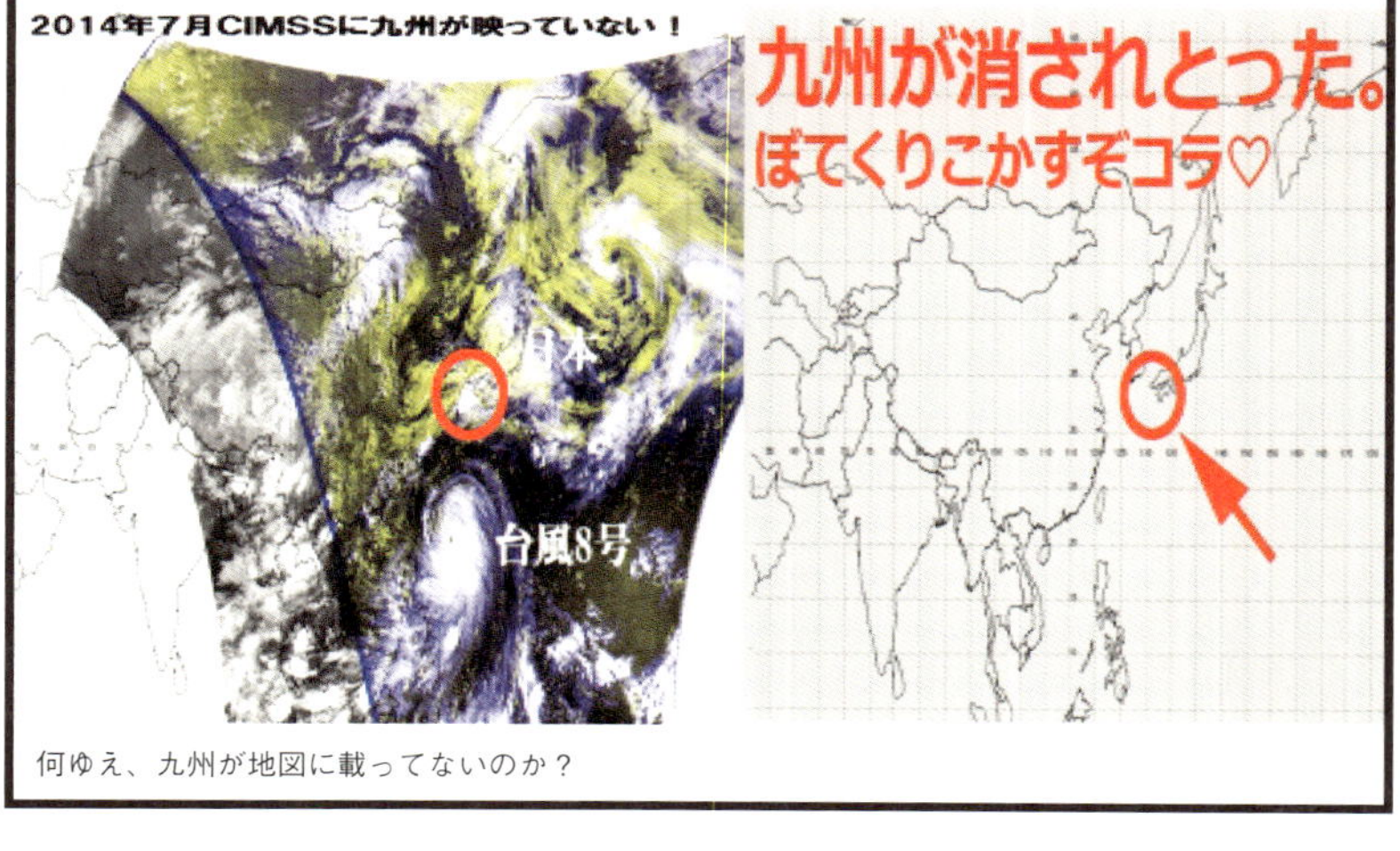

何ゆえ、九州が地図に載ってないのか？

テル社は福島第一原発や羽田空港、日本原燃六ヶ所再処理工場、関西国際空港などの建設にも携わった。

阪神・淡路大震災では、わずか1秒間で2つの巨大地震が発生した。こんなことは自然地震で起こり得ない。ベクテル社が疑わしいという根拠もそこにある。

熊本地震がもう1つ異常なことは、ネットで4月21日に公開された九州地区での放射線量がレベル4と非常に高かったことだ。これは何を意味しているのか？

何者かが人工地震を仕組んだ疑いが濃厚ではないか。その状況証拠は揃ったと言える。

Ⅱ 〝闇の政府〟の謀略を暴け！

「ベクテル社が関わった後には巨大地震が起こる!?」

前出の巨大企業ベクテル社は、原子力企業でもある。9・11米国同時多発テロの自作自演を仕組んだとされるブッシュ一族が経営する枯葉剤やF1種のGMO（遺伝子組み替え作物）の開発メーカー、モンサント社とも連携している。その上で世界の大規模建設を牛耳っている闇の権力のお抱え企業そのものなのだ。

米国はこの9・11テロの後、「イラクが大量破壊兵器を有しているのは間違いない」とし、イギリス、フランスなどの同盟国と連携し、イラクの軍事施設を陸・海・空から攻撃・破壊した。その際の犠牲者は10万人とも100万人とも言われる。

米軍が、地下壕に潜むフセイン大統領を捕らえ、縛り首にしたのは記憶に鮮明だろう。

この暴挙に対して、**2016年7月7日、イギリスの独立調査委員会は7年の歳月をかけ、当時のトニー・ブレア首相が決断したイラク戦争参戦への状況判断と、計画策定を綿密に調査**

し、**この計画が誤りであったことを15万点の証拠資料から裏づけた。**その報告書は実に260万語に及んだ。

無論のこと、情報公開法が制定された米国でも極秘条項が炙《あぶ》り出され、イラク戦争はネオコン・ブッシュ元大統領らの謀略だったことを多くの米国民が知るようになってきている。

これに対して、日本の調査委員会の報告書は、A4版のレポート用紙のたった4枚だけ。日本政府がいかに対米追従型の外交を強いられているのか、もはや奴隷国家と言っても過言でない状況だ。〝闇の政府〟のシナリオ通りに動かなければ、1・17阪神・淡路大震災や3・11東日本大震災のように大災害を引き起こされる。その恐怖から彼らのシナリオ通りにしか動けない状況になっているのかもしれない。

こうして〝ぶら松〟こと闇の政府の奴隷国家作りが完成していく。これはもはや強請《ゆす》りを超え、国際犯罪であろう。こうした謀略の情報を一般市民が認知、拡散、シェアすることで、闇の政府の謀略を封じ込められるのではないだろうか。

この項を執筆・編集中に驚くべき情報が飛び込んできた。

2016年9月27日、米国上院・下院議会で、9・11特別調査委員会が求めたサウジアラビアへの9・11遺族賠償金請求法案が可決されたというニュースである。発信元は、イルナー通信、ParsTodayだ。

オバマ大統領は「アメリカの国家安全保障と外交特権を脅かすことになる」とし、共和・民主両政党の議員たちの前例のない支持により可決されたこの法案に拒否権を発動している。にもかかわらずアメリカ議会の上院と下院がオバマ政権下で初めて、大統領の拒否権を覆し、この法案が可決されたのだ。

オバマ大統領は可決されたこの法案にサインするしかなくなったというのだ。米国民は9・11は、産油国サウジアラビアが大きく関与した自作自演のテロだったことを知りだしている。その具体的な表れとなる法案が議会で通ったということは、今後、旧勢力の謀略の責任追及が始まることを意味している。

この戦争で傷ついたのはイラク国民もそうだが、イラクに派遣され、何の罪もない一般市民、老若男女を機関銃で次々乱射した米国軍人もまた同時に傷ついている。彼らの頭の中には、小さな乳幼児を抱え恐怖に引きつった若い母親や、悲鳴を上げながら逃げ惑う子供たち、昨日まで営まれていた生活が一挙に破壊された人々の残像がこびりついて、離れないはずだ。最大のテロリストは、イラク兵ではなく米国兵だったのだから。

今後、問われるのはこれを仕組んだブッシュ元大統領やイラク戦争にいち早く加担したブレア元英国首相、そして闇の政府の戦争責任だ。これに連なった日本政府高官もただでは済まない。

すでにご存知の方も多いと思われるが、闇の秘密結社フリーメイソンの中でも、仲間割れが

英　独立調査委員会報告書

●「03年、ブレア首相がイラク戦争参戦を決議した参戦判断と計画策定は誤りだった」ことが７年間、260万語の報告書と15万点の証拠資料で判明した（2016.7.7ロイター）

➡イラクに大量破壊兵器はなかった。

●その13年後、イラクは混沌。現在、ISの支配下。難民がEUに流入した原因となる。

●最大のテロ国家とは、アメリカそのものだ!

9.11米国同時多発テロ事件を引き起こし、イラク戦争に突入したことが暴かれた

起きており、純粋に地球を救おうと考える勢力が、新世界統一秩序ＮＷＯの確立（地球征服計画の実現）を阻止しているという情報も相当流布されるようになった。

今回のイギリスの国際情調査委員会の発表と、米国で可決された９・11遺族賠償金請求法案は、世界を支配し続ける闇の政府こと、カザール・マフィアの力が削がれ、旧勢力が新勢力によって駆逐されだしている証拠であろう。

ベクテル社も酷いが、日本の原発の管理を請け負うマグナＢＳＰ社は、「イスラエルからネットで遠隔操作し、小型水爆で福島第一原発を爆破した」ことがＮＳＡ（国家安全局）の電子労働者だったジム・ストーン氏によって暴かれている。さらにはなんとＩＳ国に資金援助や武器供与していたというのだ。後に世界に脅威を与えるＩＳ国の創設者とは９・11同時多発テロと同様、米国の自作自演であることが判明する。恐るべきは偽ユダヤの謀略だ。〝ゴエム（家畜）はいつ殺しても構わない〟がその伝統的根拠に違いない。

しかし、こうした闇の勢力の駆逐をサポートしている銀河連盟、またハーモニー宇宙艦隊が驚異的なテクノロジーでこの謀略を阻止してくれている。だからまだこの程度ですんでいると考えてよいのではないか。

この銀河連盟については、実際、彼らの艦船に乗って銀河系惑星を訪問し、その社会を見聞してきた驚愕の人物が複数存在することを知った。

“ぶら松”が東京湾アクアラインを狙っている⁉

２０１５年9月11日、東京湾アクアラインの地下を震源とするＭ５・３、調布で最大震度５の地震が発生した。ご記憶だろうか。この震源地は北緯35・5度、東経１３９・9度だ。このポイントこそ知る人ぞ知る、３・11以後、30回前後も地震が多発している地帯なのだ。暮れも押し迫った２０１５年12月26日、午後11時過ぎ、５連続地震が発生した場所ともほとんど一致する。

この9・11地震も、かつての米国同時多発テロ事件にあわせて闇の政府が仕掛けた日本総攻撃とみなしていいのではないだろうか。

実は２０１５年、この東京湾アクアラインの地下10㎞付近で、「フラッキング工法」という、液体二酸化炭素を注入する工事を行っていたことが判明した。12月26日夜に発生した5連続地震は、この工法の結果によるものとの疑いが濃厚だ。

ハーモニー宇宙艦隊がこの前夜、東京湾アクアライン上空および東京湾、伊豆、静岡沖に20数機布陣し、地震規模が増大しないようにしてくれていたことがＮＡＳＡの衛星画像「Worldview」で確認できる。

2015.12.25 東京湾 5 連続地震前夜

NASA 衛星画像に20数機の UFO が捉えられた

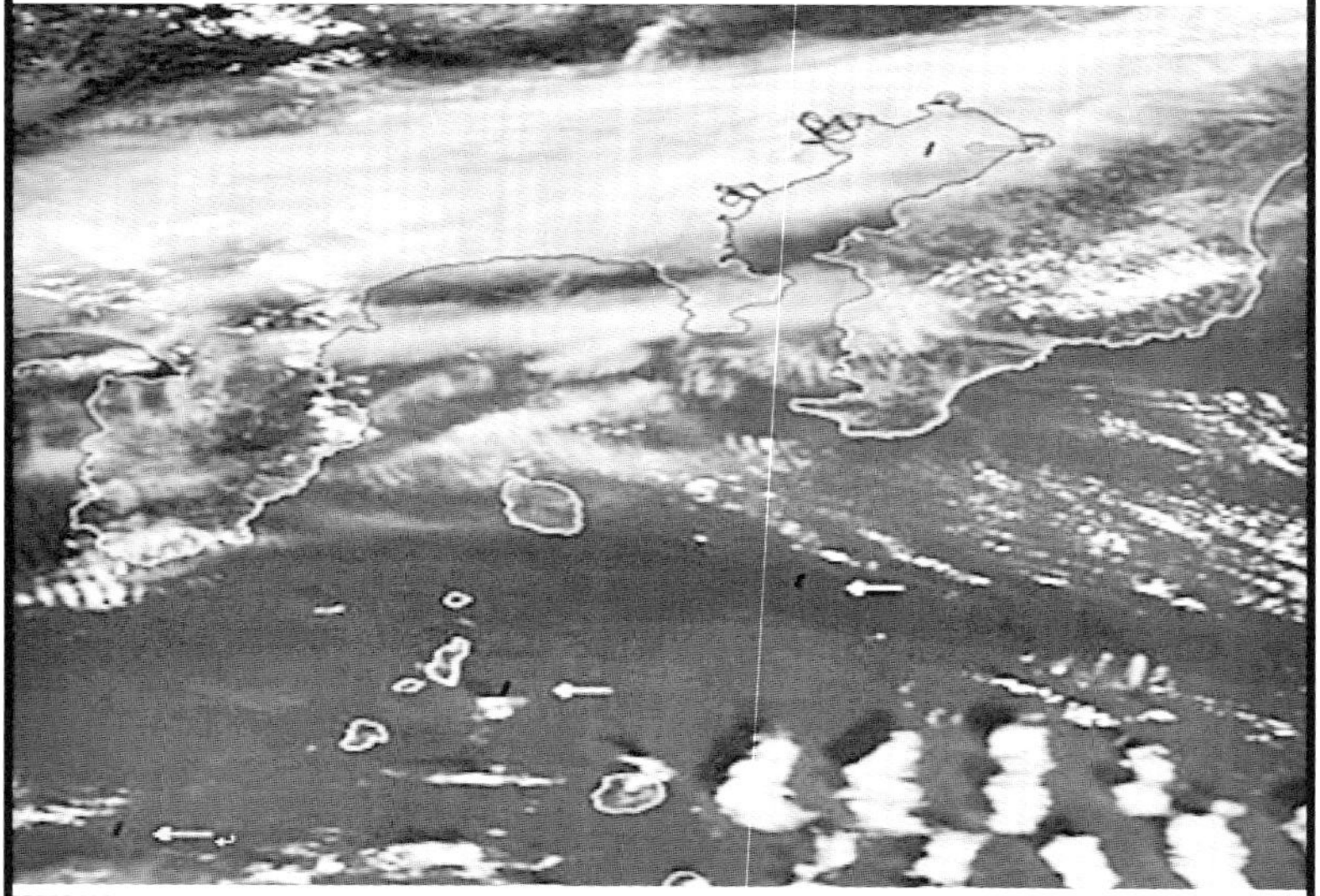

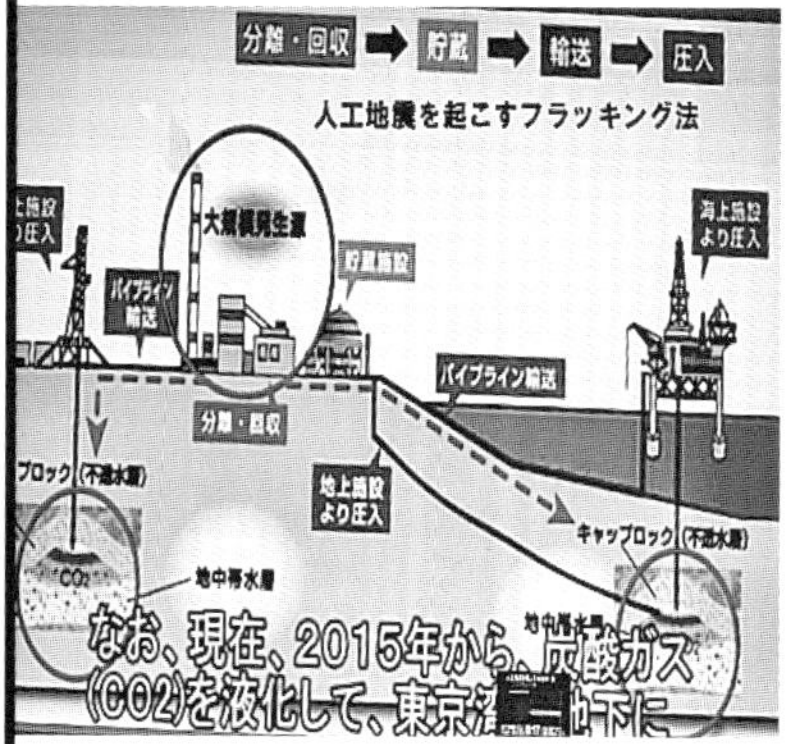

海底10kmに海水を注入すると、地震が起こることがわかっている。昨年から2016年１月にかけてこのフラッキング工法によって群発地震が発生した

この東京湾アクアラインで工事を担っていたベクテル社や、掘削船「ちきゅう」号が海底で何かを工作していたことは明らかであると筆者は見ている。

そして今回の熊本地震の震源地でもこのフラッキング工法が実施されていたのではないか。この場所で奴らは小型水素爆弾を爆発させた可能性も高い。さらに、14日から19日の間でM5以上の地震が10数回発生した震源地の中に自衛隊駐屯地が3か所含まれていた。これが何を意味するのか、今のところまったく謎である。

何ゆえ、自衛隊駐屯地が3か所も震源地となったのだろうか?

当初、ネットで「陸上自衛隊高遊原分屯地」と入力したら、北緯32・8度、東経130・8度と出た。これが今回の震源地とぴったり一致した。残りの2か所の震源地も、陸上自衛隊健軍駐屯地、そして陸上自衛隊湯布院駐屯地の敷地内が該当する。

この高遊原分屯地は、陸上自衛隊の飛行隊、航空隊のほかに、対中国に備えた防衛大臣の直轄部隊も駐屯しているようだ。

ここで、UFO問題や超常現象に詳しい専門家が平成27年度発注予定業務を調べたら、ボーリング調査をしていることがわかった。さらにその項目を調べたら、洗機場一式およびポンプ室RCを設営していたことが判明した。

早い話、ボーリングした後、高圧ポンプで水を注入、フラッキング工法を行っていたことが示唆されるのだ。

２０１５年米国オクラホマ州で、シェールガスの採掘のため、フラッキング工法を実施したことがあった。ところが、年間５０００回以上、地震が発生するという事件が勃発した。月間数十回から80回以上にも上った。

そこで、家屋が損傷、または全壊した住民が保険金を請求したところ、保険会社が人工地震を理由に保険金支払いを拒否したというのだ。この事件はフラッキング工法を行えば、人工地震を起こせることを雄弁に物語っているではないか。

しかし、何ゆえ、国を守るはずの自衛隊でこのような工法が実行されたのか？　命令した組織は何者なのか？　いったい、誰の命令だったのか？

熊本益城町周辺は、４・14地震の爪跡がそのまま！

熊本地震から約5か月後の２０１６年9月6日、筆者は一番被害が酷かった熊本市益城町周辺を訪れた。なんとあの時の爪跡がそのままなのだ。

県道から商店街に入った。日本家屋が、公民館が、神社が、洋風の家屋が、タバコ屋が、歯科医院が、商店街がみんなめちゃくちゃ。30度近く傾いた民家やペシャンコの家屋がそのまま

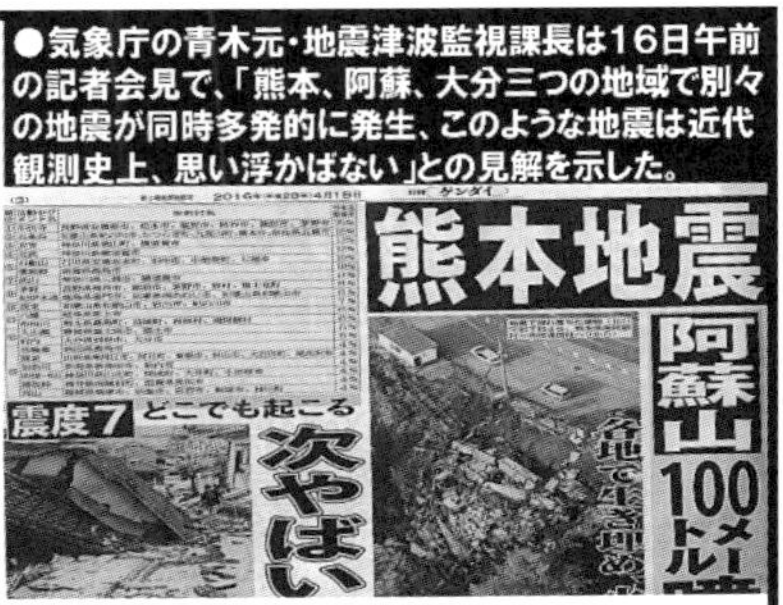

巨大地震が 3 か所で同時に起こることは近代観測史上あり得ない

震災から半年近く経ったが、放置されたままの民家が目立つ益城町

壊れた壁には「売国メディア、人工地震 HAARP を報道せよ」と書かれていた

だ。

震災からかなり時間も経った。東京に住んでいる人間としては復興がかなり進んでいるはずと思っていた。しかし、いまだに体育館で寝起きしている人も少なくない。炊き出しが行われている場所もある。こんなことがあって良いのか。

町のコミュニティセンターであろうか、災害ボランティアを受け付けているテントで働く若者の姿も散在する。復興など夢のまた夢。仮設住宅で暮らしている人が多いと聞いたが、それもそのはず、街並みは依然として破壊されたままなのだ。

時折り、破壊されたアパートの壁にペンキでこう書かれていた。

「売国メディア、HAARPを報道しろ!」。まったくそのとおりだ。なぜ、新聞・テレビはこれを報道しないのか!

瓦礫《がれき》の脇を歩いてくる女性2人を交えた高校生たちと出会った。女性はスーツ姿なので、新人OL、または新米教師であろうか。

「この地震は人工地震なの。私はこれを暴いているジャーナリストなのだけど、HAARPという電磁波を照射し、地震を起こせるの。やったのはアメリカ。みんな若いのだから、ネットで調べてみて!」

困惑顔だったが、無理もない。人工地震なんてどうやって起こせるだろうかと思ったに違いない。それにしても酷すぎる。県道沿いの家屋が倒壊したままではないか。

これをそのまま放置しているとは、いったい何事か！　遠く見渡せば、屋根瓦が崩れ落ちたのだろう。ブルーシートの屋根があちこち点在する。この商店街だけでなく、益城町が近い田園が広がる城南町の農家でもこのブルーシートが散見される。

こんな惨状の一方で、安倍晋三首相は、憲法改正を急ぎ、海外出張しては、南米のモノレール建設に3000億円、アフリカに1兆円の円借款など、気前良く資金提供を断行しているのだ。

この熊本市内の悲惨なありさまを見たのだろうか？

聞こえてくるのは、「新築なんて無理。2、3年はこのまま！」の声だ。おそらく、解体業者もいない。人出もない。金もない。こんな状況なのではないだろうか？

筆者は「熊本地震は、人工地震によって引き起こされたのです。北九州全域で放射線量が異常に高いのがその理由です」とセミナーで講演した。

東京ならいざ知らず、純朴な熊本の人たちは一様に驚いていた。このような無垢な民が住む街を破壊した組織、人間は、断固、断罪されるべきであろう。

高遊原分屯地・健軍駐屯地の放射線量が異常に高い！

実は、熊本空港に着いてまもなく、筆者は頭痛に悩まされることになった。頭から頸椎《けいつい》まで締めつけられるような痛みだ。これが2日続き、3日目、4日目もやや軽くなったが依然、頭は締めつけられたままだ。

ネットジャーナリストのR・K氏らは、**2016年4月16日、熊本市内を訪れ、石垣が崩落した熊本城や商店街、被災者が暮らす体育館など数か所のγ線の放射線量を測定した。線量は3・31μSv／hであった**ことをブログで公表した。

世界平均で年間自然被曝量は約2400μSvなので、この数値はまったく異常な線量だ。やはり同氏と助手らも頭痛と、下痢症状に悩まされたらしい。下痢症状は腸炎が原因で、中性子線によるものと同氏は指摘、熊本でも集団腸炎が発生したことから、小型水爆で地震が起こされたと結論づけた。

小型核兵器が使われ中性子線が放射されているなら、熊本市民の5年後が心配だ。チェルノブイリでも染色体異常や心臓病など被曝症状が顕在化したのは5年後からだったのだ。

そこで同氏らは5時間滞在の後、直ちに熊本を離れたようだ。

自衛隊駐屯地や周辺の放射線が異常に高いのは何ゆえか？

2016年４月16日　R・K氏らが数か所の熊本市内でのγ線を測定したところ、3.31μSv/h を記録した　http://richardkoshimizu.at.webу.info/

2016年９月６日　高遊原分屯地の放射線量は、0.28μSv/h を記録、益城町の0.05μSv/h に比べ異常に高い

筆者も熊本滞在2日目、頭痛の異常さは尋常ではないと察知、簡易放射線カウンターを購入、地元の方々のお世話で、被害の酷い益城町で測定した。

次に問題の陸上自衛隊高遊原分屯地と健軍駐屯地に向かった。

結果は、益城町で0・05μSv／hと0・09μSv／hを計測。高遊原分屯地は0・28μSv／h前後、健軍駐屯地でも最高0・21μSv／hを記録した。

予感は的中した。やはり、M5以上を記録した地震の震源地の1つ自衛隊駐屯地での放射線量が異常に高かったのだ。

これが頭痛の原因と思われるのだ。難点を言えば、この線量カウンターは大手化学メーカー製だが、値段が1万円以下の簡易計であることだ。しかし、R・K氏らも別な場所では0・06μSv／hを計測しているので、筆者の計測値とほぼ同等だ。

不思議なのは滞在した熊本市内の民家で0・05μSv／hを計測、平常時と変わらないのだが、頭痛が酷いことだ（ぜひ、ガイガー・カウンターを持参、熊本城や高遊原分屯地などで放射線量の測定をお願いしたい）。

9月12日夜、東京に戻った。羽田に着き、京急電鉄に乗ったころ、1週間ほど悩まされた頭痛が消えだした。頭から頸椎まで圧迫していた痛みが徐々に消えていった。翌朝、明らかに頭痛が消えた。両肩あたりにあった締めつけ感もほぼ消失した。

やはり、頭痛の原因は放射線であることは明白だ。

当初R・K氏らが測定した3・31μSv／hの放射線は、たびたび降った豪雨でかなり除染が進んだのではないだろうか。

Ⅲ 〝ぶら松〟の謀略を阻止、ハーモニー宇宙艦隊に呼応しよう！

航空自衛隊飛行点検機U125が空中で大破した⁉

熊本地震の1週間ほど前の2016年4月6日、もう1つ実に不思議な事件が起きた。NHKの報道によれば、航空自衛隊飛行点検隊（入間基地）所属の点検機U125が、鹿児島にある海上自衛隊鹿屋基地の北およそ10㎞の地点でレーダーから消え、隊員6名が行方不明になったというのだ。

防衛省発表では、4月7日午前6時半ごろ、上空からの探索でレーダーから消えた御岳の山頂から東およそ760m付近で、U125の機体と思われる残骸が200mから300m四方の範囲に飛散しているのを発見したという。搭乗隊員6名の内4名が心肺停止状態で見つかり、残り2名も翌8日午前に発見され、いずれも死亡が確認されたというのだ。この日は風もなく、機長は6000時間を超える一流パイロットで、有視界飛行をしていたということだ。

謎として、浮かび上がったのは、何ゆえ、機体の一部が200mから300mと広範囲に散

墜落した自衛隊機 U125と同型機

墜落現場

熊本の真西から HAARP 攻撃されると、震源後方で地震規模が拡大する

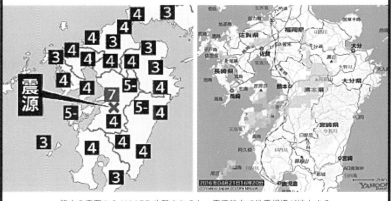

らばっていたのか。

これは操縦の誤りから山に激突したのではなく、何か、衝撃波か、レーザービームのようなもので、空中で破壊されたのではないかとの憶測を呼んでいるのだ。

熊本地震をめぐっては、あるロシア系アカデミーに所属する著名な博士が、熊本の真西から照射された中共軍HAARPによるものであると断定している。

その根拠とは、照射目的付近の地震規模が小さく、その後、広域に地震規模が拡散されることとなっている。この後、熊本から鹿児島へかけての異常な低気圧攻撃、そして、尖閣諸島や南シナ海をめぐって、中国海軍の領海侵犯が顕在化してくるのだ。

筆者はここに中国と日本に紛争をけしかけるような、何者かの息吹を感じるのだ。巨大な力が動きだしたかのようだ。

国際謀略が表面化、闇の政府は追い詰められたのか？

さらに怪しいと思えるのは、この熊本地震が発生する前夜の国内問題と、国際情勢だ。内外とも揺れていたのは、大企業や富裕層が税金のほとんどかからない国（タックスヘイブン）にペーパーカンパニーを設立、資産を預け、税金逃れをしている記録がパナマの法律事務所から突如、公開されたことである。いわゆる「パナマ文書」問題である。

これが世界中に公開されたのは、2016年4月3日だった。海外では、じわりじわりこれに関わってきた大企業や政治家の責任問題が追及され、デモが起き始め、国内でも大企業の姿勢が問われだしていた。日本政府は、このパナマ文書問題を追及しない方針を決定した。その矢先の4月14日、熊本地震が発生した。

怪しいのは、このパナマ文書に書かれたリストには、米国ユダヤ国際金融資本系企業や政治家が入っていないことである。リストに入っていたのは、この流れに対立するプーチン大統領の知人や習近平の親族らが多かった。

また、米国が推進する「TPP（環太平洋戦略的経済連携協定）」が暗礁に乗り上げていた。国内では野党の反対にあってTPP加盟は国会での成立が危うくなっていた。

3・11の時も、このTPPへの加盟を促すための脅しであったとする説が浮かび上がっている。環太平洋地域でいち早くTPPを締結させ、遺伝子組み換え食品とF1種を売り込みたいモンサント社が、闇の政府を動かし、熊本地震を仕掛けたのではないかとの観測が浮上してきた。

モンサント社は、〝ぶら松〟こと、フリーメイソンの代表的な企業だ。この謀略が疑われるのは、日本を襲った各災害の日付に符合が見られるからだ。

東日本大地震の2011年3月11日が2＋0＋1＋1＋3＋11＝18と解釈できるなら、熊本地震の2016年4月14日も2＋0＋1＋6＋4＋1＋4＝18となる。阪神・淡路大震災も1995年1月17日だから1＋17＝18となり、いずれも「18＝666」が導き出される。この「666」は、〝ぶら松〟が崇拝する悪魔（聖書に登場する「獣」）を象徴する数字なのだ。

3・11東日本大地震は、事前に日本の大企業をはじめ、フリーメイソンの会員には知らされていたらしい。国内最大手の広告代理店関係者から洩《も》れてきた情報によれば、震災の1週間ほど前に帝国ホテルに関係者が集められ、左頁の画像が示され、日本語および英語、仏語の3か国語で、「直ちに東京から避難するように！」との呼び掛けがあったというのだ。

実は、筆者の知人もこの会合に参加していた。米国が3・11が起きたその日、大使館の関西移転を決定したのは有名だ。

時の与党は民主党だ。菅直人首相をはじめ、東電の一部役員には事前告知があったということがかなり知られてきた。

ネットでは、独立科学ジャーナリストのローレン・モレ氏が入手した書類を分析した結果、**「福島第一原発は、最初から米国エネルギー省の指示で東電が作業していた可能性が高い」**との記事が流れた。

地震直後、内閣官房参与の平田オリザ氏が、福島第一原発の汚染水放出は「米政府の要請」

やっと見つけた！
イーライリリー社による
3.11前のフザけた日本地図
本州が消されている

3.11震災前に東日本がない地図が出回っていた

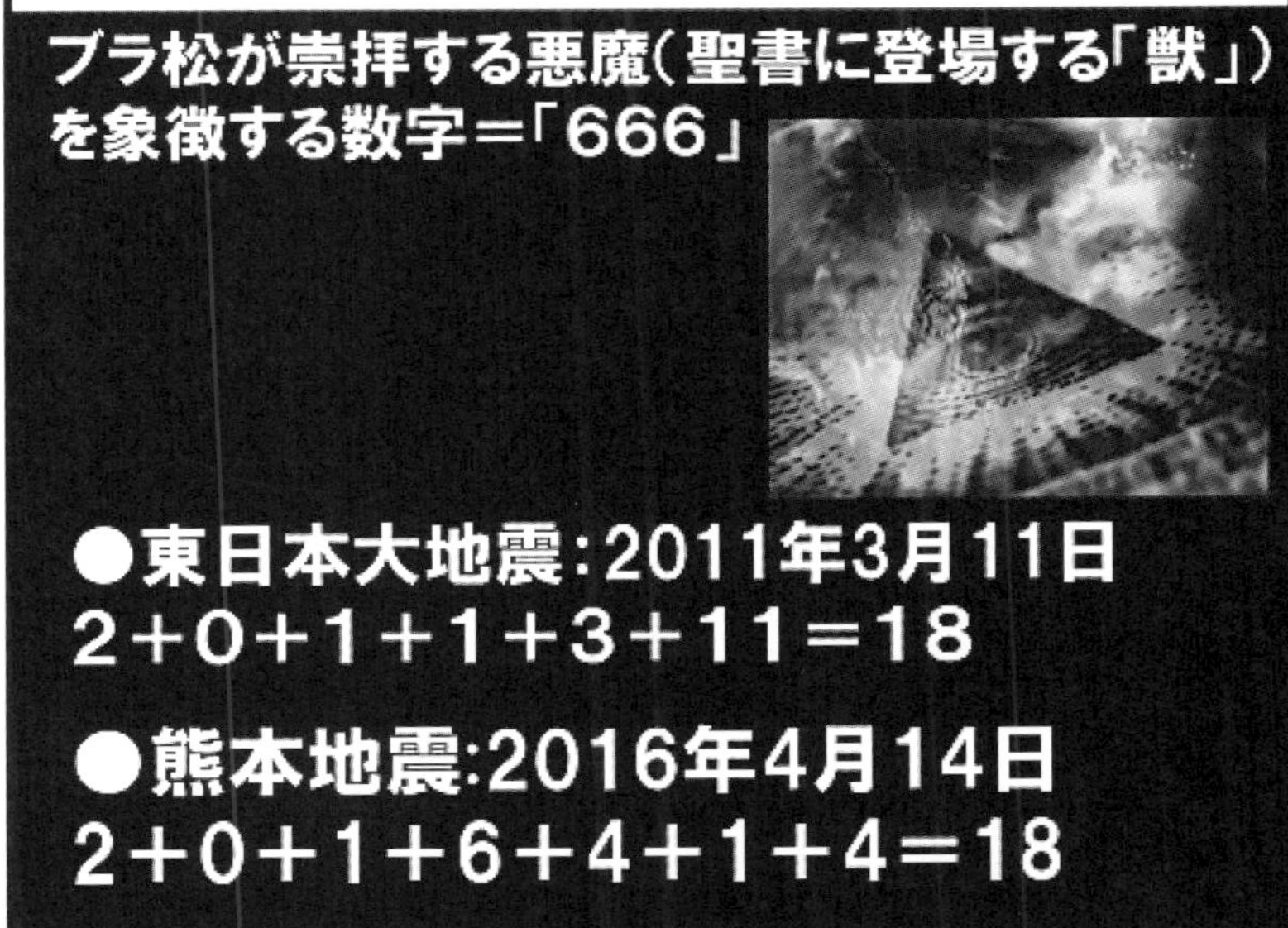
ブラ松が崇拝する悪魔（聖書に登場する「獣」）
を象徴する数字＝「666」
●東日本大地震:2011年3月11日
2＋0＋1＋1＋3＋11＝18
●熊本地震:2016年4月14日
2＋0＋1＋6＋4＋1＋4＝18

〝ぶら松〟は悪魔を象徴する「666」に決行する

であったと、講演で発言したことが報道された。同氏は、この発言を「適切ではなかった」と謝罪したが、撤回はしなかった。

米国は、放射能汚染は小型核爆発によって起こったことを日本国民に知られるのを恐れたため、福島第一原発の爆発による汚染水であることを強調したかったらしい。

早い話、政府内ではこの福島第一原発が小型核爆弾で爆発されたことは暗黙の了解になっているのではないだろうか。

これが事実とするなら、亡くなった東北の人々1万8000人に、何と釈明すればよいのか。

筆者は、2016年5月、宮城県石巻に行ってこのことを地元の人に伝えたのだが、ほとんどの方が、「そんな馬鹿な！」「なんでそんなことを米国がする必要があるのか？」などと懐疑的に思われた。筆者の生まれ故郷、陸前高田市に至っては、「そんなことを言うと頭が少しおかしくなったと言われるので、あまり言わないほうがいい」と注告されてしまうありさまである。

憐れ、人工地震で攻撃され、街が破壊され、多くの人が死んだというのに地元の声とはこんなものだ。恐るべき情報統制が敷かれている証拠ではないか。

「人工地震などあり得ない」とする有識者もいる。「亡くなった方に失礼だ」「それは陰謀論だ」と反論する。むろんのこと、向こうから金が回った手合いのコメントに過ぎない。

何が失礼なのか。真実を探って、この実行者を炙《あぶ》り出すことこそ、供養というものだ。

プーチン大統領は3・11が人工地震であることを熟知していた！

前書『日本上空を《ハーモニー宇宙艦隊》が防衛していた！』で述べたが、実はロシア・プーチン大統領はこの暴挙を知っていたらしい。というのも東北大震災後、2011年3月21日から27日まで東京で行われるはずだった世界フィギュアスケート選手権大会が中止となった。結局大会は約1か月後にモスクワで開催されたのだが、その開会式で、「東日本大震災にあった日本への追悼」が行われたというのだ。それに併せ、プーチン大統領は、異常な地震波形をレセプション会場のリンクの上に映し出したようなのだ。

「これが人工地震の証拠だ！」といわんばかりに全世界に訴えた。

しかし、**この大会の放映権を握っていたフジテレビは、「日本への追悼」の部分をカットしたらしい。**フジの上層部は3・11がテロ攻撃であることを事前に知っていたので、このシーンをカットしたのが真相のようだ。

一説によれば、真偽は不明だが、フジテレビは「イルミナティの下僕であり、『朝鮮ネットワーク』の一員」との噂もある。否、NHK、TBS、日テレ、テレ朝、ほぼ全局乗っ取られたと見ていい。

これが事実なら、プーチン大統領は2015年米国記者団を前にし、「米国はISへの資金提供者であり、シリアから石油を採掘し、同盟国に売りつけている」ことなどを明らかにした上、「米国は飽くなき征服欲から脱却しなければならない」と演説したことが十分納得できるわけだ。飽くなき征服欲とは、なんのことか？

言わずと知れた新世界統一秩序「NWO」のことであろう。聞こえはいいが、世界の人口を5億人に削減、選民思想に凝り固まった1％が世界人類を支配するというほぼ妄想に近い、獣的な偏執思想のことだ。

さらに2016年6月、プーチン大統領は国際経済フォーラムの期間中に米国の報道局の代表者を集め、「米国は1972年に批准された弾道迎撃ミサイル制限条約を破棄し、国際安全保障に甚大なダメージを与えた」とし、こうコメントした。

「あなた方は私の言うことを信じられないかもしれませんが、**私たちは軍の拡競争を停止するために本当の解決策を申し出てきました**。しかし、**アメリカは私たちの本物の提案のすべてを拒否してきた**のです。

現在、ルーマニアに対ミサイルシステムを配備させました。その理由は、〝イランの核兵器の脅威から私たちを防衛する必要があるからです〟といつもと同じです。しかし、イランには核の脅威などありません。

過去70年以上の間、世界的な大規模の紛争を避け、人類に安全を確保してきたのは権力のバランスでした。この相互間の脅威こそが相互平和を地球規模に保障していたのです。

それをあのように簡単に台無しにしてしまうのか。私にはどうやったら、あなた方にわかってもらえるのかわかりません。米国の行動は非常に危険だと思っています。思っているだけでなく、確信しています」

要するにルーマニアに配備された対ミサイルシステムは、イランに対するものではなく、ロシアに圧力を加えるためのものであった。

この1か月後、ワルシャワで開かれたＮＡＴＯ（北大西洋条約機構）の首脳会談では、ＮＡＴＯ同盟国はロシアを、「世界的な安全に対する主要な脅威である」と定めたというのだ。ＩＳをさしおいて、世界の脅威№1がロシアであるというのだ。

中近東で脅威となっているＩＳは米国の支配下にあるので、脅威ではないというわけだ。

プーチン＆銀河連盟対ＮＡＴＯ＆米国軍産複合体の図式が見えてきた

こんな馬鹿な話はない。２０１６年7月、イギリスの独立調査委員会が、トニー・ブレア元首相が推進したイラク戦争参戦は不当であったことが立証されたことは前述した。

プーチン大統領も最初から米国のイラクへの武力攻撃に反対していた。また、カダフィー大佐率いるリビアへの武力侵攻も必要のない武力攻撃であったことが公にされ始めてきた。

このリビア侵攻でもプーチン大統領はイギリスとアメリカに反対していたようなのだ。現在、続行されているシリアへの武力侵攻に反対していたことはむろんのことだ。

もはや、アメリカがイラクに侵攻したのも、シリアに侵攻したのもアメリカの石油狙いであることが暴かれてきた。

実際、2016年8月1日、大統領候補のヒラリー・クリントンがISに資金を提供している企業の取締役になっており、この企業から10万ドルを受け取っていたことが「ウイキリークス」で公開されたのだ。

ヒラリー・クリントンは、現在、FBI幹部の妻への献金問題で追及されており、ベンジャミン・フルフォード情報によれば、ブッシュ元大統領ともども逮捕されるのはまじかだという。

ブッシュ元大統領の容疑は、9・11米国多発同時テロ攻撃が自作自演であったことと、必要のないイラク侵攻の捏造などだ。むろんのこと、3・11東日本大震災を引き起こした国際犯罪が暴かれるというのだ。これらの証拠資料はイギリスの検察と裁判所に提出されているという。

2016年9月、ヒラリー・クリントンが病院で暗殺されたとの驚くべき情報がネットで飛び交った。真相は後述しよう。

風雲急を告げる中東情勢では、プーチン大統領は北極にあるＵＦＯ艦隊基地で、プレアデス星人と会談、彼らから技術供与を受けたらしい。この兵器を使うと、ロシアも米軍も軍事航空機やミサイル発射装置まで一切電子機器のスイッチが入らなくなり、武器・破壊兵器は無用の長物になってしまうという。

現在、イスラエルやトルコでは、このような戦闘不能地域が出現、ロシアによって軍事封鎖されている地帯が出現しているというのだ。偽ユダヤ人こと、カバールマフィアを使い、米国を操ってきたイスラエルが自在に軍事航空機も使えない状況だという。

結局、プーチン＆銀河連盟対ＮＡＴＯ＆米国軍産複合体との代理戦争の図式が明白になった。結果はロシアプーチンの圧勝が真相のようだ。

双方に破壊兵器を売り、日中戦争を引き起こし、両国を疲弊させる（ジョセフ・ナイのアジア戦略）

こうした謀略が遂行され、第三次世界大戦勃発の懸念が高まっている。その火種が中近東と、南シナ海および尖閣諸島で進行しているのではないだろうか？

プーチン大統領は米国報道各社代表を前に国際安全保障に米国は大きなダメージを与えたと説いた

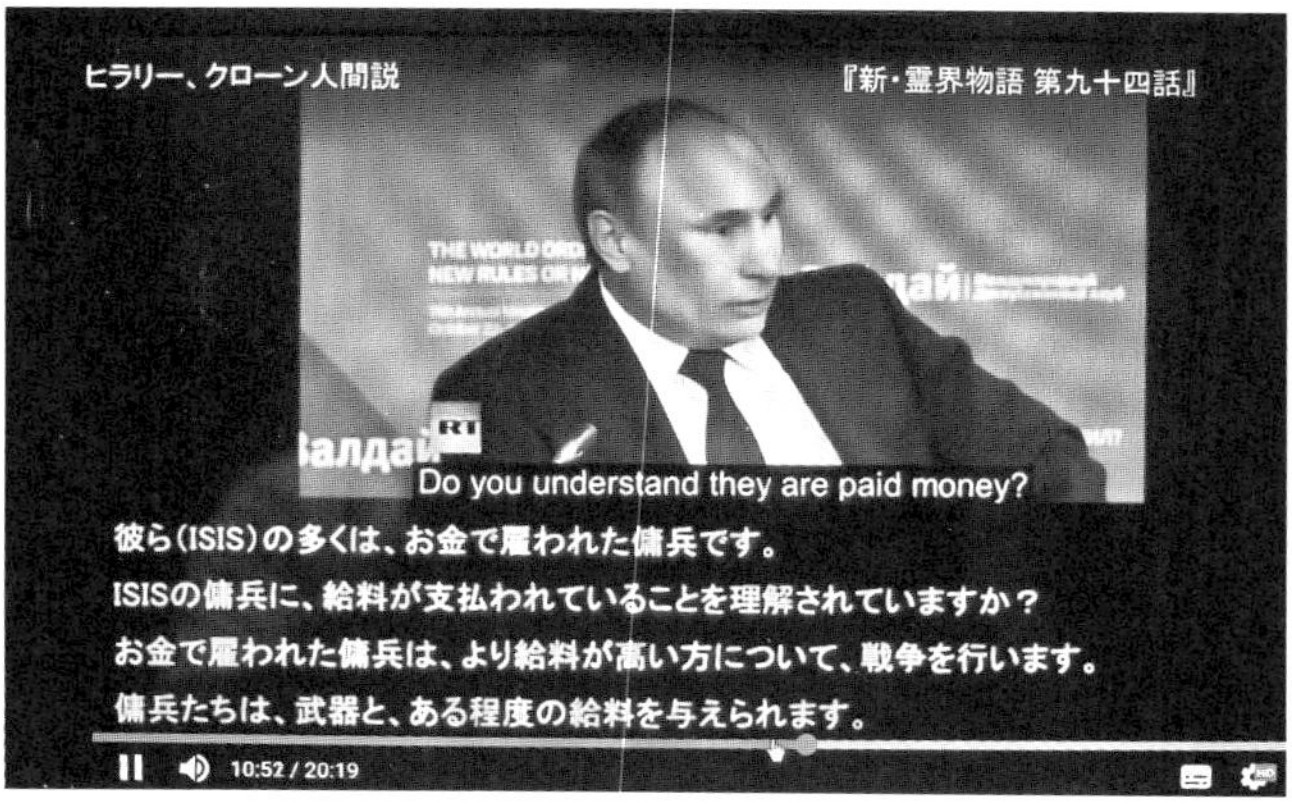

さらにプーチンンは、IS 国の傭兵に給料や武器、弾薬を与えているのはあなたたちの国ではないですかと記者団に問うた　引用／「新・霊界物語第94話」（与国秀行）

ヒラリー元大統領候補はリビア大統領暗殺部隊とつるんでいた!?　http://ameblo.jp/wake-up.jappan

ロシアの新兵器を使うと電子機器系統が敵味方の区別なく完全ストップする

シリア、イスラエルで兵器が無力化し、米国は撤退せざるを得なくなった

シリアではロシア＆銀河連盟が圧倒的に勝利を得ている

2016年6月、中国船籍の軍艦と漁船が尖閣諸島の日本領海にたびたび侵入、8月には軍艦数隻が領海侵犯した。中国の目的は何なのか。

実は、これこそ、米国の軍略を策定する国防次官補だったジョセフ・ナイの対日戦略であることがネットにリークされた。

この報告書によれば、(1)東シナ海および日本海近辺には、世界最大の石油・天然ガスが眠っている。米国はなんとしてもこれを手に入れる。(2)そのチャンスは台湾と中国が衝突した時である。米軍は台湾側に立ち、戦闘を開始。日米安保条約に基づき、自衛隊も参戦する。中国は米日の補給基地である米軍基地・自衛隊基地を本土攻撃する。日本人は逆上し、本格的な日中戦争が開始される。(3)米軍は徐々に戦争から手を引き、自衛隊と中国との戦争が中心になるよう仕掛ける。(4)日中戦争が激化した時、米国が和平交渉に入り、東シナ海、日本海でのPKO(平和維持活動)を米国が中心となって行う。(5)東シナ海と日本海での軍事的・政治的主導権を米国が入手し、この地域での資源開発を米国が握る。(6)この戦略の実現には、日本の自衛隊が海外活動できるよう、状況を形成しておく必要がある。

要するに**米国は、日本と中国に破壊兵器を売りつけ、国庫を潤し、アジア人同士で戦わせ、双方国力を疲弊させ、最後にサウジアラビアよりも豊富な石油・天然ガス資源を奪取する**という戦略だ。

なるほど、これなら大規模戦争を繰り返さないと成り立たない米国軍産複合体が潤うわけだ。同時にGDPで米国を超えたとも言われる中国経済も叩ける。

もっと恐ろしいのは、この報告書をリークした人物によれば、「中国軍が日本を攻撃する前に米国の闇の特殊部隊が、中国軍の仕業に見せかけ、日本にミサイルを撃ち込む可能性が高いのではないか」というのだ。

闇の政府は、9・11米国同時多発テロを自作自演し、イラク戦争を引き起こし、石油を簒奪《さんだつ》するほど冷酷だ。この報告書をリークした人物の洞察が外れていることを祈るのみだ。

しかし、こうした謀略が事件の背後に潜んでいることを日本の一般市民は、全然わかっていない。新聞、テレビしか見ない一般市民が、「そのような謀略をアメリカがするわけがない」「人工地震なんて、そんな馬鹿なことができるはずがない！」とマスコミの言うことを信じきってしまっている！　このことこそが最大の問題だ。

マスコミの言うことを信じきっている国民が多ければ多いほど、為政者、権力者にとって都合の良いことはないだろう。

安倍政権が続き、国境なき記者団による報道自由度ランキングで日本は低下する一方だ。2015年は61位だったが、2016年は72位に転落した。

天下分け目となった2016年7月10日の参議院選挙戦では、自民党および公明党、おおさ

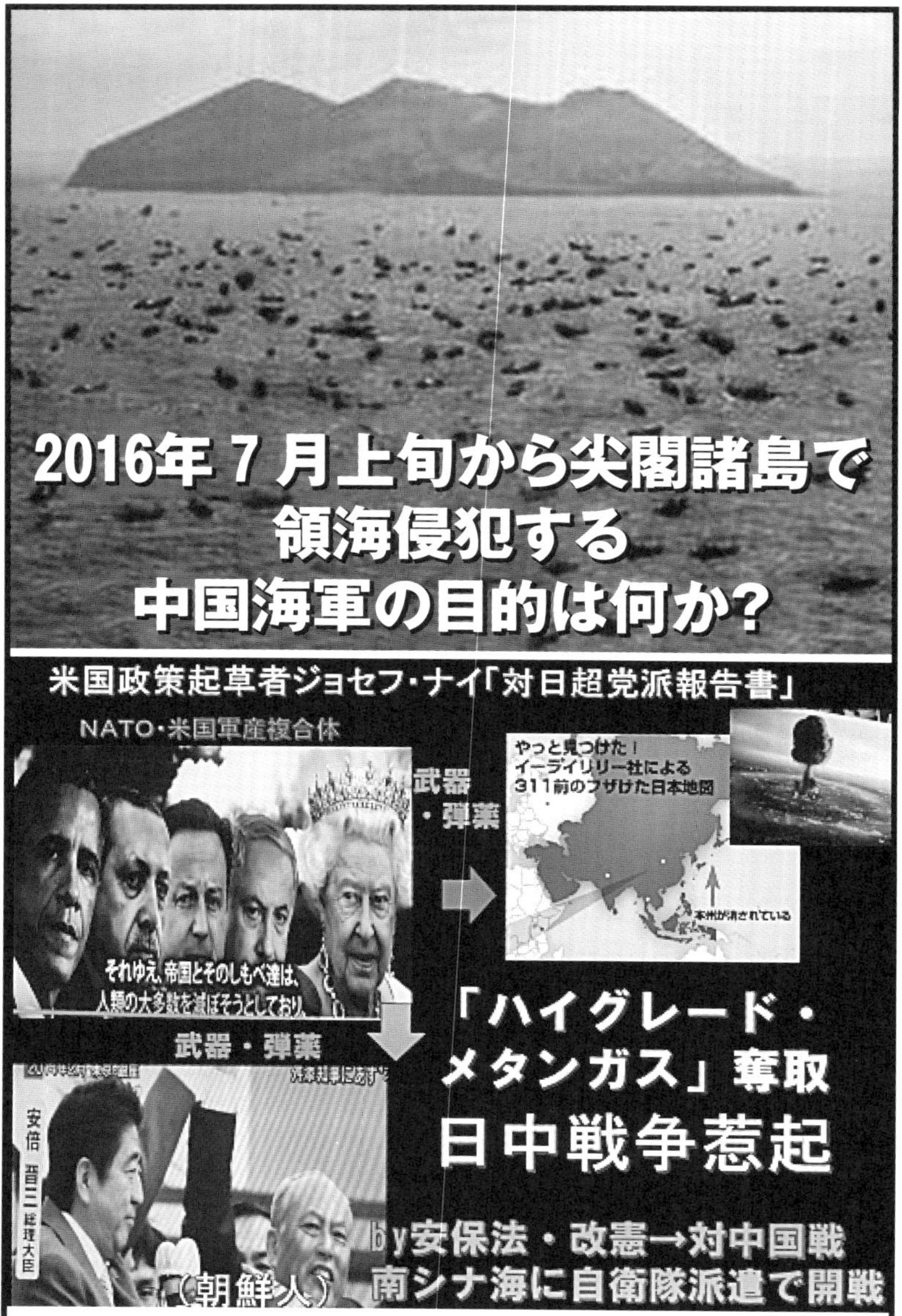

元国防次官補ジェセフ・ナイの戦略によってアジア人同士を戦わせ、双方の弱体化を狙っている⁉

か維新の会と日本のこころを大切にする党を入れ、非改選を合わせると改憲派勢力が3分の2を占めてしまった。今日、事態は大変深刻と言わざるを得ないのではないのか。

ジョセフ・ナイの戦略通り、安倍政権は憲法を改正し、自衛隊を海外に堂々と派遣し、戦争できる国に仕立て上げ、戦勝国の仲間入りする計略を練っているのではないだろうか。

〝搾るだけ搾り、最後に殲滅する！〟

熊本地震直前、安倍政権は消費税増税延期問題が表面化し、「リーマンショックや大震災が起こらない限り、消費税増税延期はありません」と記者会見していた。

裏を返せば、リーマンショックや大震災が起こったら、消費税増税は延期しますと宣言したとも受け取れる。

このほか、前年から外務省とロシアの間で日露会談の日取りが検討され、5月下旬には伊勢志摩サミットを控え、オバマ大統領の広島訪問が取りざたされていた。

ロシア・プーチン大統領と安倍普三首相が会談し、日ソ条約などが締結されるというのは、米国軍産複合体、否、〝ぶら松〟にとっては避けなければならない喫緊の問題だ。

正式な情報ではないのだが、2016年の年頭所感でイルミナティ殲滅《せんめつ》宣言を公表したプーチン大統領は、安倍首相に耳元で、「日ソ条約を結び、日本から米軍を追い出す計画がある」ことを耳打ちしたという噂がネットで広がった。これが事実なら、熊本地震はこの計画実行への威嚇だったことが十分な説得力を伴って浮上してくる。

熊本地震を引き起こし、いったい誰が一番得をするのか。これは犯罪捜査のイロハのイだ。

この地震後、安倍政権は公約に反し、「消費税増税延期」を打ち出した。その直後、伊勢志摩サミットを開催、オバマ大統領の広島訪問を実現させた。

オバマ大統領の任期がもうすぐ切れようが、現役米国大統領の広島訪問は初めてなのだ。これで安倍首相の支持率はアップ、7月10日の参議院選挙勝利への大きな布石となったことは間違いあるまい。

これで自民党大勝となれば、安倍首相が悲願とする「憲法改正」を堂々と実行できる。

〝後だしジャンケン〟のようで恐縮だが、**熊本地震から消費税増税延期会見、オバマ大統領広島訪問、参議院選大勝、憲法改正、そして戦争立国作りのシナリオが完成する**のではないだろうか？

何者かが安倍政権を操り、その指示によってシナリオが描かれる。役者はそのシナリオ通りに演じきる。アメリカの大統領であろうともこのシナリオからの逸脱は許されない。ジョン・F・ケネディであろうと、アブラハム・リンカーンであろうとも、闇の政府のシナリオに逆らう者は抹殺される。

元ビートルズのジョン・レノン、マイケル・ジャクソンは、この世界を牛耳っている〝闇の権力〟を熟知していた。両者は、この〝闇の権力者〟に叛旗《はんき》を翻《ひるがえ》したらしい。そのため、悲惨な最期を迎えた。

〝ぶら松〟はこうして逆らう人間がどうなるかを世界に見せつける。もはや、米国軍産複合体の戦略、NWOのシナリオの完遂に異を唱える者がどうなるかは、明らかだ。

実は、2016年5月、伊勢志摩サミット直前、とんでもない情報を入手した。

「日本政府は、米国から100兆円の資金提供を強請され、送金するのにパニックになっている！」というのだ。情報源は、著名なT氏なる弁護士だ。この弁護士は、CSETI（地球外知的生命研究センター）を立ち上げ、「ディスクロージャー・プロジェクト」を推進し、地球外生命体との公式会見を模索する米国のスティーヴン・グリア博士とも親交がある人物だ。

このT氏は、日本政府の関係者から直接相談を受けたというのだ。早い話、オバマ大統領の広島訪問への代価を強請されたわけだ。

この真相を確かめるべく、闇の政府の謀略を炙り出している著名な活動家に訊ねたところ、「それだけではありません。2015年の安倍首相訪米時には50兆円のお土産を持参しています」というのだ。

3・11時の〝トモダチ作戦〟で、当時国務長官だったヒラリー・クリントンの来日の際に60兆円を送金したという噂が流れた。そして、またしても１００兆円を強請《ゆす》られた。まさしく奴隷国家日本。「搾るだけ搾り、最後は殲滅する」〝ぶら松〟の横顔が見え隠れしてはいないだろうか。

そうはさせるものか。ハーモニー宇宙艦隊および銀河連盟がこうした獣の駆逐を使命に地球にやってきているのだ。日本人よ、人類よ、早く目覚めなくてはならない。

〝闇の政府〟に操られ、このまま奴隷化国家日本に追従するのか、それとも闇の権力者に〝NO〟を突きつけ、新たな潮流に仲間入りするのか。大きな分岐点に差し掛かったと言える。

強者だけが弱者を操る社会が続いて良いわけがない。足りないものを補い、困った人に手を差し伸べる。誰しもが平等な社会こそ、21世紀の社会ではないか。

ましてや、**1%の強者が99%の人類を征服、支配するという悪魔の計画を推進する〝闇の政府〟には、退場していただこうではないか！** 銀河連盟は地球人類の意識の目覚めを待っているに違いないのだ。

目覚めよ、NIPPON!!

ハーモニー宇宙艦隊および銀河連盟は地球人類の目覚めを待っている！

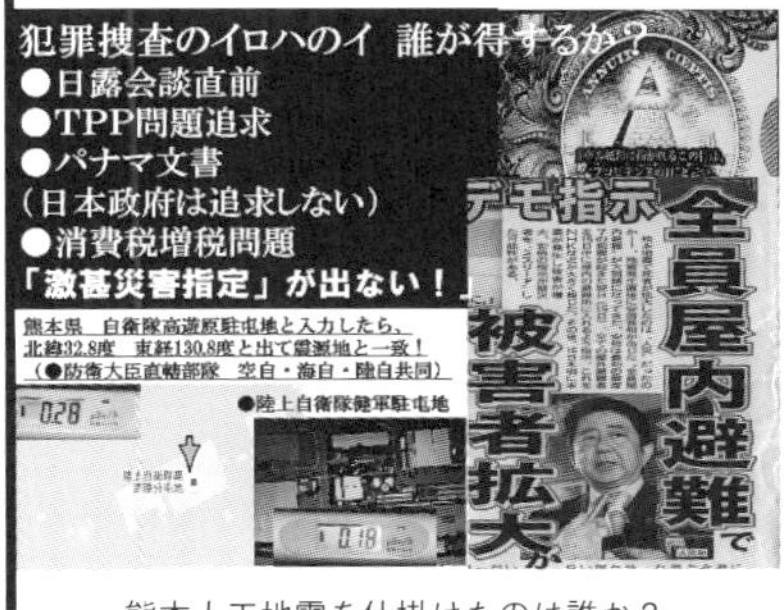

熊本人工地震を仕掛けたのは誰か？

第三次世界大戦を目論むのは何者か？

第2章

銀河連盟が動きだした!

Ⅰ　驚愕の〝ハーモニーリング〟が獣を追い詰めた

UFO艦隊の地球周回大デモンストレーションが起こった

２０１６年3月下旬に入ってハーモニー宇宙艦隊による〝地球周回大デモンストレーション〟が敢行された。数千機にも及ぶUFOが大量出現した２０１２年10月19日以来のことだ。もはや宇宙艦隊地上司令官と言ってもいい下町ロケット氏こと、横石集《よこいしあつむ》もこの動きを追跡、さすがにこの大デモンストレーションには、驚愕した。

早速、ハーモニーズの会員に呼び掛けた。

「Google Earthを見られる人は、いますぐ立ち上げて見てください！！！　南極点から突入したハーモニー宇宙艦隊が地球を覆う怒濤《どとう》の巨大リングになって現れています。雲霞《うんか》の如き出現の第2幕ですね。分析はあと回し、とにかく早く見てください。

まるでチェーンのように繋がるその姿は、壮観そのものです。ヨーロッパ・アジア・アフリカ・オーストラリア・南極海まで出現しています。

まずは〝ハーモニーリング〟出始めの頃のオーストラリア大陸からマダガスカル島にかけてです。時間的には、本日午後6時半ごろからのスタートです。

南極海のリングには、左右に空白に見える時空間パネルがあり、この2か所のパネルのラインが示す巨大なV字型のエリアゾーンから〝ハーモニーリング〟が出現しています」

〝ハーモニーリング〟の命名は、横石集によるものである。Worldview に出現したUFOの大きさは、直径200から300m、全長5㎞ほどが多かったが、今回 Google Earth に出現した1機あたりのUFOはかなり巨大だ。全長10㎞から20㎞、あるいはもっと巨大かも知れない。

UFOコンタクト史上、世界の先がけとなった1940年代のジョージアダムスキー事件や、プレアデス星人セムヤーゼと会見し、UFOに搭乗、プレアデス星を訪問してきたという、1970年代のビリー・マイヤー事件が世界的に知られることとなった。

国内では1986年11月、日航ボーイング747機がアラスカ上空1万メートル付近で巨大UFOに遭遇、追跡されるという怪事件が起きた。この様子は米連邦航空局と米空軍レーダーからも刻々と補足され、世界的に話題となった。

しかし、後に「UFOではなく、天文現象である」と報道訂正され、この時の機長は、地上勤務に降格されてしまった。

また、別章で詳細するがUFOに数回搭乗、その体験記『UFOに乗った！　宇宙人とも付き合った』（ヒカルランド）を著した津島恒夫氏や、60数年前、16歳の時、プレアデス星に3日間案内され、他惑星を見聞した後、数時間で地球に戻ったというX氏らの証言は衝撃的だ。

先のビリー・マイヤーも、津島氏ならびにX氏が出逢ったのもプレアデス系宇宙人だったようだ。3日間プレアデス星および銀河系を旅したX氏によれば、小さい小型UFOでは20から30メートルほど、葉巻型UFOでは全長5キロメートルから10キロメートル、大型なものでは全長100キロメートル、200キロメートルに及び、人間には想像つかない巨大な母船もあったというのだ。

葉巻型UFO内には1機あたり1万人ほどが乗員可能だが、およそ4000人が搭乗、それぞれ任務についており、**プレアデスのほか、アンドロメダ、シリウス、オリオン、ケンタウルス、ゼータ星などの宇宙人も搭乗していた**という。

この証言は大変貴重なものだ。カナダの元国防大臣であるポール・ヘリヤー氏が2013年4月米国で行われた全国規模のUFO公聴会で、「少なくとも4種類の異星人が何千年もの間、主としてゼータレテキュライ、プレアデス、オリオン、アンドロメダ、わし座アルタイルから地球に訪れており、その内、少なくとも2人が米政府機関で勤務中である。しかし、情報開示を拒む『陰の政府』が世界を支配するために不和を起こしている」と証言し、世界中が衝撃を受けた。

全米が震撼したUFO事件

トルーマン大統領:「どうしたら良いか？」

アインシュタイン:「攻撃されるまで何もしてはいけません」

ワシントンDC上空に長時間UFOが滞陣、全米中が震撼した

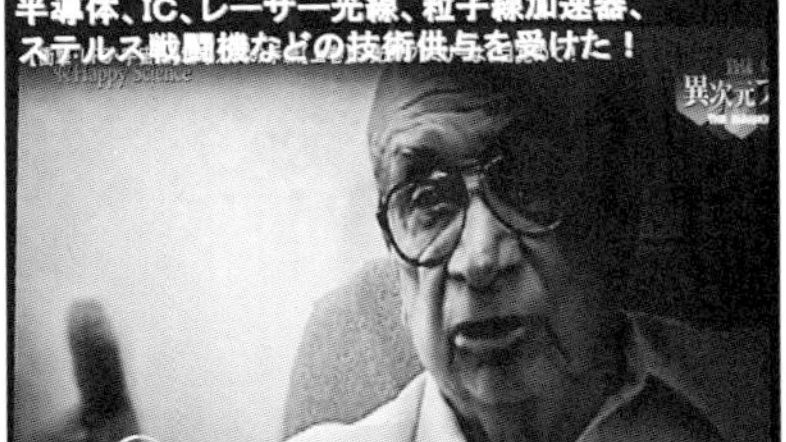

米国は技術供与を受ける代わりに人間の人体実験を許した

米国を震撼させた、UFOが2機墜落し宇宙人と機体が回収された「ロズウエル事件」は1947年7月、ワシントンDC上空に長時間UFOが数機滞空し、大騒ぎとなった「ワシントンDC事件」は1952年7月のことだ。この対処をめぐって、大統領だったトルーマンから相談を受けたアインシュタイン博士は、「攻撃されない限り、手を出してはいけません」とアドバイスしていた。

この〝闇の契約〟とは、彼らの技術供与を受ける代わりに人間を誘拐し、人体実験をしても良いという恐るべきものだった。

このことは、元米陸軍情報将校フィリップ・J・コーソ氏が亡くなる直前、「IC、半導体、レーザー光線、量子線加速器、ステルス戦闘機などは彼らから技術供与を受け開発できたものだ」とリークしたことでわかった。

UFOに搭乗、プレアデス星から地球まで数時間で帰還できる!

それにしてもビリー・マイヤーらが訪問したという、プレアデス星までの距離はおよそ400光年ほどだ。光のスピードで400年かかる。往復で800年ほどだ。

しかし、実際は地球まで数時間で戻れるらしい。

宇宙空間には通路のようなものがあり、ここを通り何度か宇宙ジャンプし、地球に戻れるというのだ。さあ、この証言は多くの示唆に富む。

三次元レベルでのスピードは、光速以上はあり得ない！　が、今日の現代科学の定説だ。光のスピードは毎秒30万キロメートル。これが簡単に崩壊する。宇宙空間では、地球から太陽まではあっという間に到達できるという。となれば、光速の何倍の速さであろうか。アインシュタインのE＝MC2は、三次元レベルでの物理次元でしか通用しない。

およそSFの世界、またはネットで話題となっている『ワームホール』を使った『ワープ航法』が可能なのだろう。また、プレアデス星は銀河系内だが、アンドロメダは外銀河系だ。この惑星にも地球人と類似のヒューマノイド型宇宙人が存在するらしい。

アンドロメダ星雲は、銀河系外に隣接する約240万光年の世界だ。光のスピードでは、片道240万年かかってしまう。

前出の津島恒夫氏によれば、「20年ほど前、自宅の庭からグリーンブルーの光にすい上げられ、搭乗した**巨大UFO内では、惑星宇宙会議が開かれており、身長3・5メートルほどの宇宙人や30センチほどの小さな宇宙人など、地球人はじめ、様々な宇宙人が集まっていた**」というのだ。

ここに案内してくれた女性は、ある日本で開催されたUFOの会合で知り合ったジャーナリストだった。ウエットスーツを着用し、テレパシーで津島氏を庭まで誘導してくれたという。

ＵＦＯ内でこの軽量のウエットスーツに着替え、機内で超美人の宇宙人ホステスの接待をうけ、美味しいジュースを満喫することができたというのだ。

プレアデス星から地球までは、空間にある素粒子と重力を使い、ＵＦＯから波動照射によって宇宙空間に重力磁場を作り出す。そして、宇宙空間に穴をあけ、『ワームホール』を作り、ワープによって瞬間移動を行う。

津島氏の仮説では、瞬間移動距離は地球―太陽間１億５０００万キロメートルが基本で、光速で８分19秒かかる距離を一瞬で移動できるという。

プレアデス星の約４００光年、およそ３８６０兆キロメートル（一光年＝約９兆４６００キロ）を行く場合は、『ホワイトホール』を使い、１億５０００万キロメートルに達したところで『ワームホール』に切り替える。この『ワープ航法』を使えば、約７時間ほどで到達できるというのだ。

津島氏は、フィリピン大統領府直轄イーリスト国立大学からスペースサイエンス大学名誉博士号を授与されるだけに、その見識は奥深い。そのＵＦＯ搭乗記は、実に詳細だ。妄想では書けるわけもない。

これで現代の物理工学や自然科学、天文学および生命科学が赤ん坊レベルであることをご理

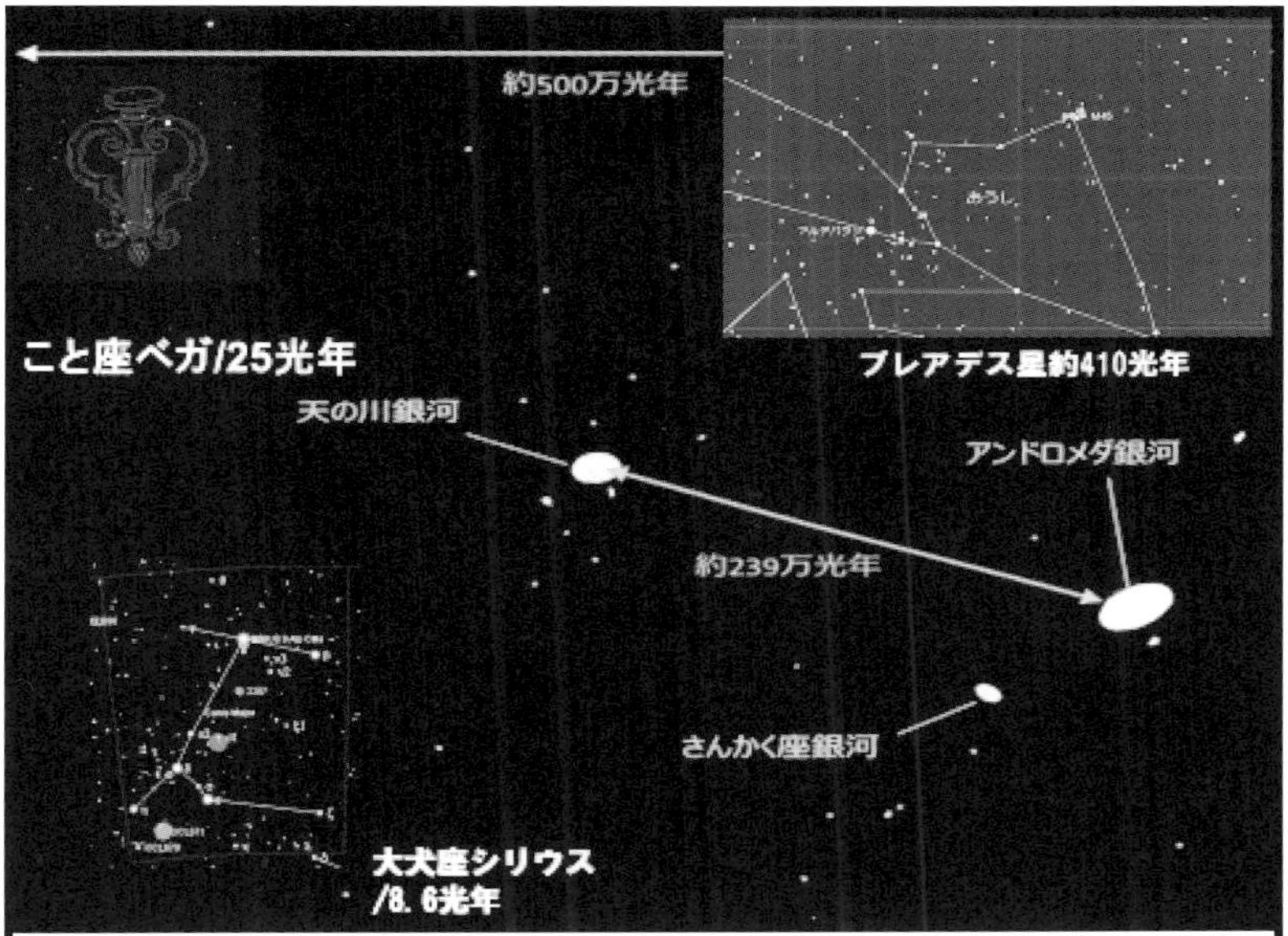

初めて地球を訪れたとされること座は25光年、大犬座は8.6光年と地球に近いがアンドロメダ銀河は240万光年のはるか彼方だ

プレアデス星団は400光年、アンドロメダ星雲は240万光年の彼方・・・・

プレアデス星は400光年、アンドロメダ星雲は240万光年の彼方

解できただろうか。かつて「地球人が宇宙人である以上、宇宙には生命体が存在するだろうが、地球を訪れる方法がない」との多くのアカデミズムやジャーナリズムに散見された見解は、一気に崩壊したも同然だ。

実は、津島氏やX氏の証言は、プレアデス星人サーシャからのメッセージを伝える女性リサ・ロイヤル氏、そして、前世でイエス・キリストの娘であったというサアラ氏らが述べることとかなり一致する。

また、歴史考古学者のゼカリア・シッチン博士は紀元前3000年ごろ、突如花開いたシュメール時代の壁画の解読に成功した。

その解読結果は、アヌンナキ（天からやってきた神）と称される爬虫類型宇宙人が地球に追放され、ここで人類を創造したということだ。

DNAに地球外知的生命体のコードが完璧に組み込まれていた！

前出のリサ・ロイヤル氏やサアラ氏の見解とゼカリア・シッチンの研究結果は類似点も少なくない。

どうやら、人類はプレアデス星人のDNAを使い、創造されたのが真相らしい。

実は、近年、カザフスタンＡＰＨＩ研究所というところからこれを裏付ける研究論文が発表されている。

その研究によれば、「人間のＤＮＡを解析したところ、非常に完璧な遺伝工学に基づいて数字や表意文字で表されたような記号言語のアンサンブルが組み込まれ、地球外知的生命体の存在が浮かび上がった」というのだ。

地球外知的生命体のコードがＤＮＡに刻まれれば、宇宙学的なタイムスケールがそのまま永続的に記録されていたことになる。最も信頼の置ける古代情報がＤＮＡに保管されていたことになるわけだ。

したがって、ゲノムが書き換えられれば、特色のある新たなコードが細胞内に凍結され、時空を超えて子孫に代々受け継がれることになる。

早い話、このＤＮＡ解析によって数千万年前、あるいは数十億年前に太陽系外から地球にやってきた地球外知的生命体によって人類は遺伝子操作されていたという結論が導き出せるというのだ。

これだけではない。**ＤＮＡの発見でノーベル生理学・医学賞を受賞したフランシス・クリック博士も遺伝子を解析した結果、人類は地球外知的生命体の関与によって創造された**としか考えられないと主張している。

しかし、このような大発見は、キリスト教的な世界観が世界を支配している現状では、無視、黙殺されるのが関の山。〝ぶら松〟に乗っ取られたマスコミがこのような研究を掲載するはずもない。

もはや宇宙人が地球を訪問し、地球文明に関与していることは明白なのではないか。前出の前世ではキリストの娘だったという、サアラ氏が著した『空なる叡智へ』（ヒカルランド刊）では、**「最初に地球に降り立ったのが1億3000万年前、琴座のリラ人でした。次に約90万年前、爬虫類型地球外生命体がやってきて、自分たちの遺伝子を使い、爬虫類の生物を生み出した**のです。それから15万年ほどたってオリオン系種族から次から次とやって来たのです。

そして、今から58万年、ニビル人たちがやってきてホモサピエンスを作ったのです。このニビル人たちが去ったあと、オリオン人が執拗なまで人類をコントロールした歴史があります」

およそサアラ氏が説く地球に来訪した知的生命体とは、これくらい多様なようだ。ここに登場する宇宙人たちは、カナダの元国防大臣ポール・ヘリアー氏やX氏がプレアデス星人から教えられてきた内容とほぼ一致してくるのだ。

『空なる叡智へ』

「エリア51」で働いていた日本人医師がグレイの存在を明かした！

それにしても、「銀河連盟が日本および地球を防衛している」事実は、なかなか信じられるものではない。ＣＳＥＴＩ（地球外知的生命研究センター）を立ち上げ、ＥＴと平和友好的に公式な会見を模索するスティーヴン・グリア博士のように、人類はこうした事実を公式に発表すべきである。

地球人同士で殺し合いをするという、動物にも悖《もと》る暴挙は直ちにやめるべきだろう。それどころではない。銀河連盟が地球への強制介入を決定したのは、このままでは人類が核戦争で滅びかねない国際情勢が生まれたからにほかならない。

残念ながら、第1章で述べたようにシリア、南シナ海と尖閣諸島をめぐって緊迫した情勢が刻一刻と迫っているのが現状だ。

驚くべきことに週刊プレイボーイ誌が２０１６年4月～5月に、世界中で目撃される〝ワームホール〟を明らかにしながら、米国大統領候補ヒラリー・クリントンが米国の秘密地下基地「エリア51」や、ＵＦＯ情報を公開するとマニフェスト宣言したことや、宇宙人が地球人とコンタクトしている事実を3週連続で報じた。

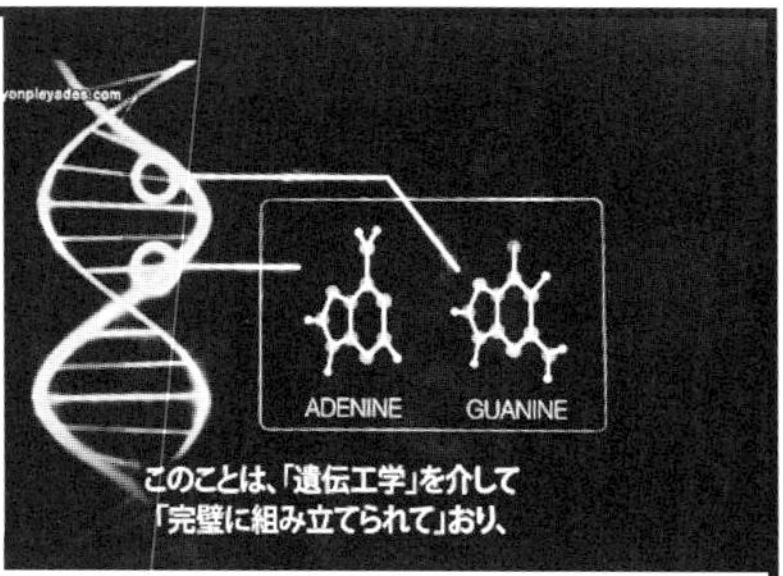

遺伝子 DNA は地球外知的生命体によって完璧に創られたことがわかった

引用／アルシオン・プレヤデス

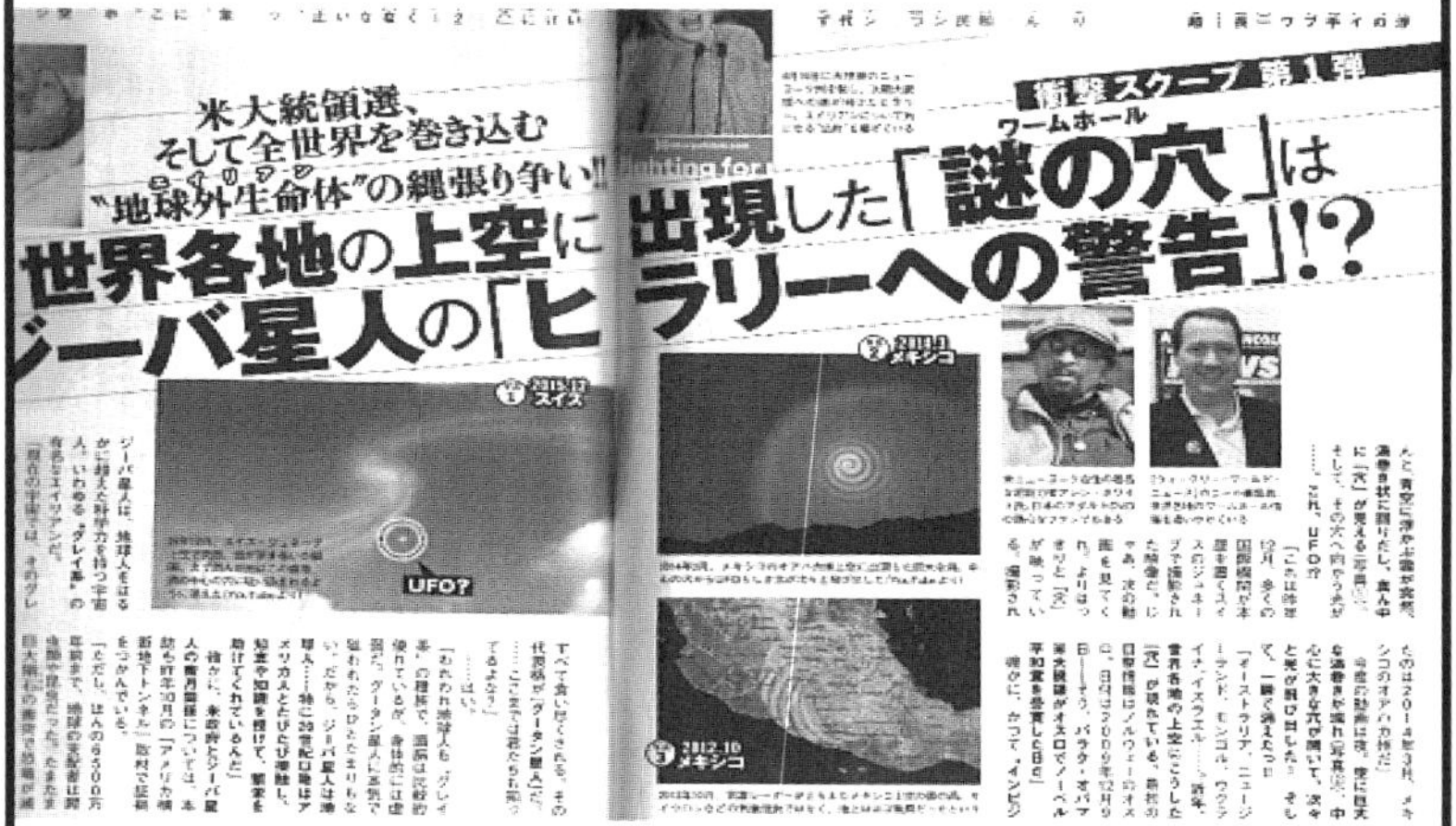

「週刊プレイボーイ」 5月16日号ではヒラリーは宇宙人とのハイブリッドであると説いた

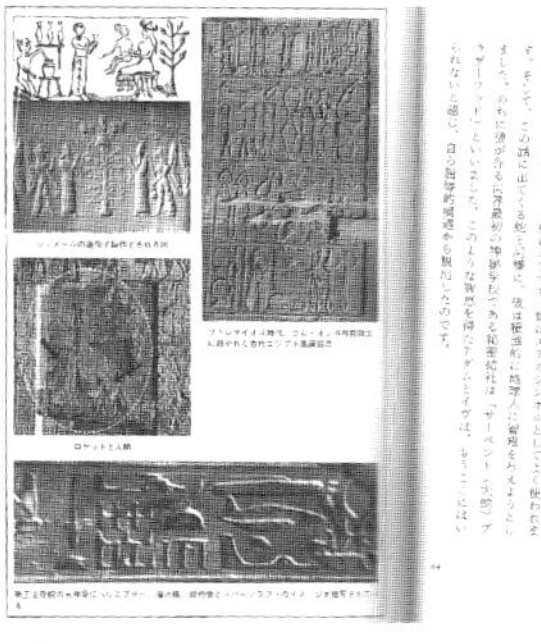

古代シュメール文字をゼカリア・シッチンが解読に成功した

実は、米国のこの秘密地下基地で働いていたという日本人医師が存在していた。2016年7月30日、UFO・宇宙人情報を熟知する竹本良氏が主宰した「第10回UFO・オープンシンポジウム」(YouTube)でこのことが明らかにされている。

10数年前、この基地で働いていたという医師が登場し「秘密地下は数百階まであり、最深部でグレイ型宇宙人をはじめ、数種類のETたちが働いていた」ことを明かしているのだ。驚くべきことに**「彼らは高い精神性を有し、テレパシーで会話、消化器官は退化。細胞のミトコンドリアの損傷が認められず、1000年以上も生きている」**というのだ。

こうなってくると、宇宙人が太古から地球文明に関与している事実を否定するのは、まったく意味のない議論となってしまう。宇宙にはヒューマノイド型の他、爬虫類系や昆虫類、鳥類など様々な生物から進化した宇宙人が存在するのが真相のようだ。

地球上に1000万人以上の宇宙人が来訪している！

ともあれ、話を〝ハーモニーリング〟に戻そう。

2012年10月19日の大量出現では、房総半島から東北沖、北海道、シベリア、北極上空まで少なくとも2000機以上もの葉巻型UFOをカウントした。そこから類推すれば地球を訪れている宇宙人は、実に1000万人は軽く超える計算になる。

しかし、今回Google Earth上に出現したUFOの数は前回の大量出現した時を遥かに上回る。その数といい、大きさといい、想像を絶するほどだ。大きいものでは全長10〜20キロメートル、またはそれ以上あるだろう。

当初、南極の両サイドの三角形ゾーンのようなエリアから出現したのは、ここが多次元ゾーンの出口だったからではないだろうか。この三角形のエリアから周波数を下げるか、または超光速以下に速度を落としたことで、UFO艦隊が三次元世界で捉えられたのではないだろうか。

NASAの衛星写真は数年前までさかのぼっての閲覧が可能だが、Google Earthはライブなので、その都度スクリーンショットで保存しておかなければならないのだ。横石はこの大デモンストレーションの画像を数十枚保存しているので、貴重な証拠となった。

それにしてもこの画像を世界中の人々が目撃したはずだ。中でも一番、驚愕したのはこのGoogle Earthの現場の電子作業員ではないだろうか。

Googleは、フリーメイソンの代表的な企業なので、衛星画像Worldviewで捉えられた無数のUFO画像はとうに知っているはずだ。そして、**Google Earth上に出現した無数のUFO艦隊のデモンストレーションを見て、とうてい自分たちが立ち向かえる相手ではないことを悟ったはずだ。**

その証拠にこの大デモンストレーションが出現する前には、地球上の北半球や北米、南米などの領域に赤い×印で塗りつぶし、何かを隠蔽していた画像が相当数見られた。

それがこの大デモンストレーション後、この赤い×印が一切出現しなくなったのだ。すでに現場の作業員は、ハーモニー宇宙艦隊の統率力と技術に降参しているではないだろうか。

ただ現場の電子作業員が降参しても、問題は〝ぶら松〟こと〝闇の政府〟のトップがまだこのことを理解していないのではないだろうか。いまだに人工台風や人工地震、そして、シリア内でのＩＳの謀略、２０１６年7月以降たびたびなされている、南シナ海や尖閣諸島での中国籍の軍艦や漁船の領海侵犯の暴挙が止む気配がないからだ。

驚異のテクノロジー、有史以前の地球史の書き換えリセットＯＮ⁉

横石は、ハーモニー宇宙艦隊の目的を以下のように洞察した。

「今回の〝ドリームリング〟の出現分布をよく見てみると、スペイン・西アフリカあたりから朝鮮半島の手前まで、北半球にも南半球にも出ているんですね。

一方、スペインから南北アメリカへの大西洋と太平洋の大半（日本列島と朝鮮半島まで）にはリングは出ていないんです。これは、太平洋については２０１５年、人工台風対策で、プロテクショングリッドやQ極などしこたまバリア機能を設置しました。

そして何より、南北両極をつなぐ一文字の時空間パネルは、日本列島をメインとしているので、当面、太平洋は大丈夫でしょう。

今回のハーモニー宇宙艦隊による南極からの大量突入は、有史以前からの地球史を書き換えリセットするためではないかと思えます。であれば、ハーモニー船は陸地になっているところからスタートした、と考えられるのです。

というのは、**サハラ砂漠やゴビ砂漠では、インド神話のマハーバーラタに描かれているように、太古の昔に核戦争が起きた**と考えられています。だから、これらの地域一帯は、今でも草木も生えない砂漠になっているわけです。

砂漠の砂に含まれるシリコンが、核爆発の超高熱によって一瞬にして溶け、緑色のガラス質の物質になったり、広範な地域がそうしたガラス質の地層をなしているところがあります。その代表がパキスタンのモヘンジョ・ダロです。

今回の〝ドリームリング〟のラインはモヘンジョ・ダロ遺跡付近を通っています。

また、サハラ砂漠には宇宙人を描いたという有名なタッシリ・ナジェールの壁画があります。〝ドリームリング〟は、タッシリの真上も通過しているのです。

で、太平洋と大西洋には、海に沈んだとされるムー大陸とアトランティス大陸がある。これは海底下なのでハーモニー宇宙船団としてもリセットには作業時間を要する。よって今回は陸地のリセットを先にして、ムーとアトランティスはあと回しにしたとも考えられるわけです。ちなみに今回は北京の上空にも出現しています。

書き換え対象としては、近年では、民主化運動に走る学生らを轢《ひ》き殺した天安門事件、毛沢東が2000万人を死に追いやったとされる文化大革命、フリーメイソンが裏で孫文をバックアップした辛亥革命、そのほか無数の歴史がリセットされていくことでしょう」というのだ。

過去の歴史のリセット？　果たして過去の歴史の書き換え、まるでタイムトラベルのような話は現実に起こり得るのだろうか？

しかし、この時空には、とうてい現代人が想像し得ないメカニズムが備わっているようだ。過去、現在、未来。この時間、または時空を超越するのはタイムマシンでもないと不可能と思われる。プレアデス星人のテクノロジーは、これすら超越しているようだ。

多次元世界では、三次元を超えた時空が存在するのは間違いないようだ。

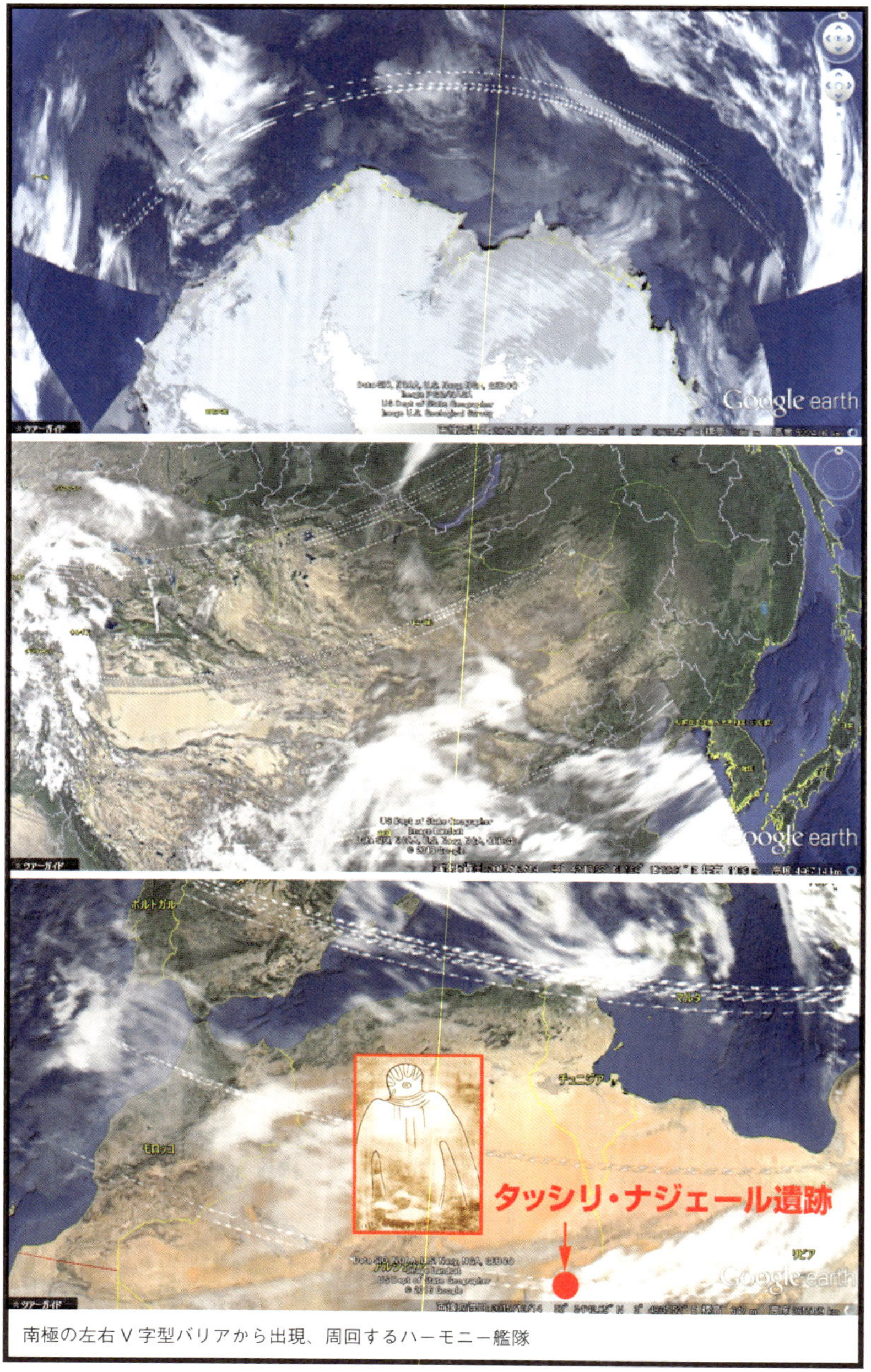

南極の左右Ｖ字型バリアから出現、周回するハーモニー艦隊

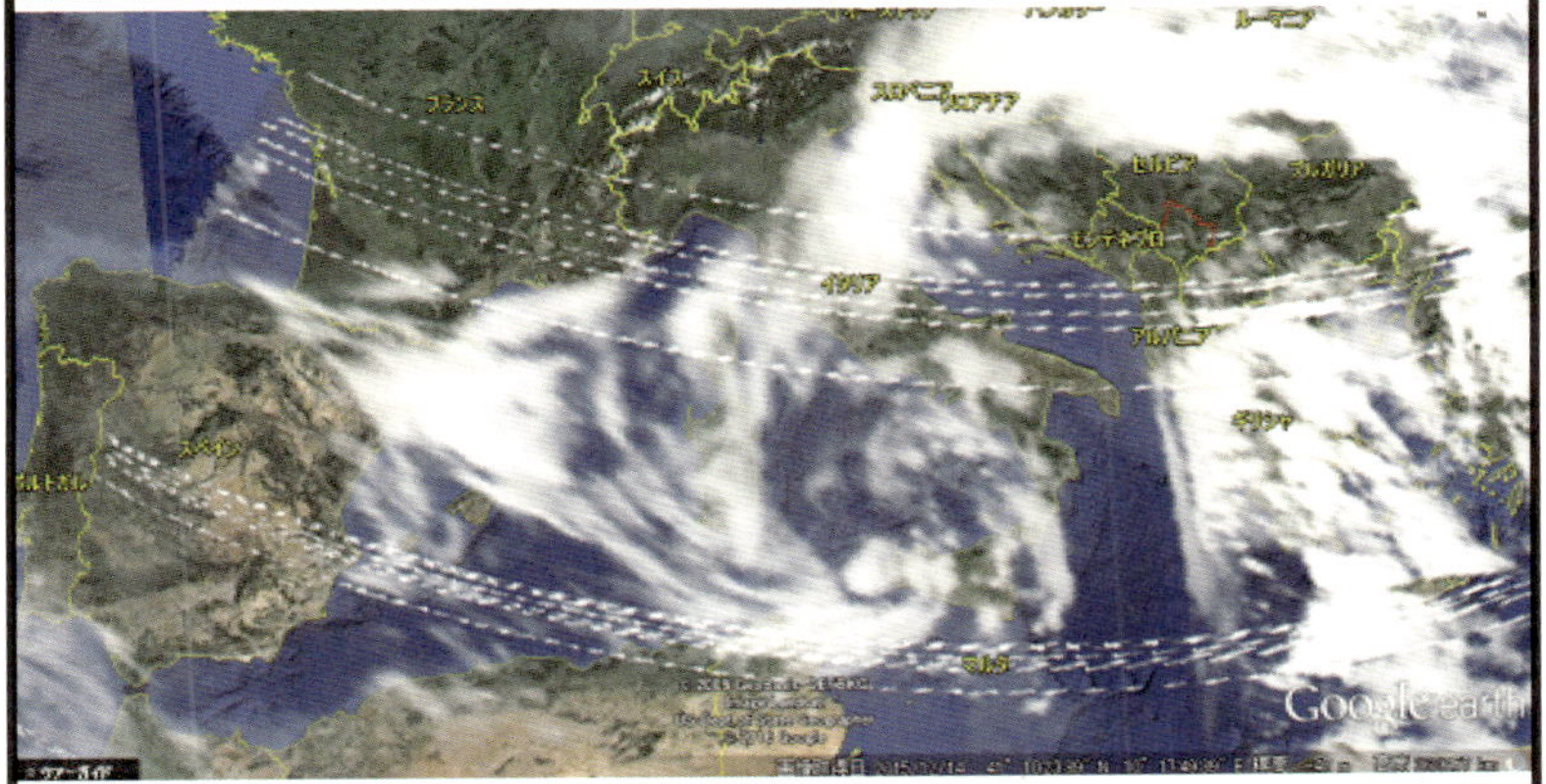

Google earth の電子作業員も驚愕した筈だ

Ⅱ　最も危険な日奈久断層帯に繋がる川内原発が狙われた!!

「原発守護オペレーション」でトラブル回避策を敢行

ここまで述べてきた〝ハーモニーリング〟は、第1章で述べた熊本人工地震、そして、2016年4月から世界中に狂ったように照射された気象兵器HAARP等による人工台風に対するプロテクションだった可能性が高くなってきた。

いや、もしかすると、もっと壮大なプロジェクトを展開してくれたのかもしれない。

今回の熊本地震では、実は、正直なところ、4・14以後、阿蘇大橋の崩落や熊本城などの被害状況が明らかになるにつれ、UFO艦隊の出現がなく、一抹の寂しさを感じていた。

しかし、彼らは日本を見捨てたのではなく、しっかり防衛していたことが後にわかった。

横石もまた、福島原発だけでなく川内原発や玄海原発、伊方原発、浜岡原発など、全国にある原発施設が気になっていた。

そこで、2月ごろから九州地区の原発近くに「太陽のカード」というものを設置し、「原発守護オペレーション」と称するトラブル回避作戦を実行していた。

このカードは、手のひらサイズの真鍮《しんちゅう》製カードで、黄金色に量子加工を施している。どうもこのカードを持っていると、思いが実現したり、施設に設置すると放射線が低下したりするなど、超常現象が起こるようだ。

いくらハーモニー宇宙艦隊が日本を防衛してくれているといっても、その当事者である日本人自身が何もせず、傍観していていいはずがないではないか。

そこでこのカードを２０１６年１月９日に福島第一原発の事務本館南から３㎞離れた場所に設置した。それ以上、敷地内への接近は立ち入り禁止だったからだ。

そして、1月18日、ハーモニー艦隊が福島沖と小名浜沖に並行して数機出現した日、なんと午前9時半から10時までの30分間で奇跡とも呼べる事態が起きた。

なんと、その30分間で72μSvだった空間線量が30μSvに60%近く減衰したのだ。

それは東電が発表する30分ずつの空間線量の値でわかった。横石自身も驚いたが、一番驚いたのは、東電関係者だったろう。

この空間線量の減衰を知った横石は、福島沖から小名浜沖に太平洋側に出現したＵＦＯ艦隊をトリミングしたところ、なんと福島第一原発と小名浜港に向かって一直線にＵＦＯが布陣していることがわかった。

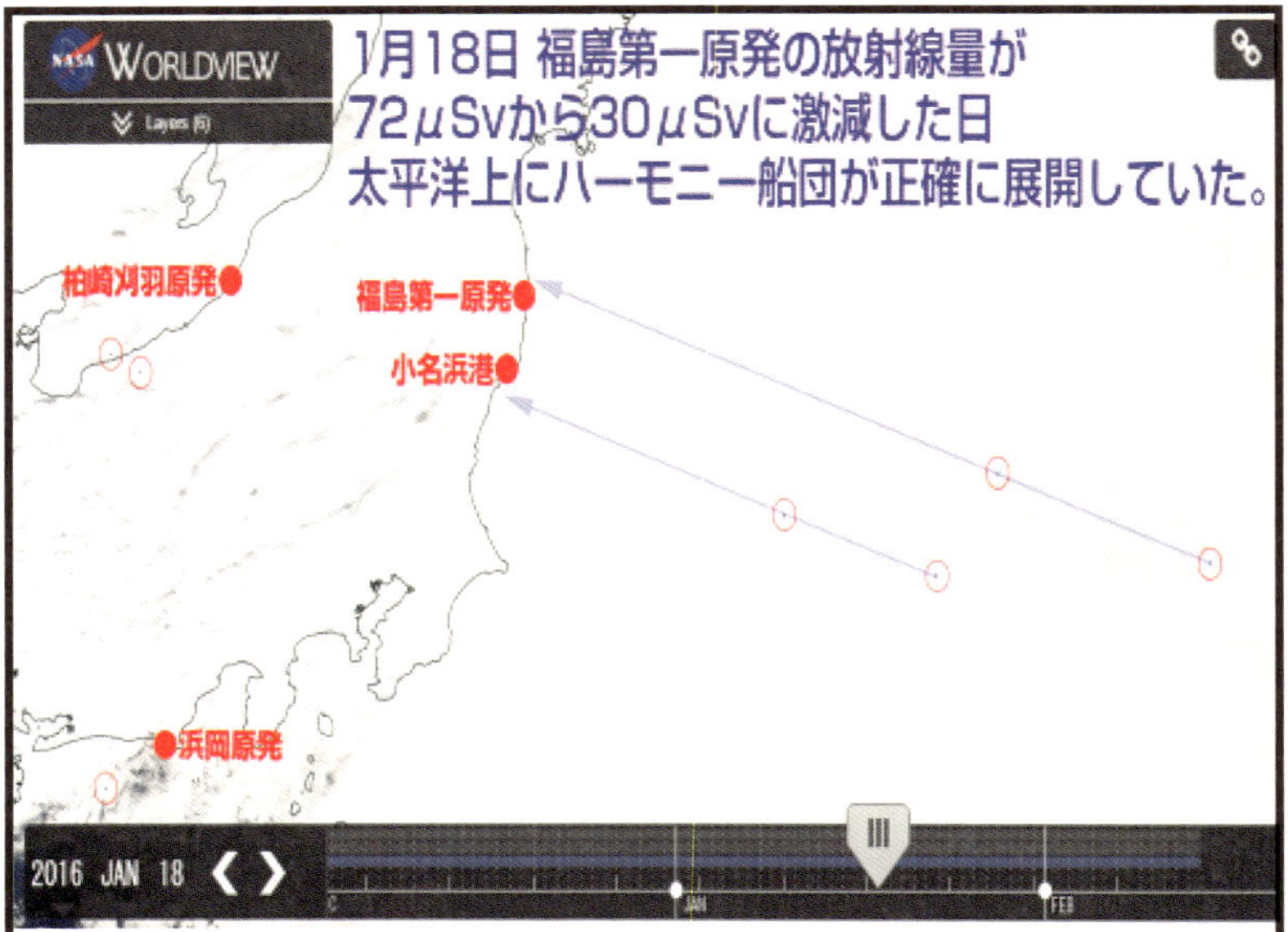

産経ニュース

2016.2.8 21:43

福島第1原発の現場を歩く　線量下降、防護服脱げる場所も

防護服姿の作業員に混ざって、普段着で東京電力福島第１原発内の敷地内を歩く人ら。除染がすすみ防護服なしで歩けるエリアもできた＝８日、福島県大熊町の東京電力福島第１原発（古厩正樹撮影）

2016.1.18　ハーモニー宇宙艦隊が福島第一原発沖に一直線に布陣していた

愛媛の伊方原発にも「太陽のカード」を設置した

東京電力サイトで**2015年9月**以降の半年間、放射線量は**78μSv/h**

2016/1/09	23:30	78	3	2	太陽のカードと量子加工ツール設置
2016/1/18	7:00	73	3	2	
2016/1/18	9:30	72	3	2	**ハーモニー宇宙船隊出現！**
2016/1/18	10:00	30＊	3	2	
2016/1/18	12:30	30	3	2	
2016/1/18	13:00	29	3	2	
2016/1/18	16:00	29	3	2	
2016/1/18	23:30	29.8μSv			
....					
2016/1/27	9:00	27	3	2	
2016/1/27	10:30	21	3	2	
2016/1/29	17:30	20	3	2	
2016/1/29	19:00	19	3	2	
2016/1/29	21:00	19	3	2	

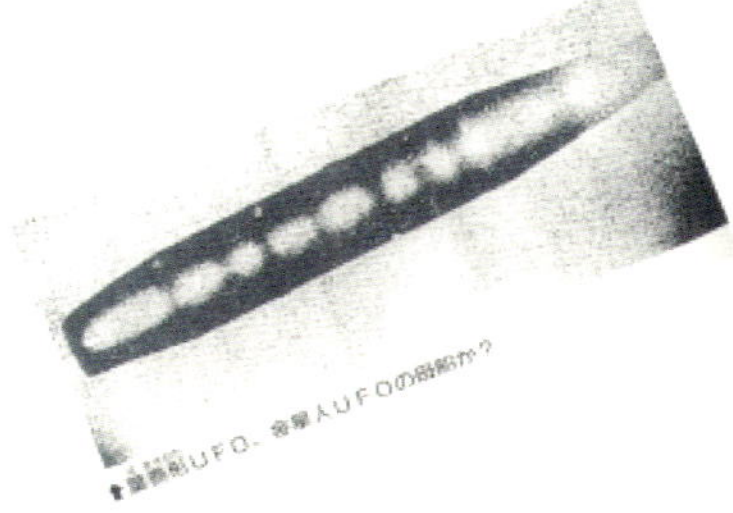

「太陽のカード」と相乗作用で放射線が60％近く激減した

横石によれば、「この太陽のカードのみでは、このような現象が起こりにくく、ハーモニー艦隊との共同作業で起こり得るのではないかと考えています。このカードを量子加工していますので、これを備えた私たちの想念が増幅され、ハーモニー艦隊とのシンクロ現象が起こるのではないでしょうか」というのだ。

そこで、2月24日から27日にかけ、心配な九州地区と四国地区を訪れ、川内原発と愛媛の伊方原発の近くに太陽のカードを設置した。

川内原発周辺には最も危険な活断層が眠っていた！

川内原発周辺の地殻構造を調べてみたところ、とんでもないことがわかってきた。これは2014年7月、川内原発活断層研究会で新潟大学の立石雅昭名誉教授（当時）が、「原子炉の北東800mの山中の崖に断層が露出し、地表近くから3本それぞれ垂直に延びている」とし、「断層の粘土は非常に柔らかく、新しい活断層の可能性があり、再び地震を起こす危険性がある」と警告したことで判明した。

この3つの断層の1つが川内原発の敷地に延び、地下で原発直下に延びている可能性が高いというのだ。

九州電力は調査の結果、活断層はなかったとの報告を行ったが、調査したのは、3つの断層の1つに過ぎないことが立石教授の指摘でわかった。

では、活断層を震源に地震が発生したら、どの程度の規模となるのか？

「震源の深さにもよりますが、川内原発はM7以上の大地震に見舞われる可能性がある」と立石教授はニュースサイト「日刊SPA！」のインタビューで明かした。

このほかにも、政府の地震調査委員会が発表した「M7・5以上」の地震を引き起こす可能性がある2本の活断層が、原発施設方面に延びているとの指摘もあるというのだ。

九州電力は、何を根拠に川内原発の安全性を認め、再稼動に踏み切ったのか。

川内原発は、桜島噴火リスクも抱えている。鹿児島大学の井村隆介准教授は、こう警告する。

「川内原発は間違いなく日本一火山リスクの高い原発です。これは日本の火山学者の大半の考え。再稼動以前に、あんな場所に原発があること自体が間違いです」

実際、2016年4月14日に起きた地震の震源地は、日奈久《ひなぐ》断層帯と呼ばれる。これを少し南下すると、川内原発に至る。実に危険きわまりないところなわけだ。

この断層帯に詳しい東洋大学の渡辺満久教授によれば、「今回、日奈久断層帯の北側が割れましたが、『南側も動く』と考えるのはごく当然といえるでしょう。断層の連続性から考えると、熊本地震が直接影響を及ぼすとすれば、四国方面よりも日奈久の南の方が可能性が高い。

この断層帯は宇城市から八代市にかかり、八代市の日奈久あたりで海底にもぐってゆきます。もし八代や水俣の方の海底にある活断層が動けば、すぐ南の川内原発方面の海底活断層への影響も懸念されるでしょう」というのだ。

このような危険地帯を選び、原発を作ったのはなぜなのか。これを指示した人間は何者なのか。

川内原発直下の断層帯を狙った熊本八代地震もハーモニー船が阻止してくれた⁉

２０１５年11月13日、フランスで同時多発テロが起こり、30名が死亡するという事件が起きた。これは「薩摩半島西方沖人工地震による川内原発攻撃と連動するものである」と前著で述べた。

この震源地は明らかに日奈久断層帯の南部、川内原発に近い海底活断層に位置する。この活断層を攻撃したなら、川内原発の地下直下の断層帯がもろに影響を受け、原発は破壊されていたかもしれない。

こうなったら放射線は東風にさらされ、台風と同じ方向、つまり関西だけでなく、広く日本全体が放射能雲に覆われてしまうことになる。

まさしく横石が綴った通り、「この薩摩半島西方沖震源10㎞地震は、明らかに川内原発を狙った人工地震と思われます。川内原発は東シナ海に面した海岸線にあり、海側の一番低い部分は標高1mしかありません。大津波が襲ったなら、同時に爆破し、第二の福島原発となったことでしょう」となっていたはずだ。

ハーモニー船は、この少し前の2015年9月10日、薩摩半島西方沖、震源に近い上空に出現していた。M7・0にもかかわらず、震度4に抑えてくれていたと思われるのだ。

ちなみにこの地震発生時刻11月14日午前5時51分の数字を全部足すと（1＋1＋1＋4＋5＋5＋1＝18）となる。おなじみ「18＝666」、イルミナティが好む悪魔の数字が出現する。

2016年6月12日、熊本県八代市で震度5弱の余震が再度起きた。これもこの日付の数字を足すと悪魔の数字（2＋0＋1＋6＋6＋1＋2＝18）となる。

まったくこの攻撃は恐ろしい。福島第一原発がやられ、再度川内原発がやられたら、日本人が安心して住める場所は本州にはなくなってしまうのではないだろうか。となれば、残るは北海道しかなくなる。これを仕組んだ〝ぶら松〟は、人間の血が通っているとはとうてい思えない。

こうした中、この原発直下にある活断層の危険を察知し、川内原発1・2号機の運転差し止めの仮処分を求めた即時抗告審で、住民側の申し立てを棄却した福岡高裁宮崎支部・西川知一郎裁判長は、2015年12月24日をもって再稼動を認めた。なんと愚かなことだろう。

廃炉にして当然の原発の再稼動を認めたこの裁判官は、いったい何者なのか。

この国の司法まで、〝ぶら松〟に操られていることは明らかである。たとえば数年前、小沢一郎が経費の記載が少しずれただけで摘発、政治活動の停止に追い込まれた。そして、2年間の長期にわたって検察、司法、行政、そしてマスコミがグルになって人格攻撃を続けた。まんまと小沢一郎を政治の表舞台から葬り去ったことなど、そのかくたる証拠だ。

小沢一郎も、かつて仕えた田中角栄元首相と同じように中国に近づいたのが引き金となってしまった。橋本龍太郎、竹下登、こちらはともに米国債の売却を決行しようとした。両者とも最期は悲惨だった。米国に逆らう政治家の運命が暗示された事件とも言える。

この謀略を事前に知ったフリーメイソンのお抱えアイドル、ジャスティン・ビーバーは、どこでどう間違えたのか、ツイッターで、「日本で1万8000人の犠牲者が出た。フランス、日本のために祈ろう！」と綴っていた。この画像がネットで配信された。

このことからも一連のパリ同時多発テロ事件が〝ぶら松〟が仕掛けたまさしく偽旗作戦だったことが裏付けられるではないか。

しかし、日本には、驚異のテクノロジーを持ったハーモニー宇宙艦隊が存在していたことが、憐れ、ジャスティン・ビーバーの耳には届いていなかったようだ。

パリの同時多発テロ事件の舞台となった劇場で救助された女性を見てほしい。〝青い目をしたサムライ〟、ベンジャミン・フルフォード氏によれば、この女性は〝クライシス・アクター〟と呼ばれ、2014年4月の米国ボストンマラソン爆弾テロ事件、2012年12月の米国コネチカット州・サンディフック小学校銃乱射事件などで被害にあった同一人物だという。

この女性が活躍する舞台は、米国から大西洋を越え、欧州にまで及ぶわけだ。

このテロ事件は終わりではなく、2016年7月14日、フランス革命を祝う祝日、今度はフランス南部で花火の見物客を狙って大型トラックが2㎞にわたって暴走、84人の死者を出す大惨事が伝えられた。

オランド仏大統領は、全土に出している非常事態宣言を一気に6か月延長、2017年1月まで続けることを明らかにした。犯人は仏の犯行現場のニースに住むチュニジア人と判明、直前、イスラム過激派組織とネットで連絡をとっていたことを当局は発表した。

しかしこの事件、**フロントガラスが銃弾で蜂の巣となった暴走トラックの車両の前部やタイヤに、死者84人を出した割には血痕の付着が一切見られていない**ことが謎を呼んだ。このことからネットでは、マネキンを使った偽旗作戦との意見が相次いだ。

こうした一連の偽旗テロ事件から見えてくるのは、イラクやシリアからの難民がヨーロッパ各地に押し寄せ、政情不安を招くほか、労働市場に混乱をきたしていることだ。

2015.11.13 パリ同時多発テロ事件●震源地/薩摩半島西方沖、M7.0は大きい。深度10キロメートルで震度4はあり得ない。●鹿児島市では住民にヨウ素を配布●川内原発再稼動を事前に決定！●宇宙艦隊は川内・玄海原発を狙ったテロを阻止！

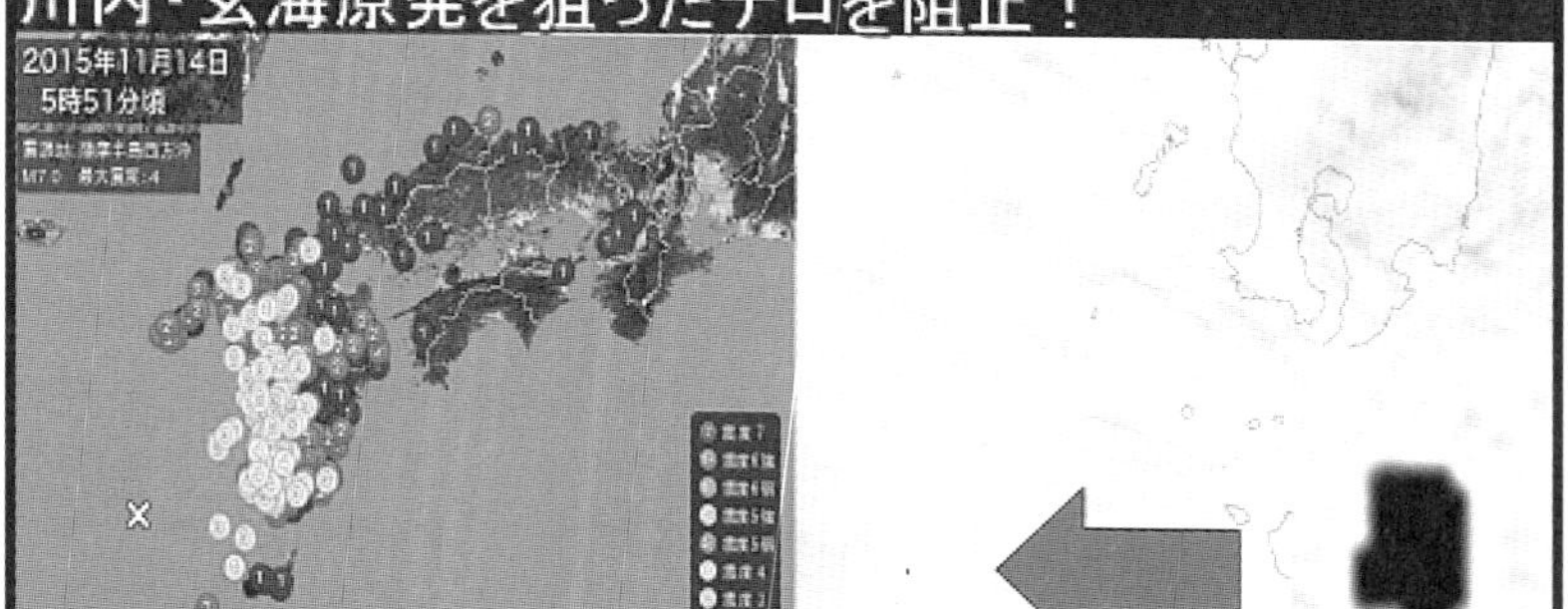

最も危険な日奈久断層帯の先端に川内原発が位置する

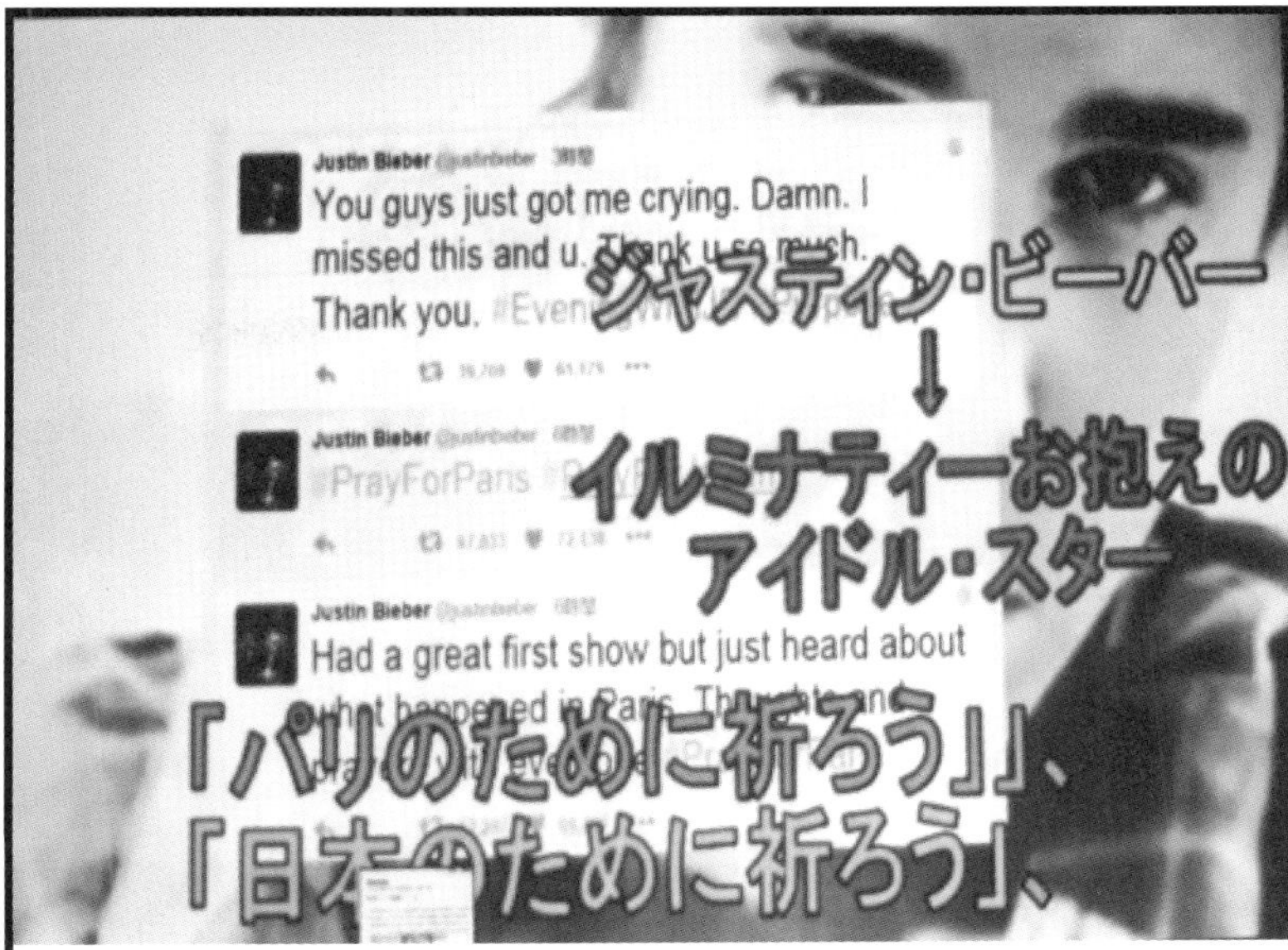

疑惑のパリ同時多発テロ事件
2012年7月20日にアメリカ・コロラド州オーロラの映画館で発生した銃乱射事件、同じく2012年12月14日にアメリカ・コネチカット州のサンディフック小学校で起きた銃乱射事件、2013年4月15日のボストン・マラソン爆弾テロ事件。いずれも記憶にありますよね。

2015.11.13　パリ同時多発テロ事件は、川内原発攻撃もセットにされていた

そこで、イスラム教徒の増加に手を焼くフランス当局がイスラムに圧力をかけ、NATO（北大西洋条約機構）の結束を図る狙いがあることが考えられるのだ。

2月27日、益城町上空にハーモニー宇宙船が1機布陣、被害を最小限度に抑制してくれた

今回の熊本地震にもハーモニー艦隊が何か関与しているに違いないと考えた横石は、2016年4月14日からWorldviewをさかのぼって閲覧してみた。

その結果、2月27日、熊本の益城町の震源地上空に1機出現しているのを確認できた。

「彼らは、おそらく約2か月前にこの付近で地震が起こされるのを把握し、被害を最小に抑えるオペレーションを施してくれたのでしょう。実際、最大震度7を記録した阪神・淡路大震災や東日本大地震に比べると、被害が100分の1以下程度に収まっているからです。

熊本では亡くなられた方が9名、怪我をされた方々が1000名ほど、家屋が倒壊した方々には、お気の毒ですが、阪神淡路では6434人、東日本大地震では2万人ほどの甚大な被害をだしています。

熊本では、一部火災が発生したものの、広範囲に延焼するような事態は避けられたわけです。とは言え、九州の完全守護オペレーションでは、鹿児島からの帰りがけに熊本で2時間でもい

フランス革命を祝う日、偽旗テロ事件が勃発した!!

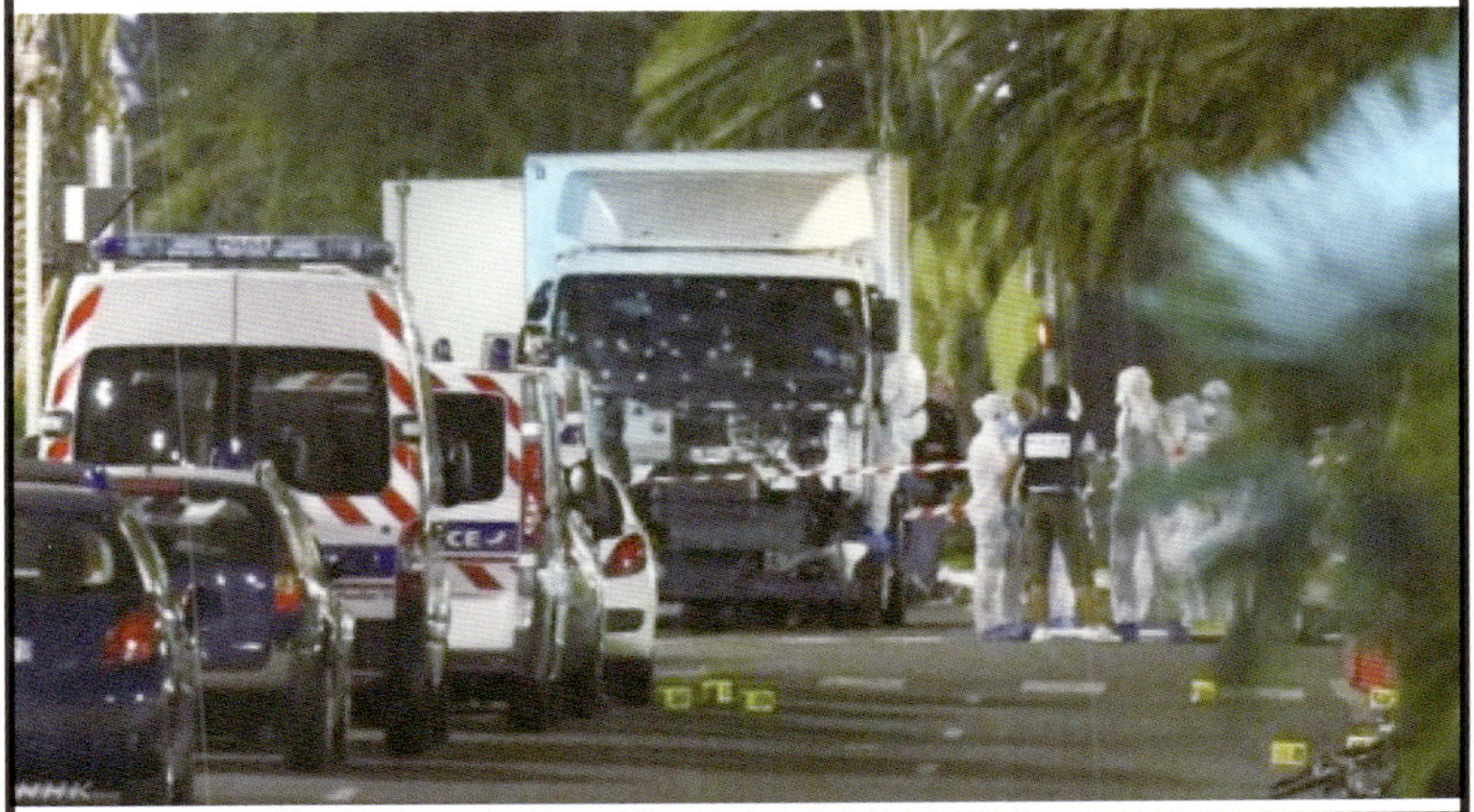

2016.7.14　フランスのニーステロ事件も偽旗作戦だった
84人を轢き殺した暴走トラックのフロントに血痕が付着していない（上）

いから下車し、熊本城で実施すればよかったと、本当に忸怩《じくじ》たる思いです」と横石は綴っている。

確かにNASAのWorldviewでは、2月27日に出現したことが確認できた。

現地では当日の日中と、地震発生2時間前の夜間、UFO数機が上空に出現しているのが動画で撮影されていた。

そして、4月29日には、前述した日奈久活断層に繋がる水俣が近い、熊本県芦北町上空に1機出現していた。このハーモニー船はかなり大きい。直径も全長も通常の倍はある。それだけ、この活断層の危険性が高かったことを彼らは熟知しているのかもしれない。

また、福岡の宗像《むなかた》大社を挟んで2機上空で布陣しているのを確認した。ハーモニーズからは、「4月30日には、関門海峡に近い響灘付近で着陸寸前まで低空に出現した」という目撃情報が寄せられている。響灘付近には、石油の備蓄基地がある。UFO艦隊がここの攻撃を阻止してくれた可能性もある。

横石は、5月になって連休を利用し、再度熊本に向かった。

震災後、熊本地区で豪雨注意報が出ており、豪雨による被害が拡大するのを抑えたかったからだ。

意念には大雨や人工台風を消滅する力がある⁉

2016年5月3日は、益城町付近で豪雨が予想されていた。そこで、全国のハーモニーズの会員に「大雨いらんばいオペレーション」を呼びかけた。

横石の生まれ故郷は佐世保市内。熊本もほぼ自分の生まれ故郷と変わらない。時折り、博多弁で〝ぶら松〟を揶揄、またはハーモニーズの会員に「全国守護オペレーション」などを呼びかけるのが常だ。

その結果、午前6時40分、熊本上空の西側にあった雨雲が見事に10分の1ほどに縮小、さほど豪雨が見られなかった。通常、雨雲は西から東へ移動するのが常だが、これが東に移動することなく、雨雲が縮小してしまったのだ。

「大雨いらんばいオペレーション」とは、「太陽のカード」などを使い、これを所有する会員に、「雨が止んだ」「雨よ止め！」などのイメージや意念を現地に送信する遠隔ヒーリングやイメージ療法に酷似する。

「太陽のカード」は、真鍮でできた金属板に量子加工を施したもので、イメージや意念の増幅に役立つことが考えられる。むろんのこと、現代科学や現代医学が最高と思っている方々にと

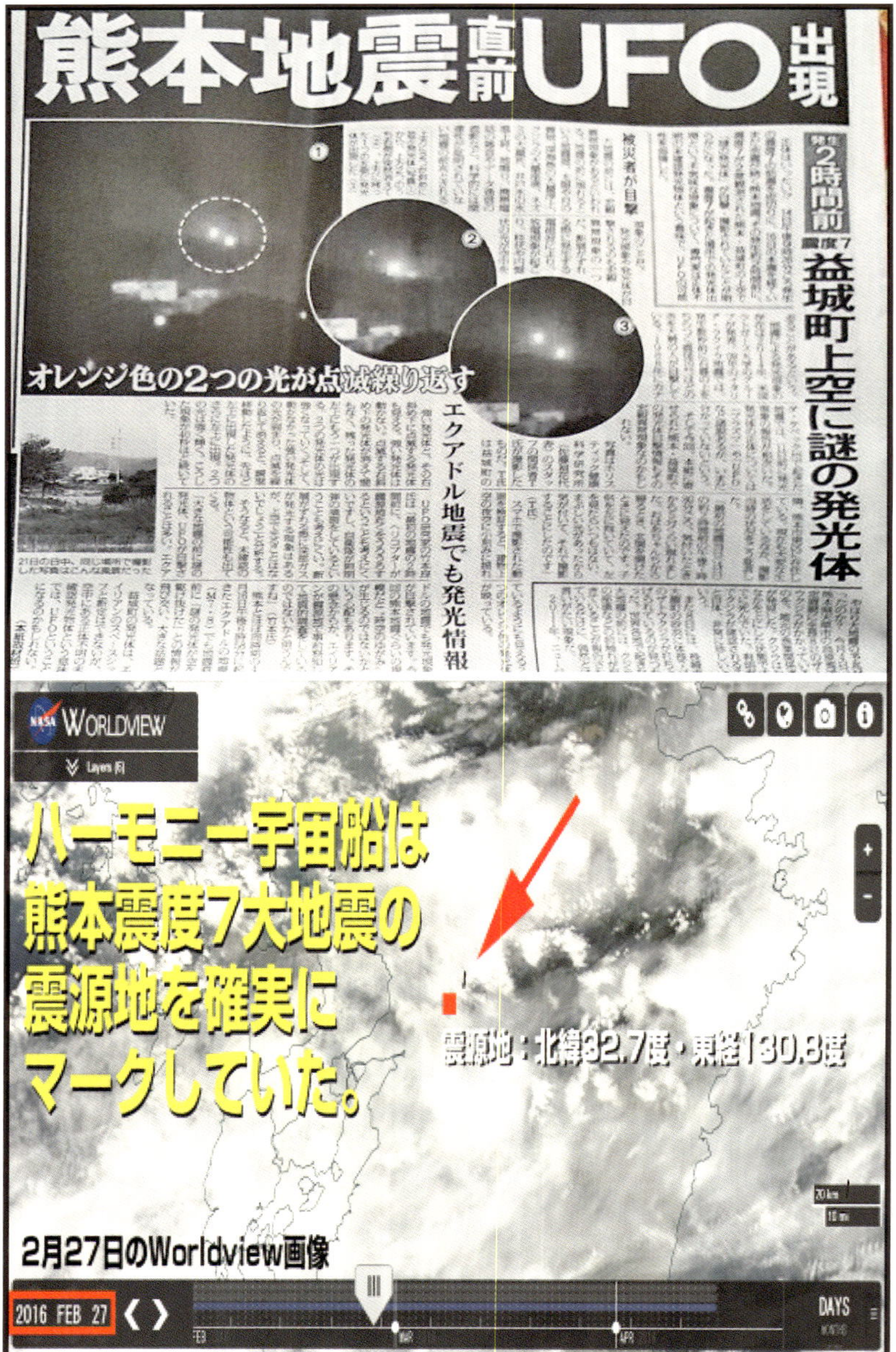

熊本地震の２か月前、益城町上空にハーモニー宇宙艦隊も布陣していた

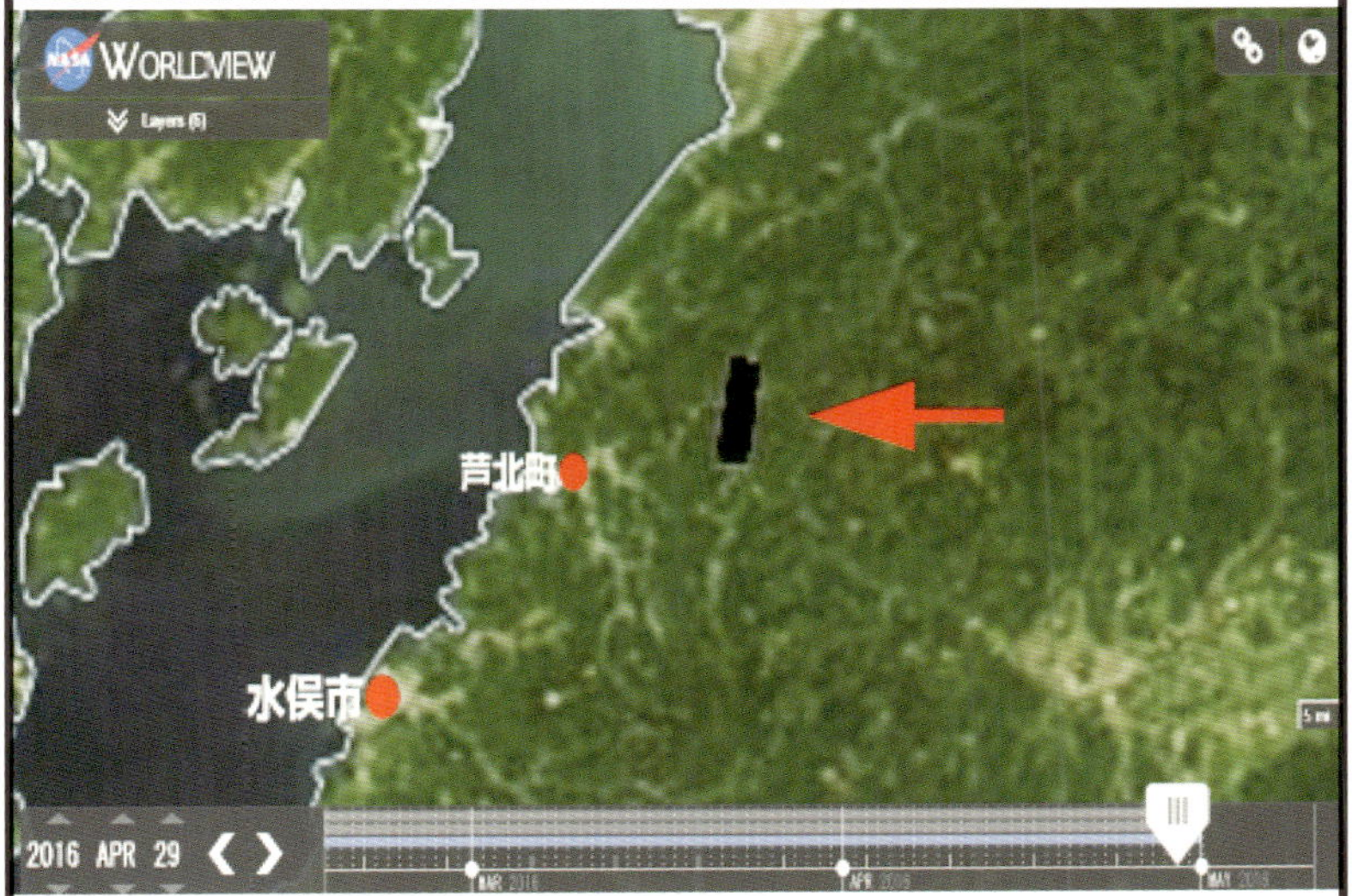

余震が続く４月29日、芦北町上空に巨大ハーモニー船が布陣していた

っては、眉唾として捉えられる。

しかし2015年、素粒子に質量があることを実証した梶田隆章教授はノーベル賞を受賞した。物質を拡大すれば、分子や原子の世界が出現するのは、現代科学では常識だ。原子をさらに拡大すれば、原子核の中心に陽子と中性子が周回していることがわかっている。

さらにこれらを拡大すると素粒子やクオークなどの極小の超微量子に行き着く。これが量子の世界だ。このレベルでは時空を超え、三次元の物理法則は適用しない。

まさしく意念や想念は、この三次元世界を超えた素粒子の世界と同等だ。**古来、何人もの死者に「立って歩きなさい」と命じたイエス・キリストや、祈禱《きとう》で病気を治癒させた密教や、高野山などの行者は、この素粒子を動かしていた**ことになる。

したがって、この力を完全に信じている人々がこのパワーを自在に操れるわけだ。前出のプレアデス星を訪問したX氏や津島氏らがUFO内で目撃したのは、彼らが空間からジュース類を物質化し、それを飲料できたことだ。

これだけではない。なんと、彼らは時空を超えた瞬間移動、テレポーテーションも身につけていることを目撃した。人間は精神性が高まるにつれ、DNAが変異し、こうした超常現象を自在に操れるようだ。

空間は素粒子やクオークなどの反物質で充満していることが量子力学ですでに証明されてい

る。ジュースの最終構成物質が素粒子やクオークなら、ジュースの主原料が空間に満ちていることになる。物質化現象が起きても何らおかしいことはない。

早い話、あなたがこの量子力学の世界を信じる度合いによって、豪雨や場合によっては台風を消失させることも可能なのだ。

このイメージや意念の力を使わない手はないと言える。

横石がインスピレーションで開発した「太陽のカード」は、こうした量子力学が応用されているわけだ。

「大雨いらんばいオペレーション」で人工低気圧を阻止！

横石は彼を信頼するハーモニーズの会員にこの「大雨いらんばいオペレーション」を何度か呼び掛けた。

「天気予報がまた九州は大雨やら言いよるでしょうが？　これは完全な『人工低気圧』ですたい！　人工台風がどげんしても作れんもんやけん、〝ぶら松〟たちゃ東シナ海でコソコソしよりますと！　コラ、在日米軍、気象庁、ＮＨＫ、電通、安倍晋三以下政府の人間全員、お前たちゃ裏ば全部知っとって黙っとるっちゃろうが。

二枚舌どころやないったい。百枚も千枚も持っとろうが。ふざくんな。いやもう人間のすることやないですよ。地震の被災地をこれでもかって雨でイジメようとしよるとですよ！　どんだけ陰険な連中か説明せんでもわかるでしょうが……これでも気付かない日本人がおるっちゅうのが、わたしゃ信じられんたい。

これで〝大雨いらんばいオペ〟は、もう3回めになりますもんね！

オゥよかばい、こんバカタレどもが。何度でも無力化してやるけん、かかって来いっちゅう感じですね。というわけで、今度はヒヨコさんは王様になってパワーアップしたよ！

いつものようにピンク色のラインに沿って、幅50㎞×高さ100㎞の大雨プロテクションリッドバリアを設置いたします。そして輪の真ん中では、ヒヨコの王様がデーンと構えて九州を守り、大雨を完全無力化いたします！　全国の皆さまどうぞよろしくお願いします！！！」

その結果はどうだっただろうか？　翌朝、「皆さんおはようございます。九州ではほぼ七割の地域で雨が止んでいるようです。熊本県の24時間降水量を見ると、熊本市や南阿蘇村で7・5㎜と、大雨で九州を攻撃しようとした人工低気圧は、無力化されました。

昨晩はさすがに怒りが爆発し、あのような博多弁で捲《まく》し立てましたが、そのせいか寝てはまた起きてを繰り返して、雨雲ズームレーダーを確認し、経過をスクリーンショットにおさめました。大雨いらんばいオペレーションpart3も、全国の皆さまのご協力のお陰で、熊本の

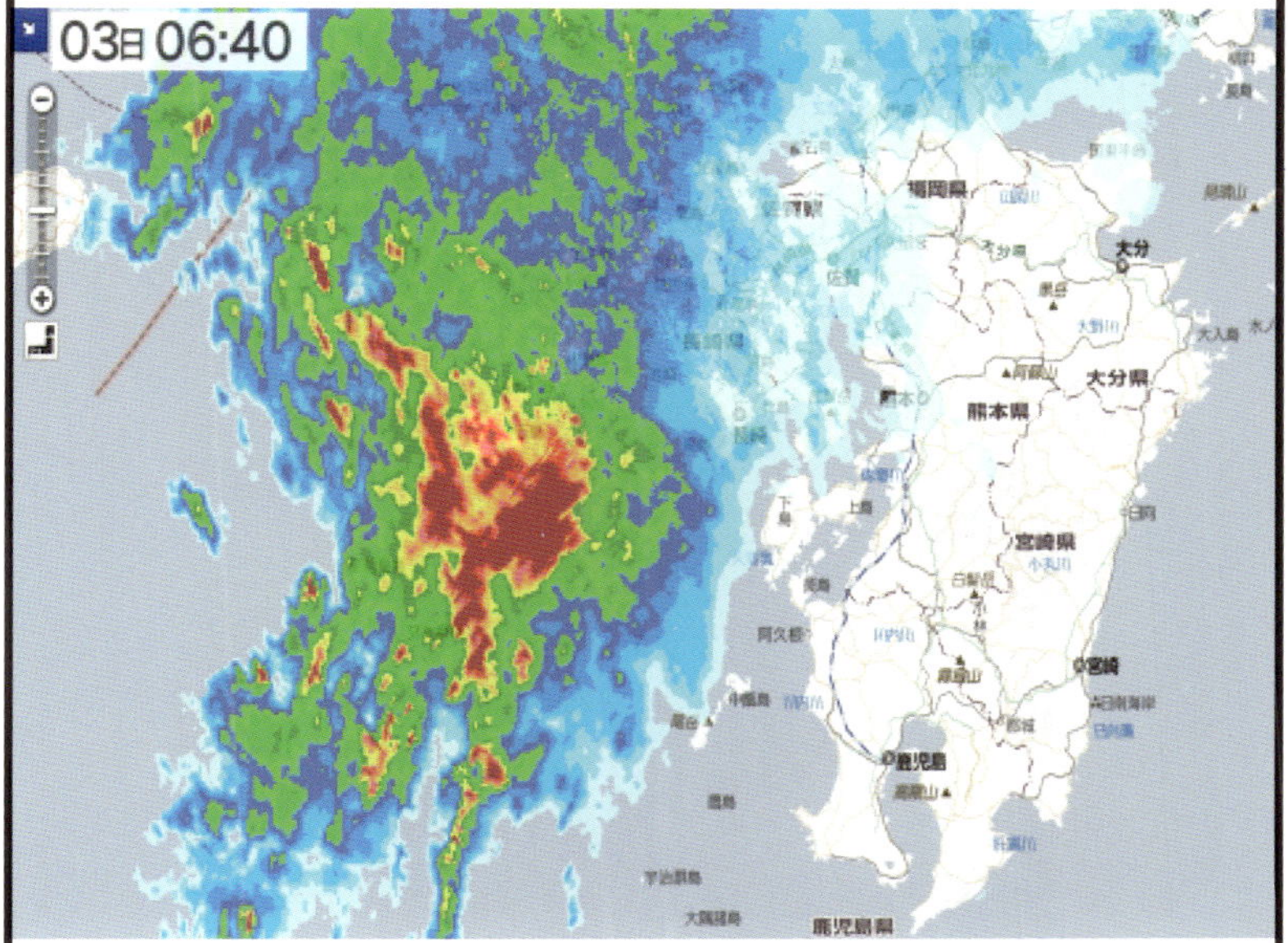

2016.5.3 「大雨いらんばいオペレーション part 2」は見事大成功

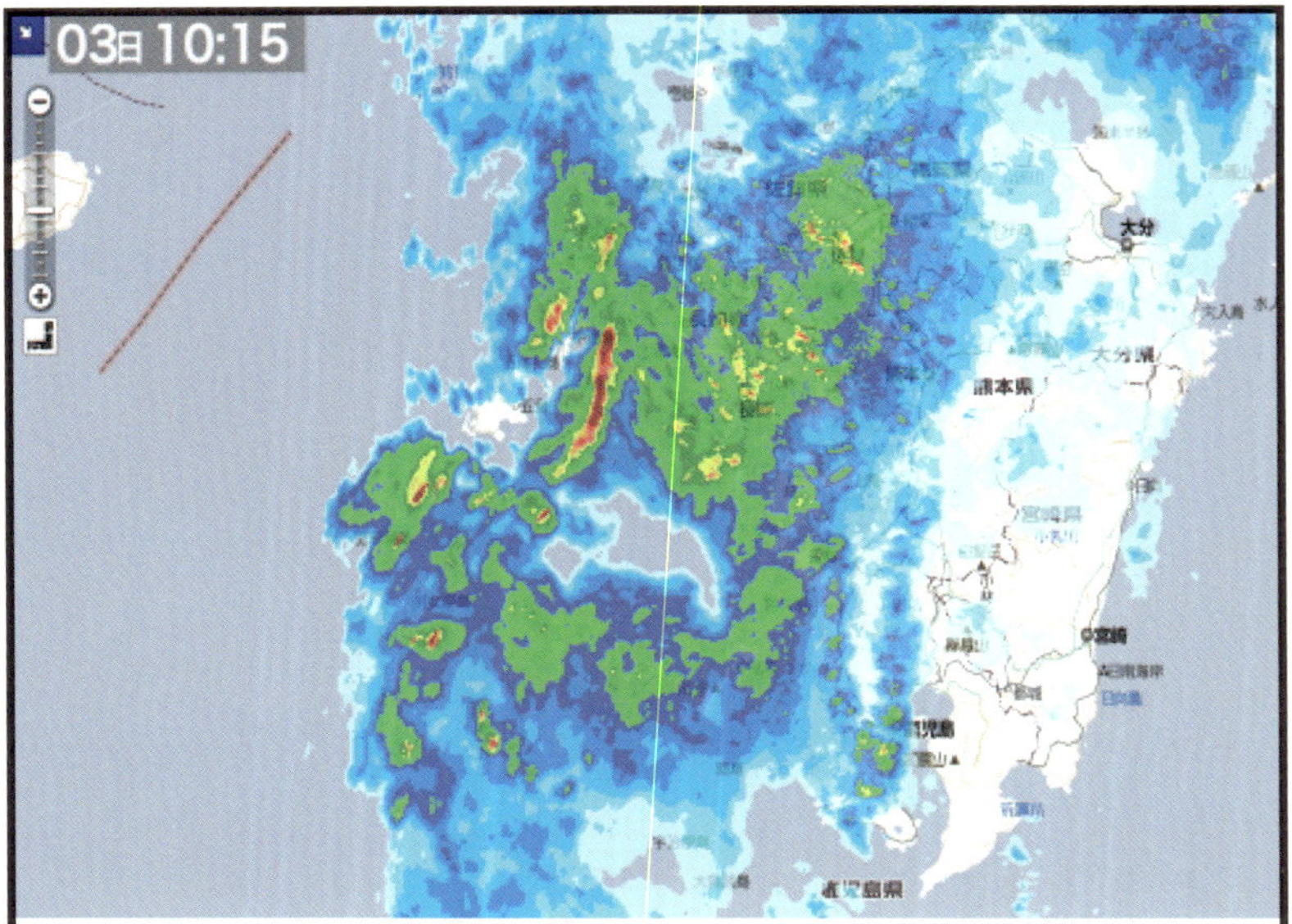

熊本市内周辺の豪雨地帯が縮小した

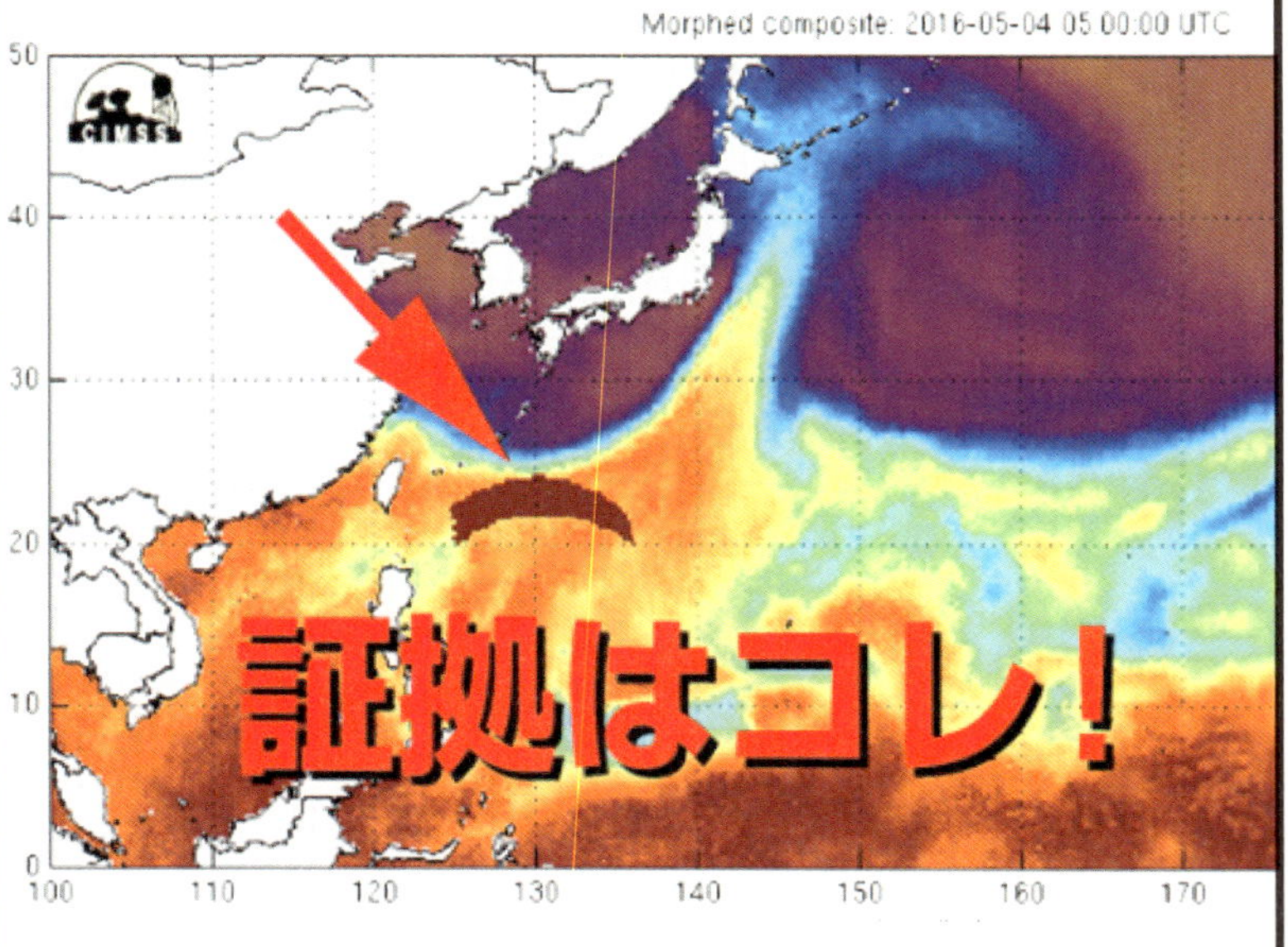

九州沖に電磁波 HAARP が照射された

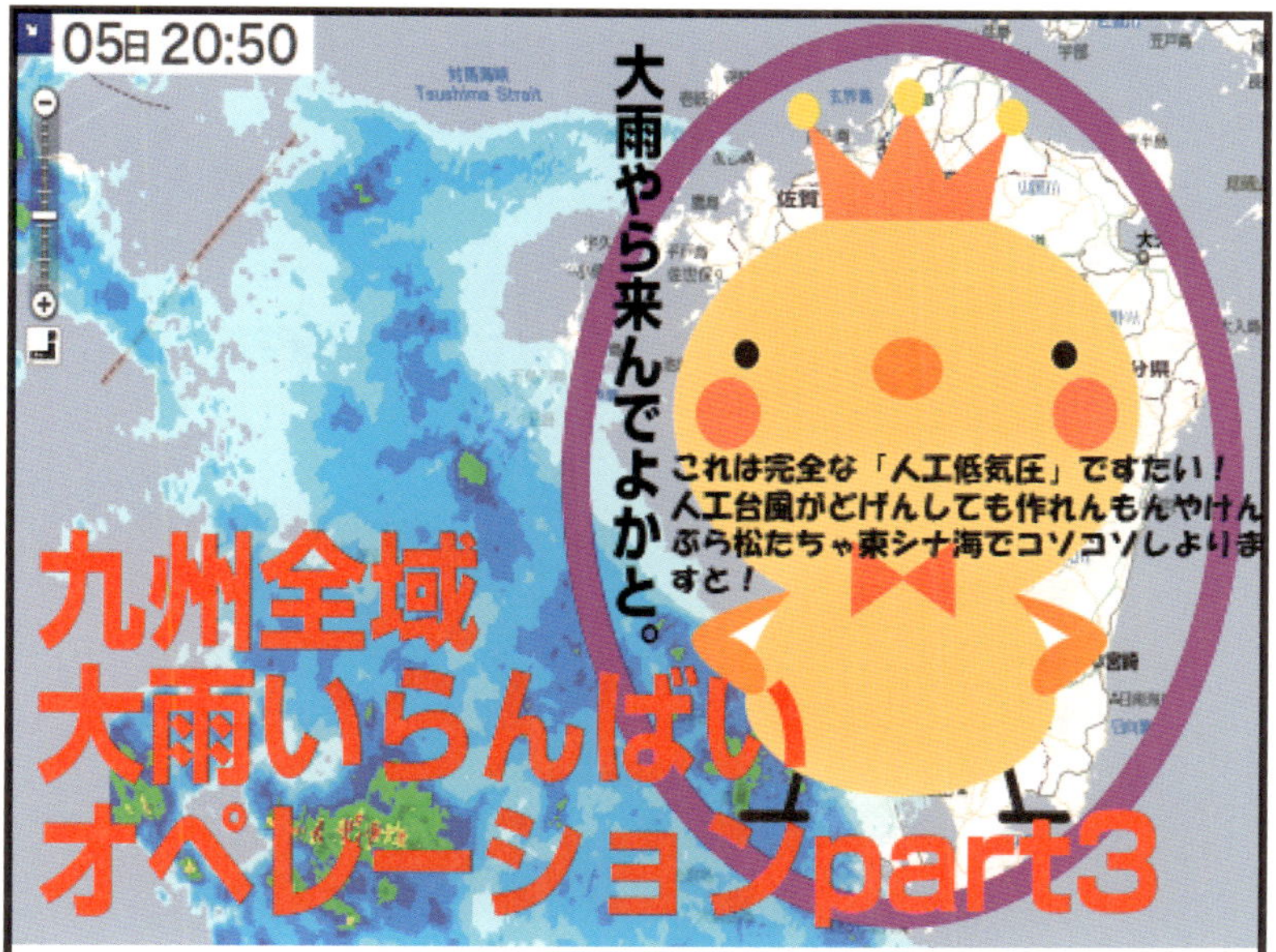

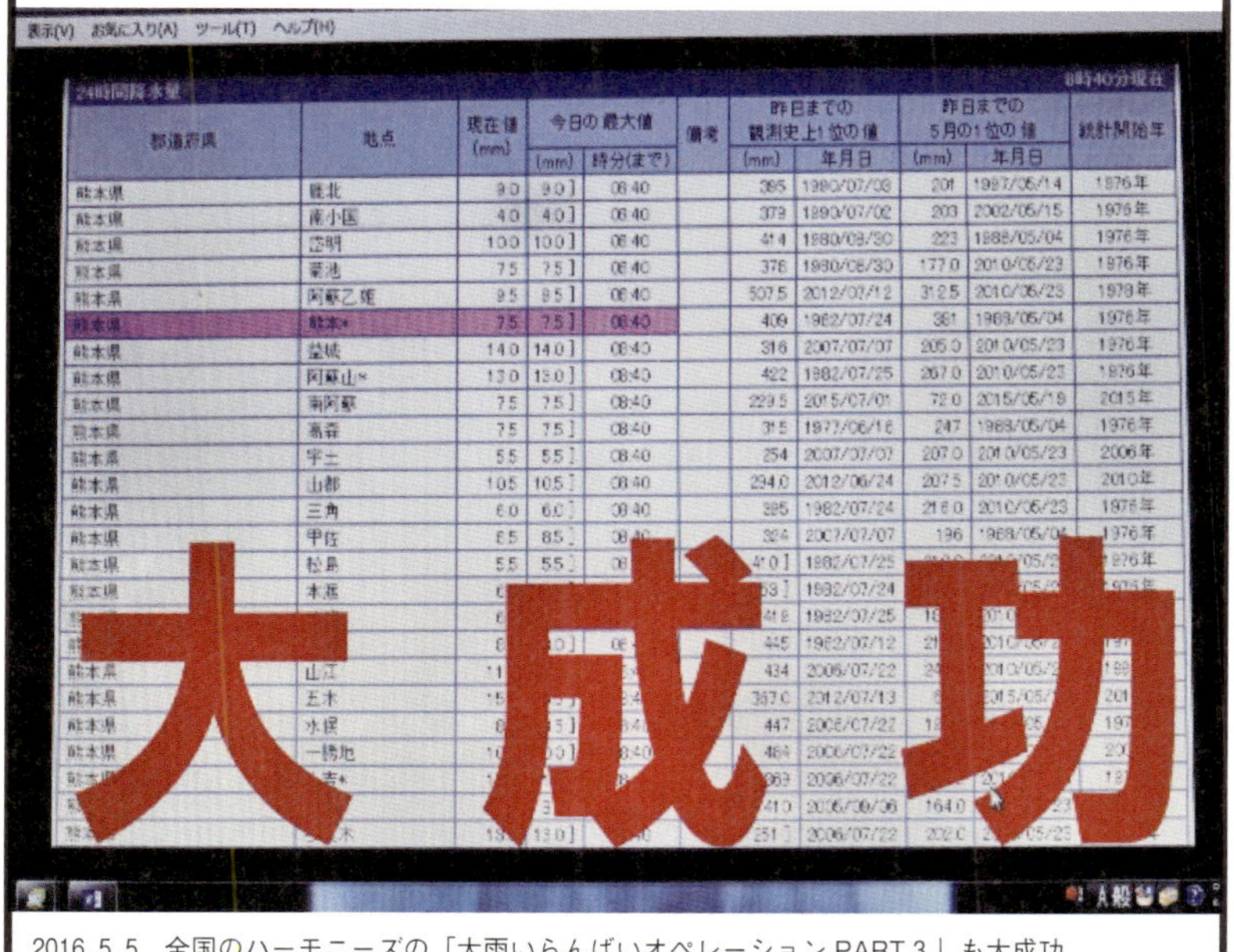

2016.5.5　全国のハーモニーズの「大雨いらんばいオペレーション PART 3」も大成功

被災地は守られました。本当にありがとうございました！　ただ、まだ東シナ海からは雨雲が近づいてきていますので、よく注視しておきます」

種子島レーダーが気象操作している⁉

しかし、怪しいのは、2016年5月4日のMIMIC画像では、九州沖から石垣、沖縄方面にHAARPによる電磁波攻撃が行われていたことだ。さらに種子島レーダーから九州沖にHAARPのような電磁波が放射されていることがわかった。

何ゆえ、九州圏内のレーダー基地からこのような電磁波が放射されるのか、まったく謎だ。種子島で慌てて止めたと思ったら、その領域だけ空白が出現した。横石は、これをバカタレーダーと呼んで揶揄した。

種子島レーダーが怪しい気象操作の明確な証拠は以下だ。

「昨日のお昼ごろ、種子島の気象レーダーがフルパワーで気象操作（低気圧製造）をやっていました。それを私がこのブログで指摘したところ、突然レーダーからの電磁波をストップさせました。以前の背振山レーダー（福岡）の時と全く同じパターンです。国交省（気象庁）または在日米軍は、ここを逐一チェックしているという証拠ですね。

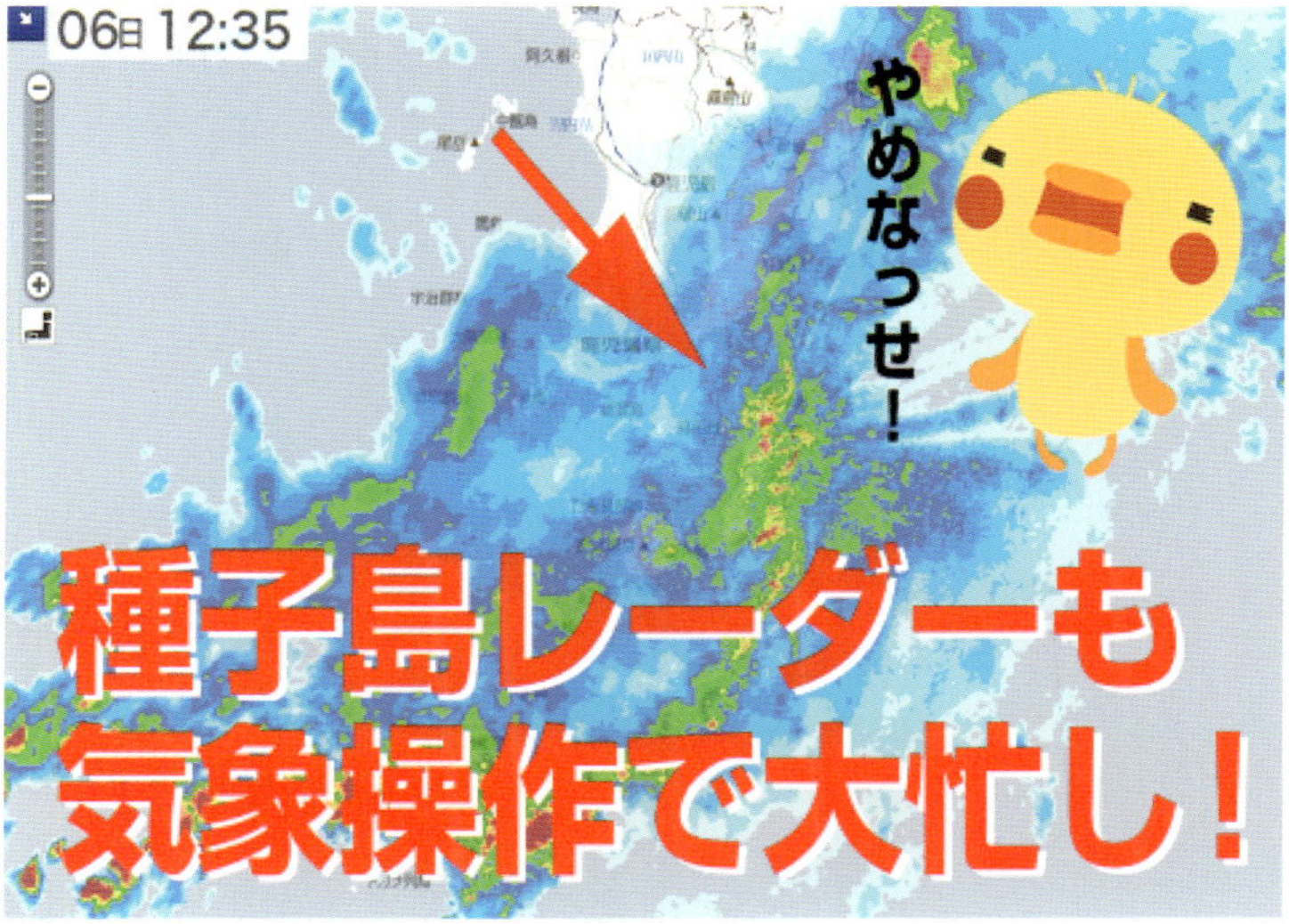

日本人の中に気象操作に加担する輩がいる

ところが、徐々に電磁波を弱くすればまだ良かったのに、慌てて止めたものだから、気象操作領域がいきなり空白となり、逆に証拠を確定する結果となってしまいました。

しかも、電磁波停止と同時に、画面左下の帯状の豪雨域（前線）も急に弱くなっています。これで低気圧が人工的に作られていることが誰の目にも明らかでしょう。

まだ何も知らない日本人にとっては、ショッキングなことかもしれませんが、国交省という名の組織は、完全に米軍の傘下です。そして日本という国をイジメ抜くために、こんな姑息な気象操作を、低気圧が来るたびに実行しています。

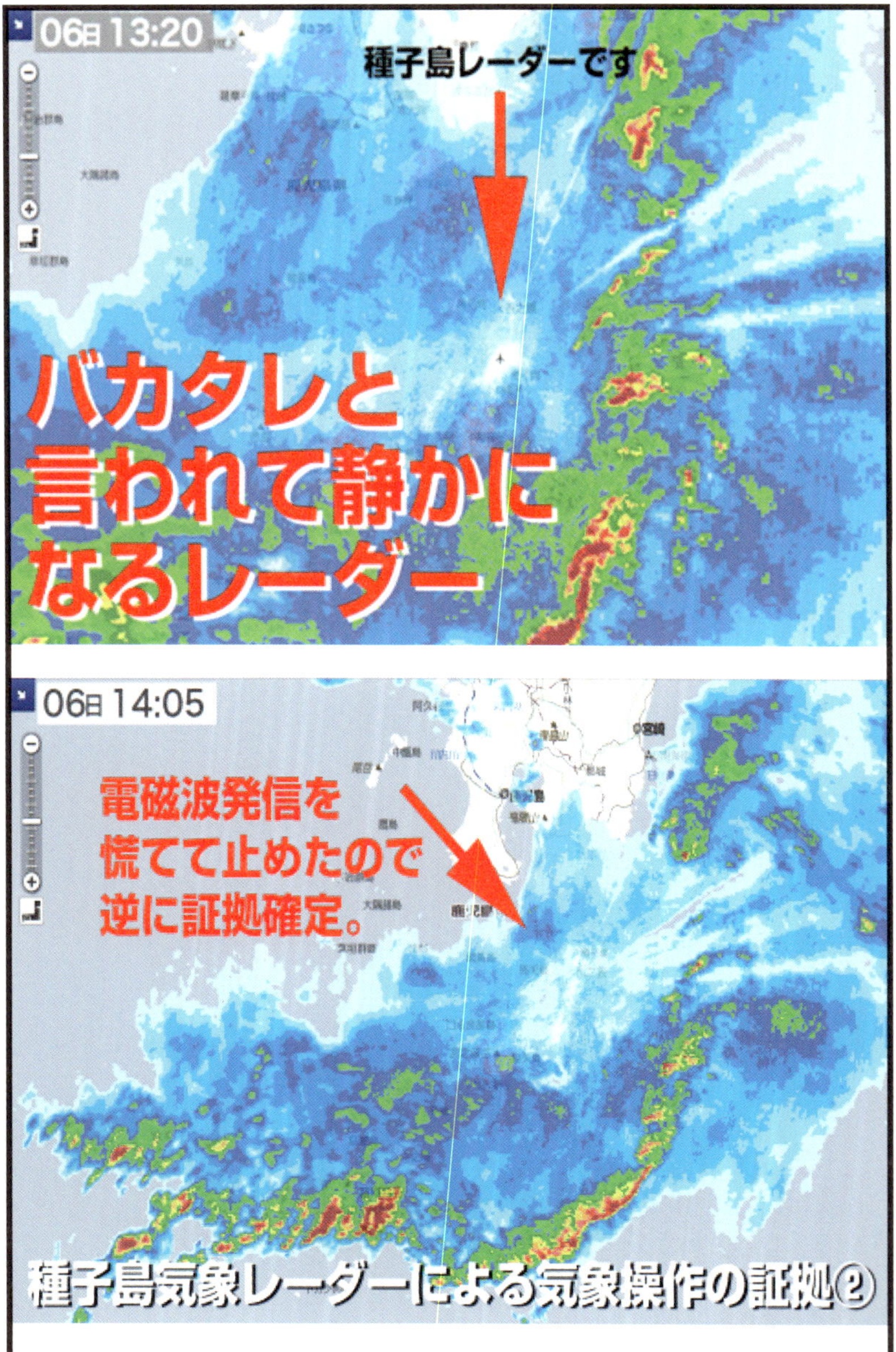

種子島気象レーダーがバカタレと言われて静かになった

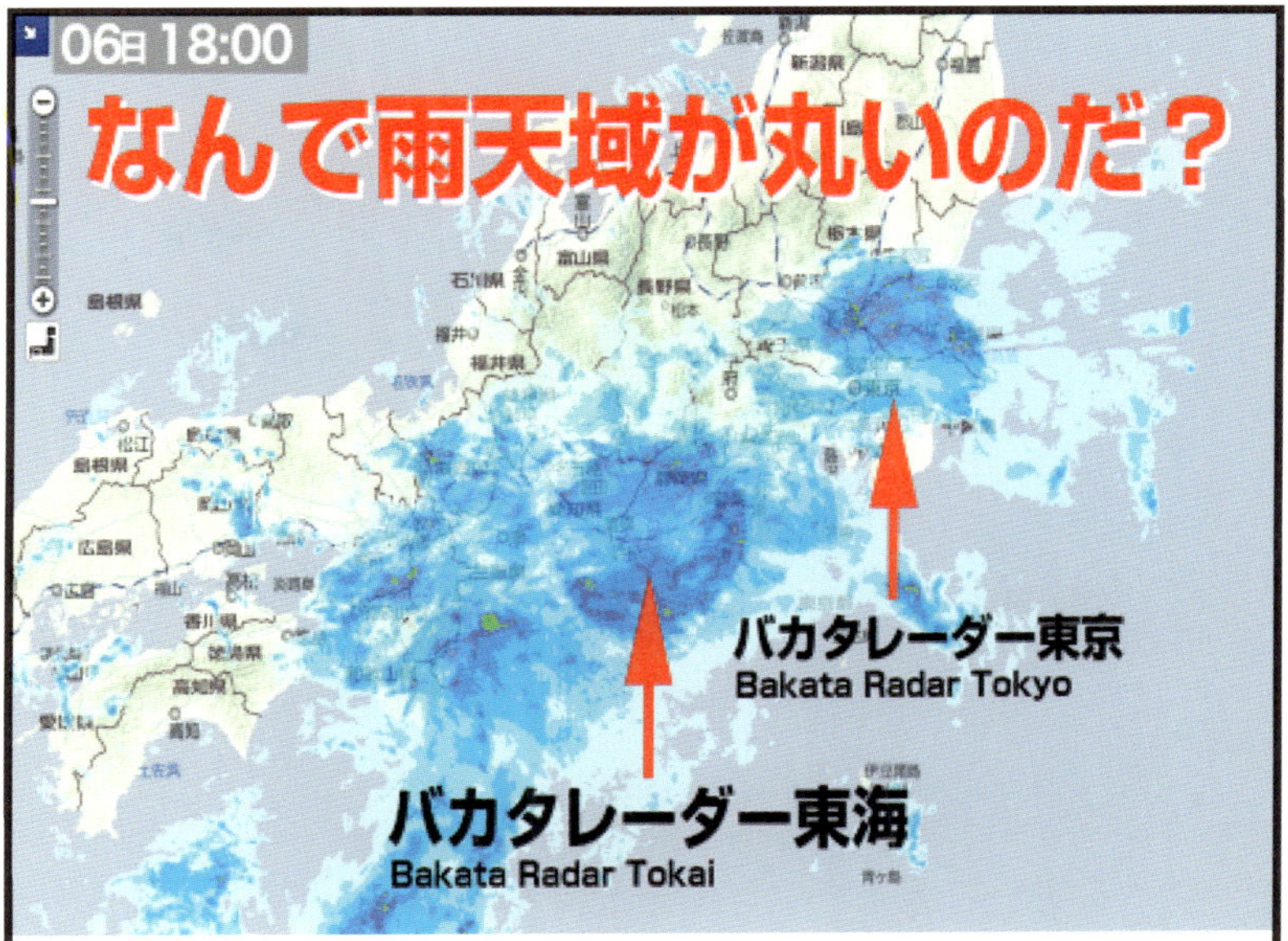

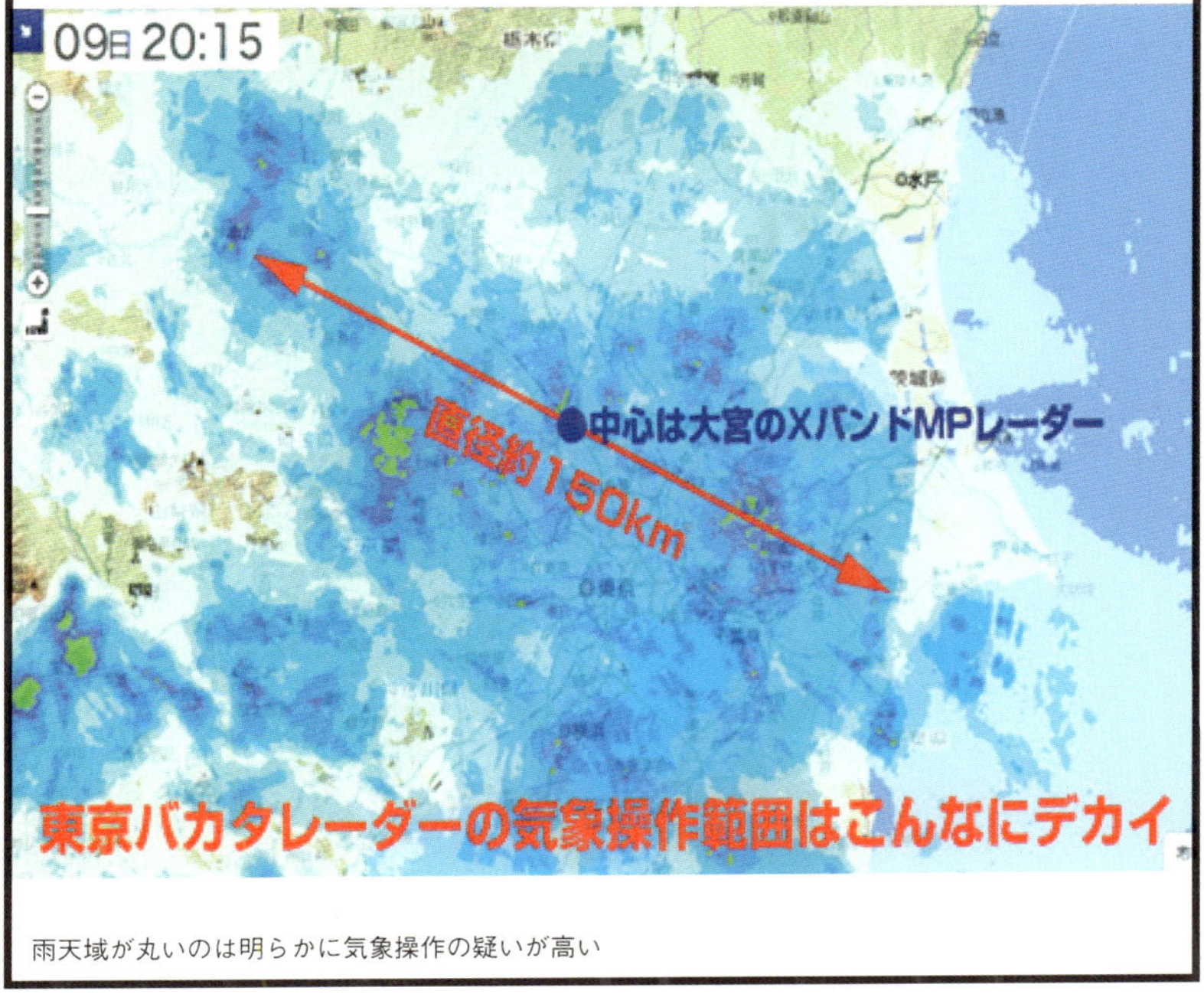

雨天域が丸いのは明らかに気象操作の疑いが高い

太平洋戦争はまだ終わっていません。人工地震も人工台風もそう、子宮頸がんワクチンやインフルエンザワクチンなどの各種ワクチンもそう、国際問題となっている化学物質を上空から散布するケムトレイルはもちろんそうです。

機関銃や焼夷弾が使われないだけで、目に見えないようにわからないように日本人に対する攻撃が、ありとあらゆる手段によって1日24時間、1年365日行われています。

もう、〝知らなかった〟では済まされない状況なのです」

動物の避妊薬入り「子宮頸がんワクチン」でアジアの少女が狙われている！

これらの謀略が〝闇の政府〟によって、それらしい大義名分の下に敢行されていることをいち早く見抜くべきだ。問題の子宮頸がんワクチン接種を奨励しているのが、先の参議院選の神奈川県選挙区でトップ当選した元女優だ。**この子宮頸がんワクチンをアジア人に摂取させるため、有力なスポンサーになっているとの噂があるのがマイクロソフト社のビル・ゲイツ**だ。

マイクロソフト社は、フリーメイソンの代表的な企業だ。このビル・ゲイツこそ、大富豪ジョージ・ソロスと並ぶNWO（ニューワールドオーダー）の求心的な人物とされる。

この子宮頸がんワクチン「サーバリックス」が11歳から14歳の少女に無料で集団接種され、

約2000人以上が副作用を訴え、500人以上が重篤な症状で苦しんでいることが2年ほど前、報じられた。

このワクチンの中に**動物の避妊薬に使われる成分「アジュバント」が配合され、これを人間に投与した場合、妊娠できなくなり、一切不妊治療ができなくなる危険性が指摘される**のだ。

何ゆえ、ヒトパピローマウイルス（HPV）の感染予防の効果が5年程度しかないものが、少女に投与されなければならないのか。

成人に達した時には効果が切れている。まるで政、官、業、医あげて少女期の性交渉を奨励しているようなものではないか。

しかも、2015年、米国FDA（食品医薬品局）に「HVP感染と子宮頸がんの発症とは関連性がない」ことを示す報告書が提出されていることがわかった。

予防のためには、各種がんと同じ食生活やライフスタイルの改善こそが急務であることが指摘されるようになってきたのだ。

この副作用で苦しんでいる少女たちは日本だけではない。海外でも同様に、「意識不明瞭、四肢の運動能力低下、動悸、言語障害、歩行不能」などの副作用が報告され、副作用の発生率はインフルエンザワクチンの10倍高いという。

これまで元気に過ごしていたわが子が突然、苦しみだし、言語障害となり登校もできない事態が起こらないとも限らないのだ。この問題が生じてから政府は積極的な接種はすすめていない。

即刻断固、断るべきだ。

製造元であるグラクソ・スミスラインは、全国子宮頸がんワクチン被害者の会の訴えにも応対しない。早急に賠償金や補償金の拠出に応じるべきだ。

こんな悪徳企業は即刻退去していただこうではないか。

2009年、桝添要一氏が厚労相だった時代、WHOが仕掛けた「新型インフルエンザのパンデミック（感染爆発）」情報で、ダブついた抗インフルエンザ薬「タミフル」の70％を購入させられた謀略と同じ構造の力が働いた可能性が高い。

気象庁は人工降雨実験に乗り出した!?

閑話休題。前述したレーダーに丸い雨雲が観測されることは異様だ。気象庁では、人工雨の試験でも行っているのだろうか。横石が名づけたバカタレーダーは、静岡と東京でも観測された。なんと大宮のXバンドMPレーダーが作った雨雲は直径150㎞にも及ぶ。

「本日の結論はこういうことですね。〝ぶら松〟↓在日米軍（ケムトレイル担当）↓国土気象操作省（XバンドMPレーダー担当）という流れで、日本列島を西から東へと移動する低気圧を電磁波でブーストさせながらコントロールし、本来は降るはずのない雨を人工的に操作し雨天や荒天にしている。

東京バカタレーダーはデカすぎ！　気象操作の到達範囲は、直径約150kmもあります。中心を求めると、大宮付近。いつもの柏市のじゃないなと思ったら、これも国土気象操作省のXバンドMPレーダー（大宮）ですね。

何も知らない（はずがない）国土交通大臣殿。いや、本日めでたく昇格して国土気象操作省大臣殿、ですよね？　とどのつまりはこういう事です。種子島気象レーダーとまったく同じ構図です。正確に言うと、日本人の税金で作らせた高価なレーダー施設を、在日米軍の指令によって日本人の役人（技術者）が、あろうことか自国民に対して害を及ぼしている。

こういう時こそ、こげん言わんといかんとです。

〝BOTEKURIKOKASUZO－!〟（ぼてくりこかすぞ＝博多弁で張り倒すぞ！　どうぞアメリカ人風の発音で repeat after me）〝ボテクリコカスゾ！！！〟」

第3章

ハーモニー宇宙艦隊が闇の謀略を暴く

I 〝ぶら松〟が最後のあがきを繰り出してきた！

「台風ゼロ完全オペレーション」が破られた⁉

2016年の夏、あり得ない気象異変が起きた。2016年7月から突如始まった台風の連続発生だ。しかも発生場所が従来の石垣島南方のマーシャル諸島やグアム島ではないのだ。これまでまったく発生が認められなかった伊豆諸島の南方での発生が多いのだ。

異変はこうして始まった。

「しかし、気象庁さん、あまりにも滅茶苦茶じゃありませんか？ 7月5日の見解では8日に台湾上陸、920hPa、最大瞬間風速は70km／sの大型台風の予測だったではありませんか？ それが6日午後5時現在、すでに910hPa、瞬間最大風速80キロメートル、もう超大型台風になってますよ。あんた、そりゃ、やり過ぎですよ！」

ハーモニー宇宙艦隊地上司令官を担う横石集は、呆れ返った。

この日、2016年7月5日、石垣島沖に今年初の台風1号の発生を確認したと気象庁は発表した。気象庁の観測では6日に台風1号を警戒、8日には台湾に上陸、920hPa、最大瞬間風速70㎞／sの猛烈台風を予測した。

920hPaと言えば、大型台風も大型、超大型だ。過去、三大台風の一つ、昭和9年に襲った室戸台風以来の記録的な台風だ。

2016年1月から6月まで台風の発生はゼロという、近年起こり得ない事態が続いた。

2015年には27号まで発生、2014年には23号、2013年では31号まで発生していたのだ。それがいきなり2016年になって6月まで台風発生ゼロという、あり得ないことが起きた。7月までゼロが続いたなら、気象庁が観測を始めた1951年以来、初めてのことだった。

今までの台風発生は何だったのか？　日本列島に多大な被害を及ぼしてきた台風とは何だったのか。世界各地を痛めつけるための気象兵器だったのか、議論が沸騰。いきなりゼロ行進が続いたのは何ゆえか。大いなる疑惑が浮上する寸前だった。

実は、台風ゼロ行進が続いた背景には、2012年10月19日をもって大量に出現したハーモニー宇宙艦隊の日本防衛計画が潜んでいたようなのだ。

前著で明らかにしたように、これまで日本に襲来した台風、そして東京湾で頻繁に発生した地震は、気象兵器HAARPなどによって人工的に作られたものである。

仕掛けているのは世界経済を牛耳る、〝ぶら松〟こと〝闇の政府〟いわずと知れた偽ユダヤ国際金融資本だ。否、この上にもっと恐ろしい凶悪な知的生命体が人間を操っているらしい。

日本だけではない。2013年11月4日、フィリピン・レイテ島を襲った史上最強の台風ヨランダ、2004年死者22万人以上を出したM9・3のインドネシア・スマトラ沖地震、2010年のM7のハイチ地震、2011年の3月11日、東日本大震災直前に起きたM9のニュージーランド大地震などあげたらキリがない。

2015年に実行された気象兵器HAARPおよびXバンドレーダーによる人工台風攻撃も、ハーモニー宇宙艦隊が出動、〝ぶら松〟の謀略による災害をかなり削減してくれた。

Xバンドレーダーを使えば、台風やハリケーンの操作が可能だ!

Xバンドレーダーとは、当初、HAARPを搭載した海洋移動式で実験が行われたようだ。HAARPはカナダのカゴナ州に設置されたのが稼動していたが、近年、売却され、その実態は依然として怪しい。

リークされた内部情報によると、ハワイに設置された気象兵器が世界最大で、米国国防省の管理下にあるらしい。

2005年、ジョージ・W・ブッシュ大統領（当時）とチェイニー補佐官（当時）がハリケーン・カトリーナの操舵に成功、ニューオリンズに大被害をもたらしたのが記憶に残る。

ニューオリンズは黒人が多い都市で、海抜がマイナス2mから6mと低い低湿地帯なのだ。そこで、犠牲者が出ようが、ゴエム（家畜）の生活が脅かされようが関係ないわけだ。また、2010年、NASAがカテゴリー4の強力ハリケーン・アールを11日間も操作するプロジェクトを断行した。

NASAは、大量破壊兵器として、低気圧を強力な渦巻きの嵐に改変する技術を完全なものにしたかったらしい。

そのためには、強力なマイクロ波照射器やNASAが独自に設計、開発したレーザー光を使った「レーダー」が大きな力を発揮するというのだ。

この技術も米軍情報将校からのリークによれば、米国秘密地下基地で働くリトルグレイから提供された疑いが濃厚だ。このレーザー光はスペースシャトルに似た無人機に搭載され、ハリケーンや台風の頭部に照射し、加熱するために使用。

そして、海洋移動型Xバンドレーダーを使えば、ハリケーンのコントロールが可能で、強風や高波でも稼動が可能という。

これを使って前出のカトリーナは急激に激しさを増し、2005年8月28日の朝にカテゴリ

ニューヨークを襲ったハリケーン・サンディ

2006年３月ハワイの真珠湾から出航する海洋設置型Ｘバンドレーダー（米国海軍撮影）

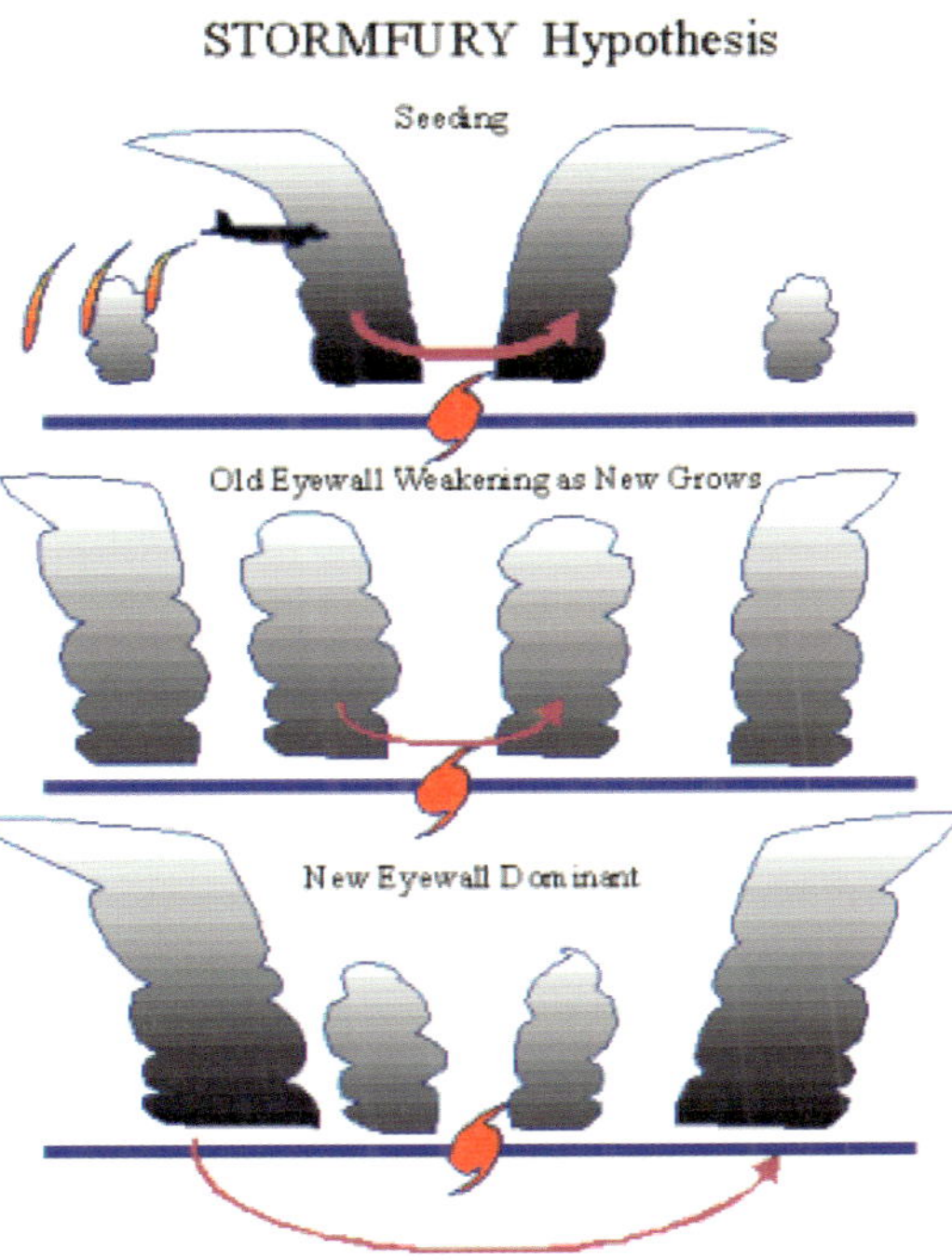

雲の上部のマイクロ波を照射できる宇宙探査機X－37

ー5に巨大化し、午後1時にはピークを迎えた。最大風速は時速280km、中心の最小気圧は902hPaを記録したというのだ。

これだけではない。2012年10月25日、ニューヨークを襲って50億ドルの被害を出した「ハリケーン・サンディ」もXバンドレーダーを使って軌道を操作した〝オバマ大統領からのプレゼント〟だったという。

さらに科学者を交えた別なプロジェクトも進行し、「航空機から熱帯低気圧に突入し、ヨウ化銀や化学物質を撒くことで、ハリケーンの軌道が修正でき、より巨大化することが可能になる」というのだ。

これが世界的に問題視される上空から化学物質を散布するケムトレイルなわけだ。

したがって、Xバンドレーダーで海上を暖め、低温の上空に低気圧やハリケーンを作る。そして、熱をかけることで、風と雨の巨大な渦巻きを発生。さらに炭素粒子や化学物質を暴風上部に航空機で散布すれば、暴風内部の気流に変化を起こすことが可能となるのだ。

そして、大気圏外の人工衛星から雲の上部にマイクロ波を照射すれば、容易に温度を上昇させることができる。これを可能にするのが、スペースシャトルに似た無人機だ。

これが真実なら、米国は恐ろしい気象兵器を開発していることになる。

NASAが進めたアポロ計画に使ったスペースシャトルの本領発揮は、このスターウォーズともいえる宇宙兵器だったわけだ。こうした証拠画像は、ウイスコンシン大学が情報提供するＭＩＭＩＣという、水分の空中蒸発量をアニメーション化した動画サイトで24時間３６５日、どなたでも無料で閲覧可能なのだ。

こうした**環境を改変するＨＡＡＲＰ・気象改造システムが、「環境改変技術の軍事的使用その他の敵対使用の禁止条約」という国際条約に抵触する**のは、もちろんのことだ。ましてや、これで多くの被災者が生まれ、死者まで出ていることを放置して良いのだろうか。ちなみにネバダ州では、最近、「ケムトレイル禁止条例」を制定したようだ。

本書は、興味半分から述べているのではない。日本人の政治家に武士道、または矜持《きょうじ》が残っているなら、この暴挙を弾劾・告発すべきだろう。

また、一般市民は情報を共有し、米国に断固、〝Ｎｏ〟突きつけるべきではないか。

このＸバンドレーダーは北海道と京都をはじめ、大宮、福岡など数か所に配備されているようだ。

２０１６年第１号の台風は７月５日に作られた！

米国の国防省やＮＡＳＡで進められた大プロジェクトで完成した「ＨＡＡＲＰ・気象改造シ

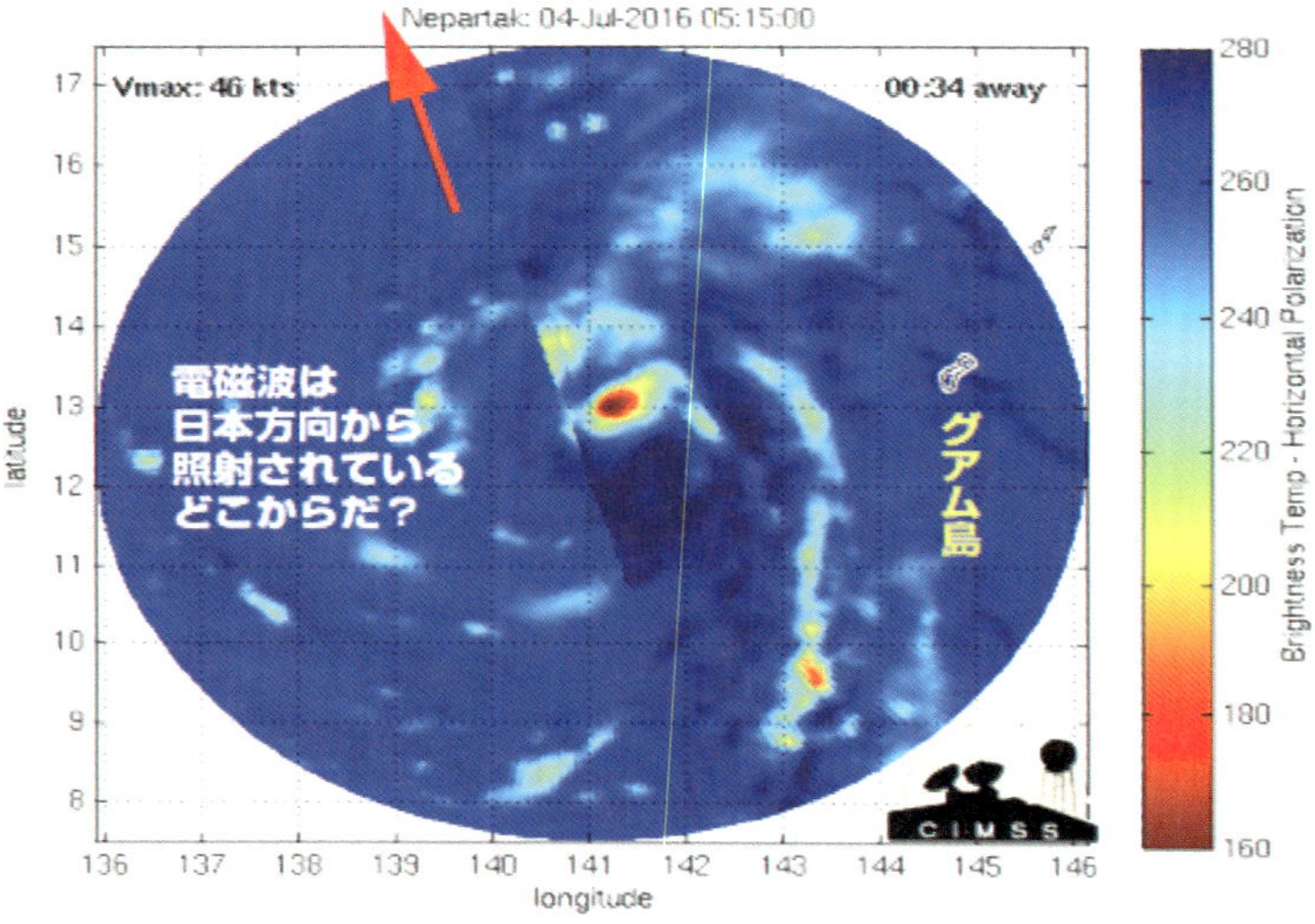

明らかに日本方向から電磁波が照射、台風１号ができた

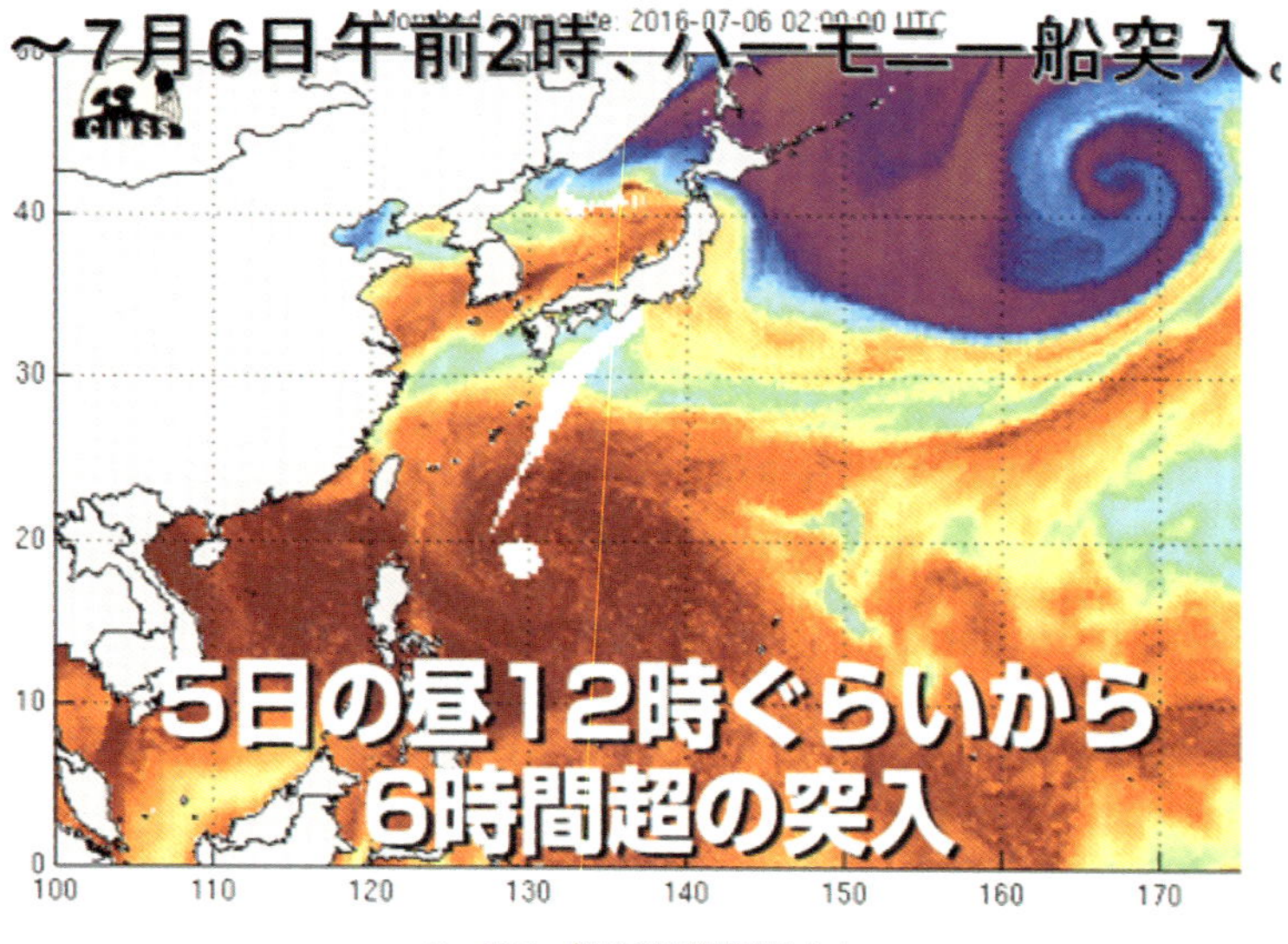

ハーモニー船が６時間超突入した

NHK では 7 月 7 日夜 8 時半ごろ、最大瞬間風速71.3メートル/s と報道した

Google earth では7 月 8 日午前 5 時、風速1.8メートル/s だった

ステム」を使った謀略は、10数年前から何度も敢行されていたわけだ。

２０１５年9月10日に発生した鬼怒川堤防決壊は、この気象兵器を使った3つの人工台風の攻撃だった可能性が高い。

２０１６年1月11日、成人の日を襲ったケムトレイル攻撃&人工台風攻撃も不発に終わった。その後、2個作られた人工台風もハーモニー宇宙艦隊の突入で消滅した。

このＵＦＯ艦隊の突入と、熱帯地区に設置された〝プロテクション・グリッド〟と名づけられたバリア網で6月までゼロ行進が続いた。

しかし、これに危機感を抱いた〝ぶら松気象班〟は、必死にＨＡＡＲＰを照射した。ポイントを南太平洋から東シナ海に移した。これで石垣島沖にやっと1個作ることに成功したわけだ。むろんこと、この人工台風1号に7月5日から6時間超のＵＦＯ艦隊の突入が見られ、翌6日まで続けられた。

そして、8日は、〝ぶら松気象班〟が精魂こめて作った台風1号は哀れ、風速1ｍ／ｓの超弱小台風に衰退、大した被害も出せずに終わった。

このＨＡＡＲＰ照射攻撃は、前述した米国ウイスコンシン大学が提供する動画サイト〝ＭＩＭＩＣ〟で確認できた。今回の台風1号はなぜか、日本の本州方面から照射されていることがわかった。おそらく京丹後市に設置されたＸバンドレーダーが稼動したのではないだろうか？

2016年7月8日 台湾最南端・恒春での気象データ
tenki.jpによる

8日 (日本時)	天気	雲量	気温 (℃)	現地気圧 (hpa)	湿度 (%)	風速 (m/s)	風向 (16方位)	視程
24			26.7	996.1	98	5	南南西	
21	曇	隙間無	29.7	994.7	90	4	南西	10.0km
18	雨	隙間無	27.8	992.7	94	5	西	6.0km
15	雨	隙間無	27.5	992.7	99	6	西南西	6.0km
12	雨	隙間無	27.9	992.3	95	6	西	5.0km
09	雨	隙間無	28.1	988.8	98	7	西	6.0km
06	雨	隙間無	28.7	983.9	93	10	西	10.0km
03	---	---	27.2	989.2	95	2	北西	---

最瞬71.3m??

NHK 報道では台湾で風速71m以上だが、日本気象協会発表では風速２m

しかし、NHKの報道によれば、この台風は沖縄九州には上陸せずに7日夜8時半（日本時間午前4時）ごろ、台湾の離島、蘭嶼《らんしょ》島を襲い、最大瞬間風速71・3メートルを記録、非常に強い台風だったらしい。

ところが、日本気象協会のTenki.jpでは、7月8日午前3時、台湾南端の恒春では風速2m／s、現地気圧989・2hPaと報じられていた。つまり微風で弱い台風でしかなかったのだ。Googleでもこれは同じで、7月8日午前5時で風速1・8m／sだったと公表されていた。

NHKの報道がおかしいか、日本気象協会とGoogleがおかしいのか。どっちかがおかしいことになる。そこで、台湾在住の情報通の知人にネットで質した。結果は、「ほとんど大きな被害はありませんでした。台湾では経済が悪化しているので、被害を拡大報道し、予算獲得に動いている節があります」とのことだ。

NHKでは何か、この台風を巨大にしなければならない理由でもあったのだろうか。謎は深まる。背後に大きな謀略が潜んでいるのかもしれない。

気象操作に気象庁が絡んでいる可能性がある⁉

この謀略は果たして何を意味するのか。よく考える必要があるというものだ。

横石によれば、「残念ながら、7月まで台風ゼロという記録更新オペレーションは破られましたが、今年（2016年）1号となった人工台風は見事にハーモニーUFO艦隊の突入によって、台湾もさほど被害が出なかったのが真相です。

この画像を見せつけられた〝ぶら松気象班〟は、UFO艦隊にはとても敵わないことを知ったことでしょう。いつもながらのハーモニー艦隊の活躍には胸のすく思いがし、感謝するばかりです。しかし、今回のHAARP照射攻撃は、いつものカナダ方面からのものではなく、本州方面から発せられています。どうも気象庁が絡んでいるように見受けられます」というのだ。

気象庁が怪しいのは、前章で述べたように2016年5月6日午後6時に東海と東京周辺にほぼ円形に近い雨天域が現れたことだ。また、その3日後の9日午後8時15分、今度は大宮中心に直径150キロメートルの雨天域が出現したことだ。大宮にはXバンドMPレーダーが設置されている。いずれも気象庁が公表している雨雲レーダーで確認できたものだ。

これらから電磁波が放射され、大気が熱せられ、上昇気流が生じ、人工雨雲が発生したのかもしれない。

もはや**米国、中国、ロシアだけでなく、その他先進国諸国でも、地震や台風を気象兵器HRRAPで起こせることは、世界の周知の事実**なのだ。

日本でも戦前から人工地震の実験を頻繁に行っていたことをマスコミが日常的に報道していた。1930年代から朝日新聞から読売新聞、日経新聞などの記事は人工地震報道が数百本にも上るのだ。

どうも1990年代に入って米国から報道禁止令が出たようなのだ。それは、日本を叩くために実用化されたからにほかならない。

もうすでに筆者らのUFO講演は全国で20回程度を実施しているのだが、「人工地震なんてどうやって起こせるのか?」という疑問を持つ方も少なくない。とくに地方にお住まいの方は情報から隔離されているので、過去の新聞記事をお読みいただきたい。

人工地震報道は日常だった!!

1930年代から人工地震は頻繁に行われていたことを告げる新聞記事

北朝鮮の中距離弾道ミサイルを秋田県沖に撃墜した⁉

曲がりなりにも人工台風1号ができてから、〝ぶら松〟は、必死に人工台風による攻撃の企てを開始したようだ。7月に台風1個だけでは辻褄が合わないので、気象庁に圧力をかけ、〝上げ底〟台風2、3号、4号を南シナ海付近で次々に作った。ベトナムやフィリピン沖では、ほんの数m／sの微風が吹いたようだ。

この台風攻撃に伴い、鳴りを潜めていた北朝鮮が何やら不穏な動きを見せ始めてきた。

第一に2016年8月3日、秋田県沖の日本海側に突然中距離弾道ミサイル「ノドン」が落下した。実は、この時、岩手県在住のハーモニーズの読者から不思議な画像が届いた。画像の中ほどをよく観察すると、上下の次元が違うような色合いだ。また、岩手県上空にバリア、またはプロテクショングリッットでも張ったような結界が映った。

もしかすると、このノドンは岩手県沖の太平洋を狙った可能性もある。

また、8月2日のWorldviewには、このノドンが落下した秋田県の男鹿半島沖付近や函館沖、そして東北太平洋側にUFOが数機布陣しているのが見出された。

北朝鮮の不穏な動きをキャッチ、ハーモニー宇宙艦隊は事前に撃墜したのではないだろう

2016年８月はじめ、岩手県上空に多次元結界が張られたようなバリアが出現した

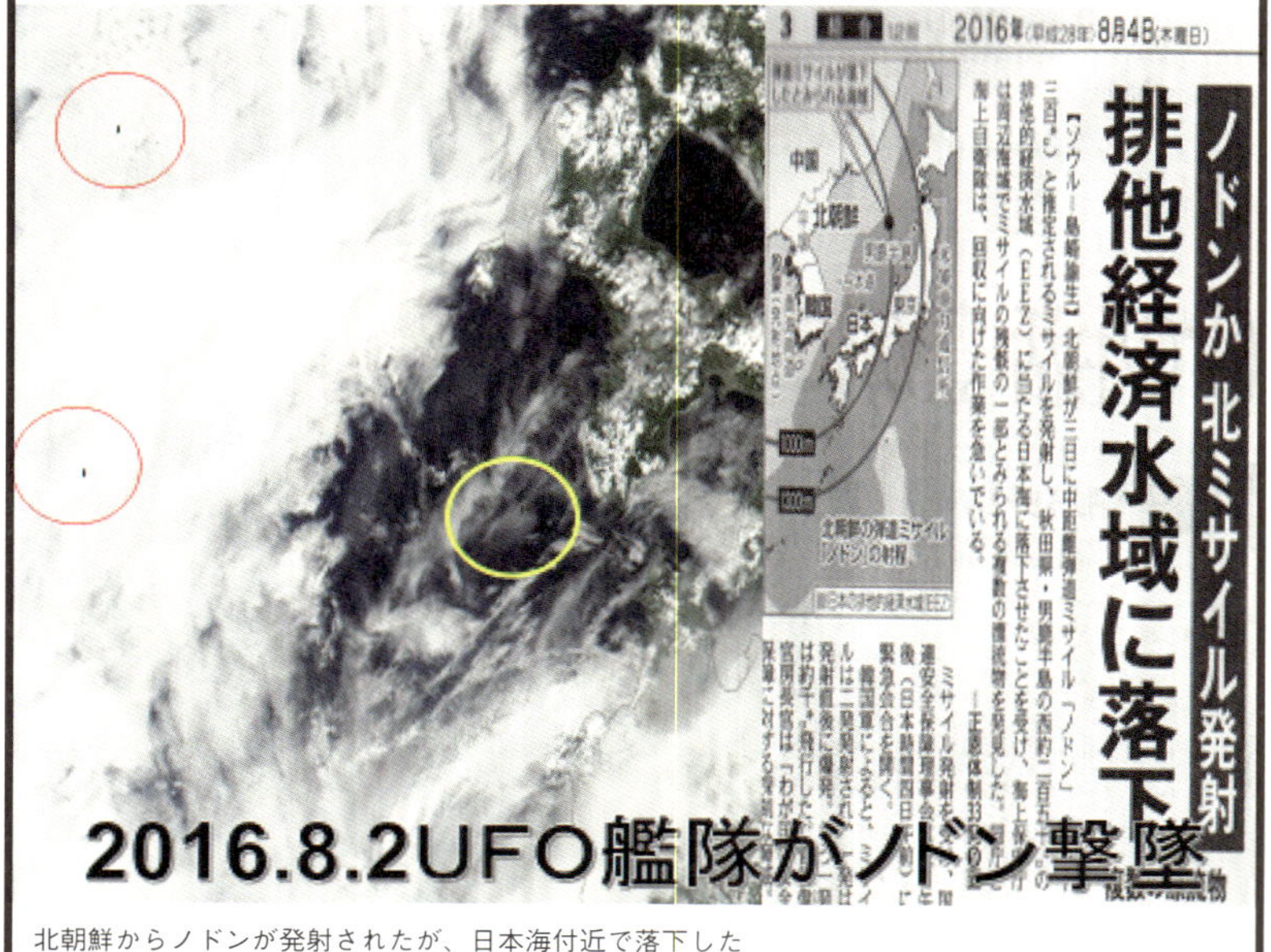

北朝鮮からノドンが発射されたが、日本海付近で落下した

か？

何しろ、約210光年離れたプレアデス星から地球まで数時間でやってくるテクノロジーを持ち合わせている銀河連盟の技術だ。

しかし、この北朝鮮の策謀も、**「韓国や日本への脅威を煽《あお》り、朝鮮半島での有事の際、武器兵器を購入させるための闇の政府が仕掛けるプロパガンダである」**が国際ジャーナリストたちの見解だ。

貧困に喘《あえ》ぎ、亡命者が後を絶たない北朝鮮で、何ゆえ、何発も中距離弾道ミサイルを撃てる資金があるのか。一説には、横田基地から物資を積んだ米軍機が北朝鮮に飛んでいるとの情報もある。

8月5日になって、今度は人工台風5号が発生した。これは小笠原近海から千葉沖、東北沖へハーモニーUFO艦隊に弾き飛ばされながら、北海道で温帯低気圧となった。続いてできた台風6号には、ハーモニー船の基地となっていた南極から大挙、UFO艦隊が出現、台風を撃退した。この台風6号は少し規模が大きかったらしい。

ハーモニー宇宙艦隊が6、7号をブロック、オホーツク海上に追いやった！

この画像は、Google earth に見事に映った。〝ぶら松〟も必死な抵抗を見せるが、8月12日にUFO艦隊は日本列島の太平洋側に〝雲の盾〟と名づけたバリア網を敷き、これより内部に侵入できない壁を作ってくれた模様だ。

台風6号はこの防護壁に弾き返され、みるみる弱体。これもまた、北海道方面で温帯低気圧となってオホーツク海に消えた。

「一夜明けて気象衛星ひまわりの画像を見てみると、人工台風6号は防護壁に行く手を阻まれて、東方向に弾かれています。同時に規模も小さくなっていますね。

かたや防護壁のほうは、見た目とても薄い雲にもかかわらず、これ実質はハーモニー宇宙艦隊そのものですから、昨夜から微動だにしていません。まるで弁慶の仁王立ちのような、超次元の鉄壁です。人工台風7号が辿ったルートも銚子の犬吠埼から真南に向かうプロテクショングリッドの境界線とも一致しています。それ以上内陸側に侵入することが出来なくなったのです」と横石は綴った。

ここでわかってきたことは、これまでウエーク島やグアム島付近で低気圧を作って、西側か

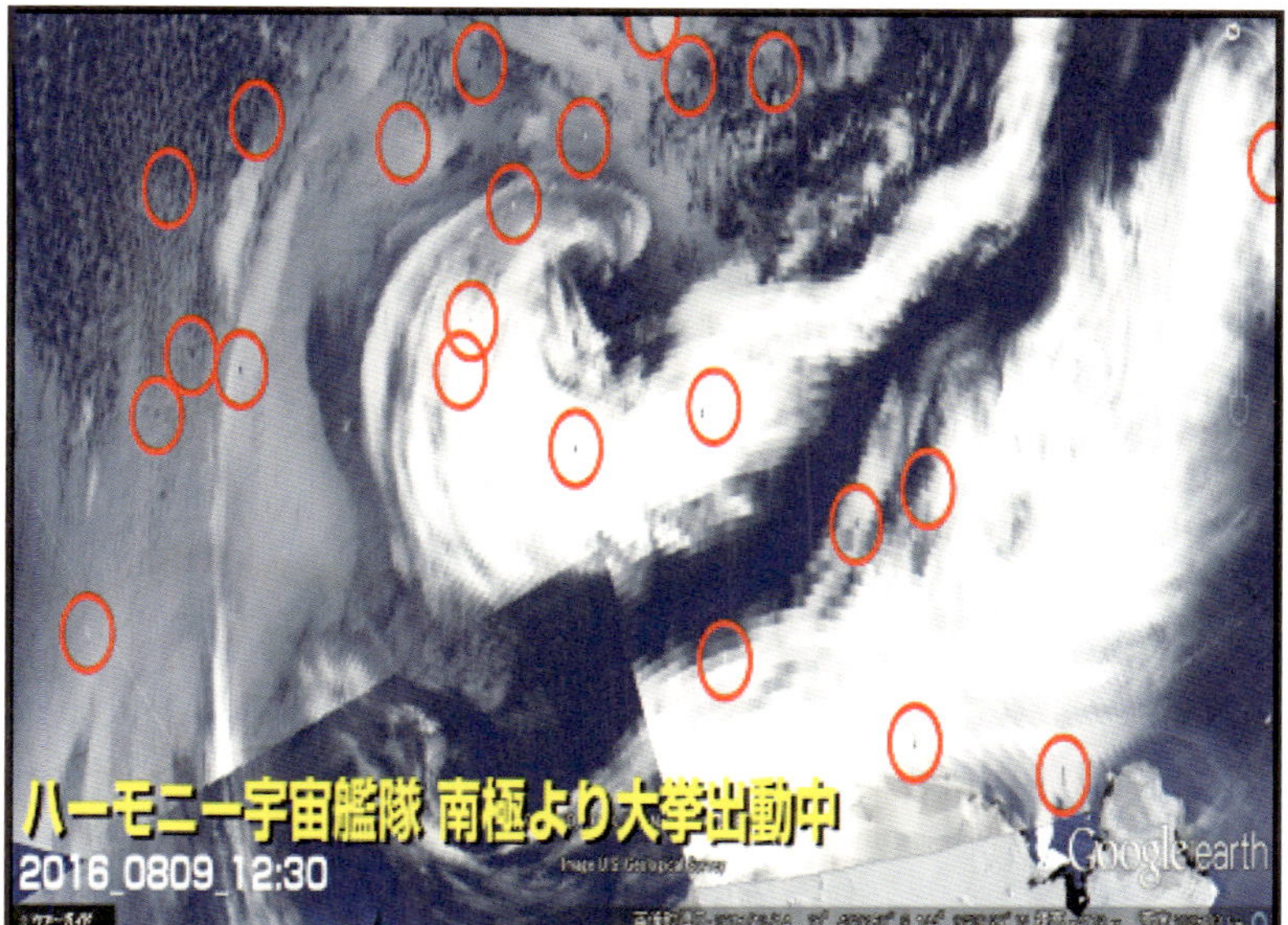

2016.8.9 南極のＶ字型バリアから大挙ハーモニー船が出動した

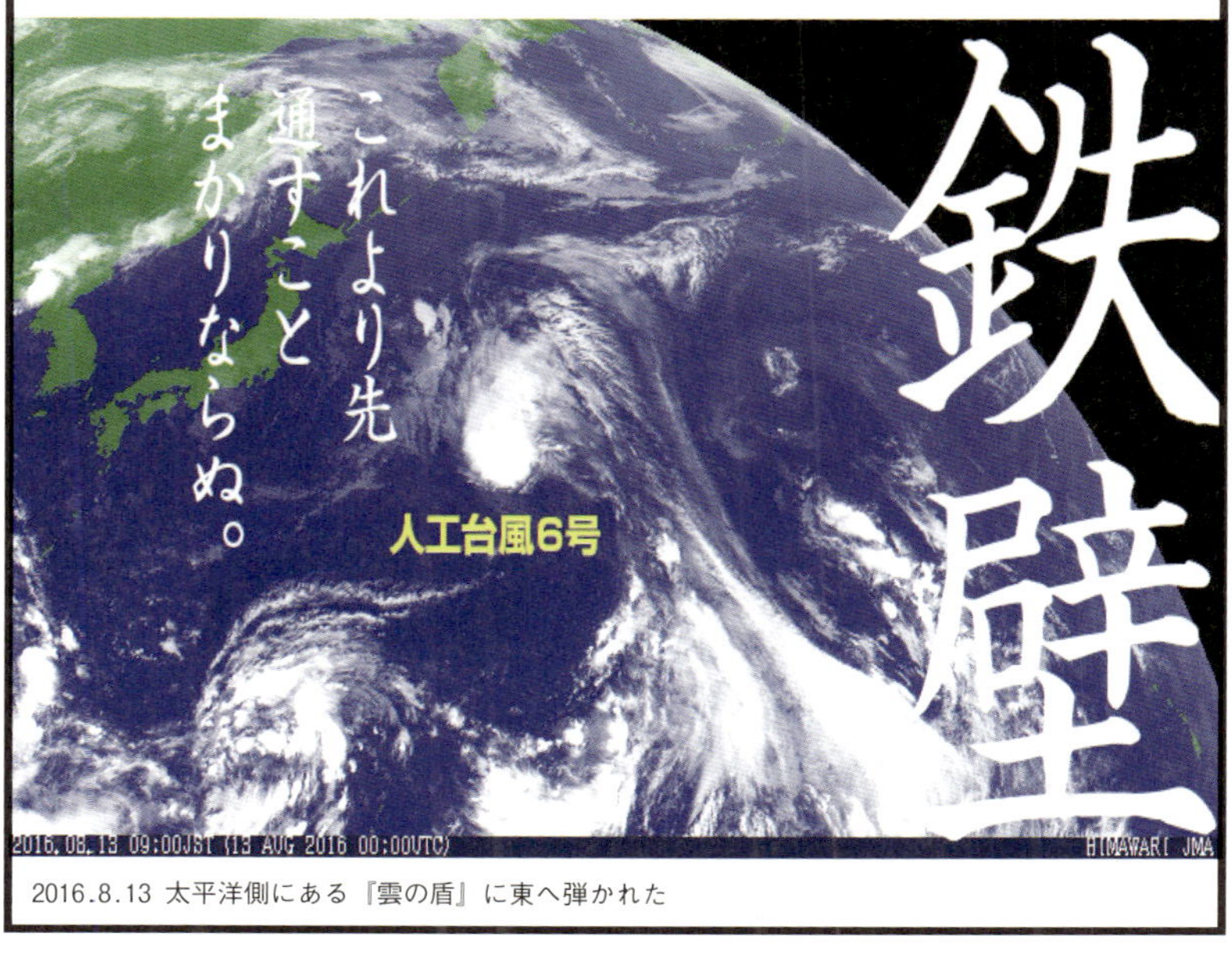

2016.8.13 太平洋側にある『雲の盾』に東へ弾かれた

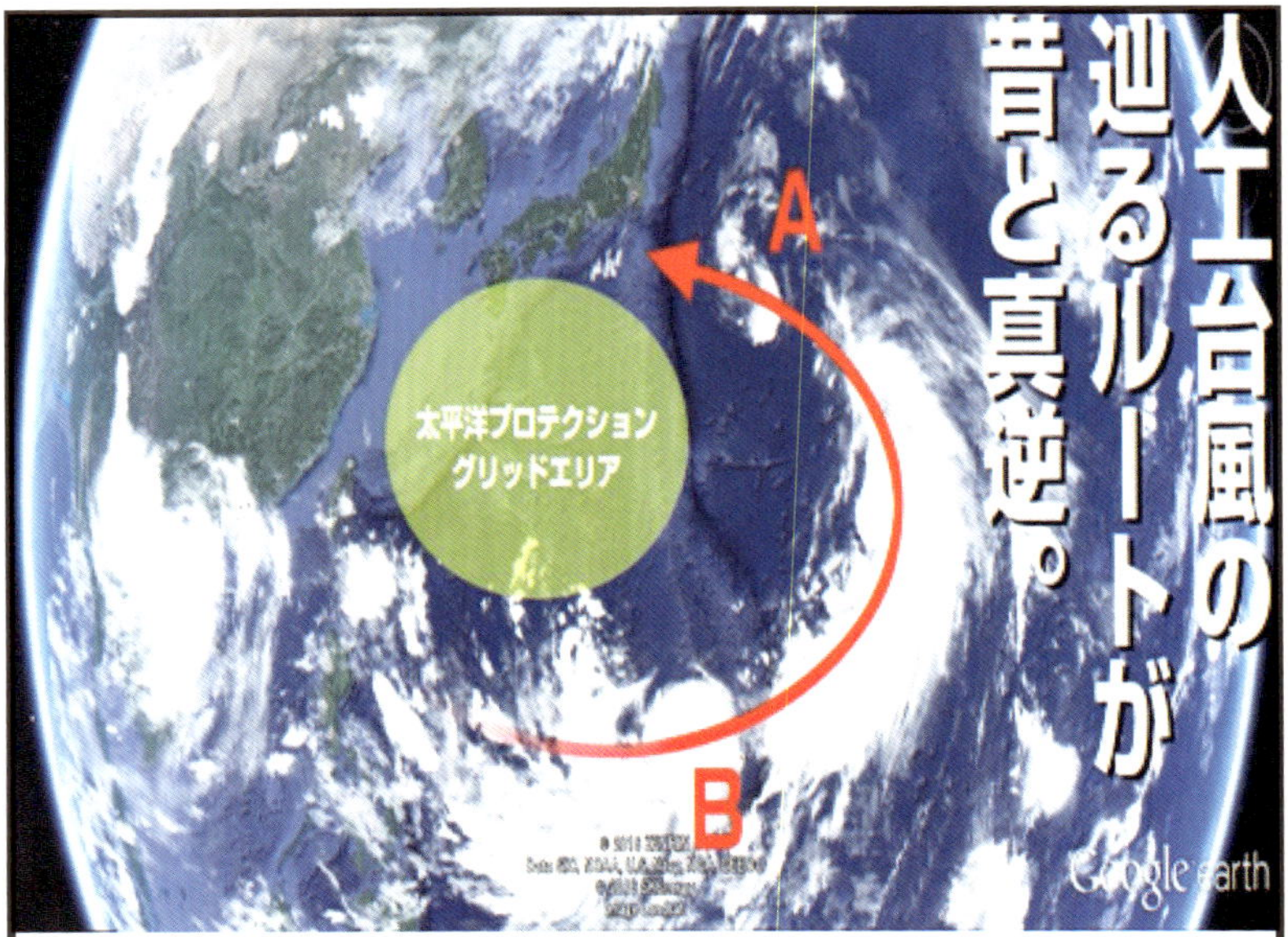

台風が発生する場所が明らかに小笠原沖付近に変わった

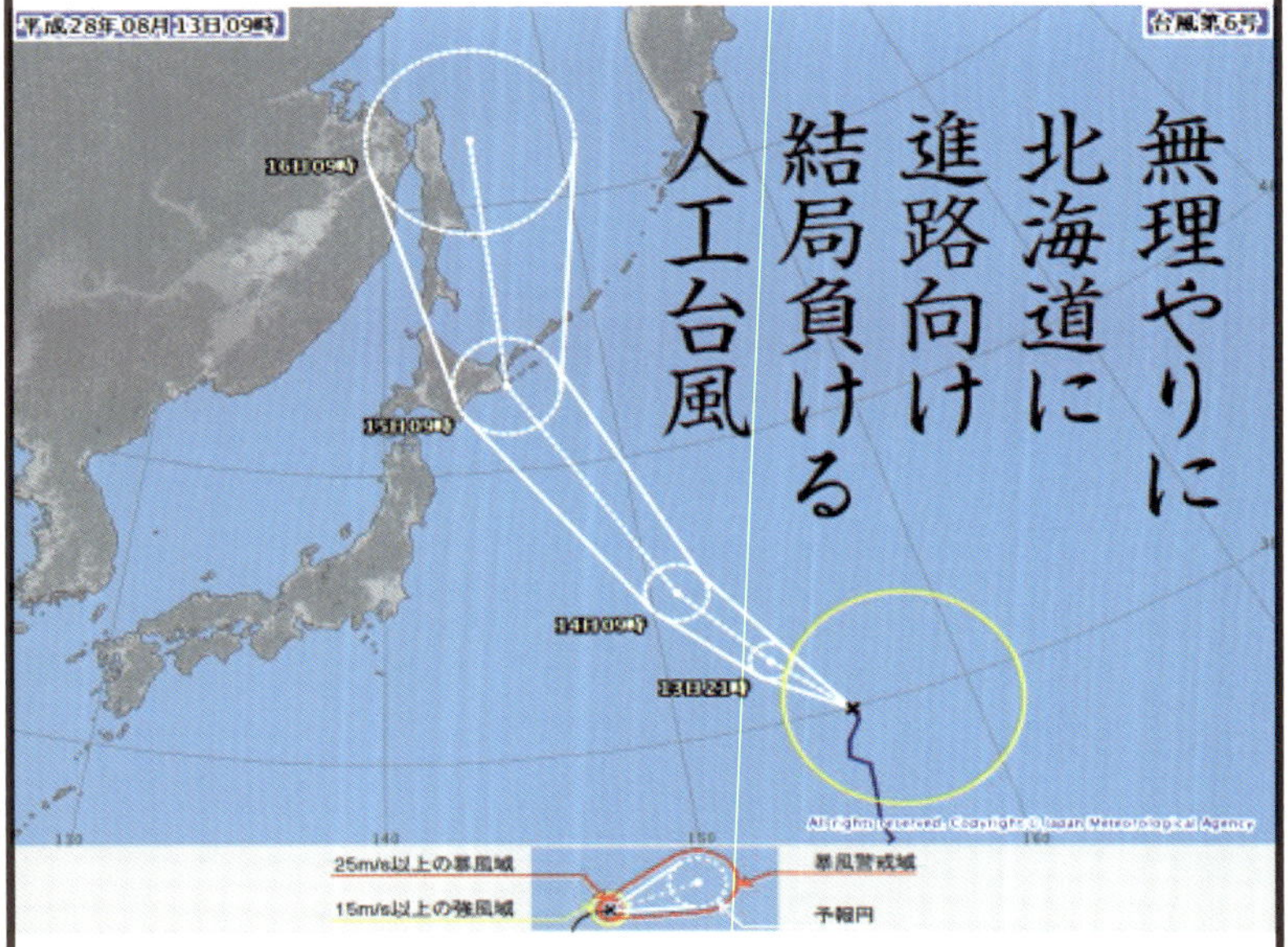

ハーモニー艦隊が設置したプロテクショングリッドで台風の進行が制御された

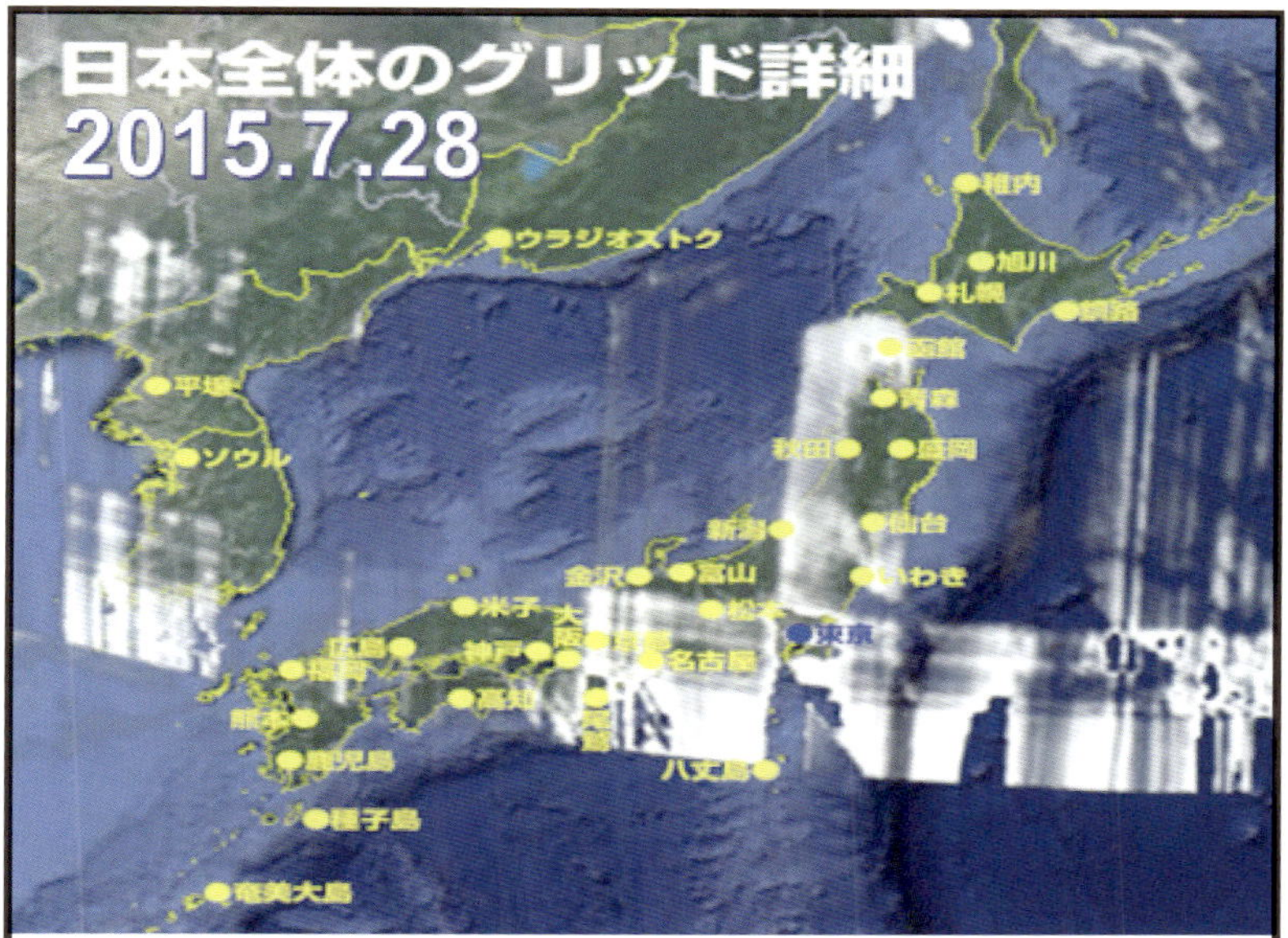

2015年７月28日、東京湾から小笠原近海に〝プロテクション・グリッド〟が張られた

ハーモニー艦隊が設置したプロテクショングリッドで台風の進行が制御された

ら石垣島や与那国島を通って九州に上陸、そこから偏西風に乗って進路を変え、関東地方を襲うパターンだったが、8月に入って作られる台風がまったく逆の地域、西方ではなく東方の海上で作られていることだ。

2015年7月28日早朝、小笠原近海に張られた〃プロテクション・グリッド〃は、同年9月10日鬼怒川堤防決壊という洪水を招いた台風3兄弟を弱体化し、被害の拡大が阻止されたことは前述した。

台風7号の進路を見ると、この結界の中に入り込み、さほど巨大化することはなく、日本近海を北上し、東北各地に〃恵みの雨〃をもたらす程度で終わった。

Ⅱ　奇想天外〝ぶら松〟の狂乱台風攻撃が始まった！

怒濤の台風9、10、11号で反撃作戦が開始された

人工台風6、7号が阻止された〝ぶら松〟はまだまだ諦めてはいなかったようだ。2016年の8月は、〝ぶら松〟とハーモニーUFO艦隊およびハーモニーズとの総力戦が繰り広げられるという、予想できない展開が起きた。

世はブラジル・リオ五輪の開催中、また、天皇陛下から〝生前退位〟という、前代未聞の意思表示が示唆されるなど、風雲、急を告げていた。

台風8号が南シナ海に去り、台風9号、台風10号、台風11号が東方海上で相次ぎ出現、まったくクレイジー極まりない、過去例のない気象操作が行われていた。

もちろん、気象兵器HAARPとXバンドレーダーなどによる気象改造システムの攻撃だ。

横石はまだ余裕シャクシャクだった。また、台風9号が性懲りなく、押し寄せてきた。

「まぁ、よく見りゃ可愛いことをしてくれるものです。これホントにネコパンチに見えません

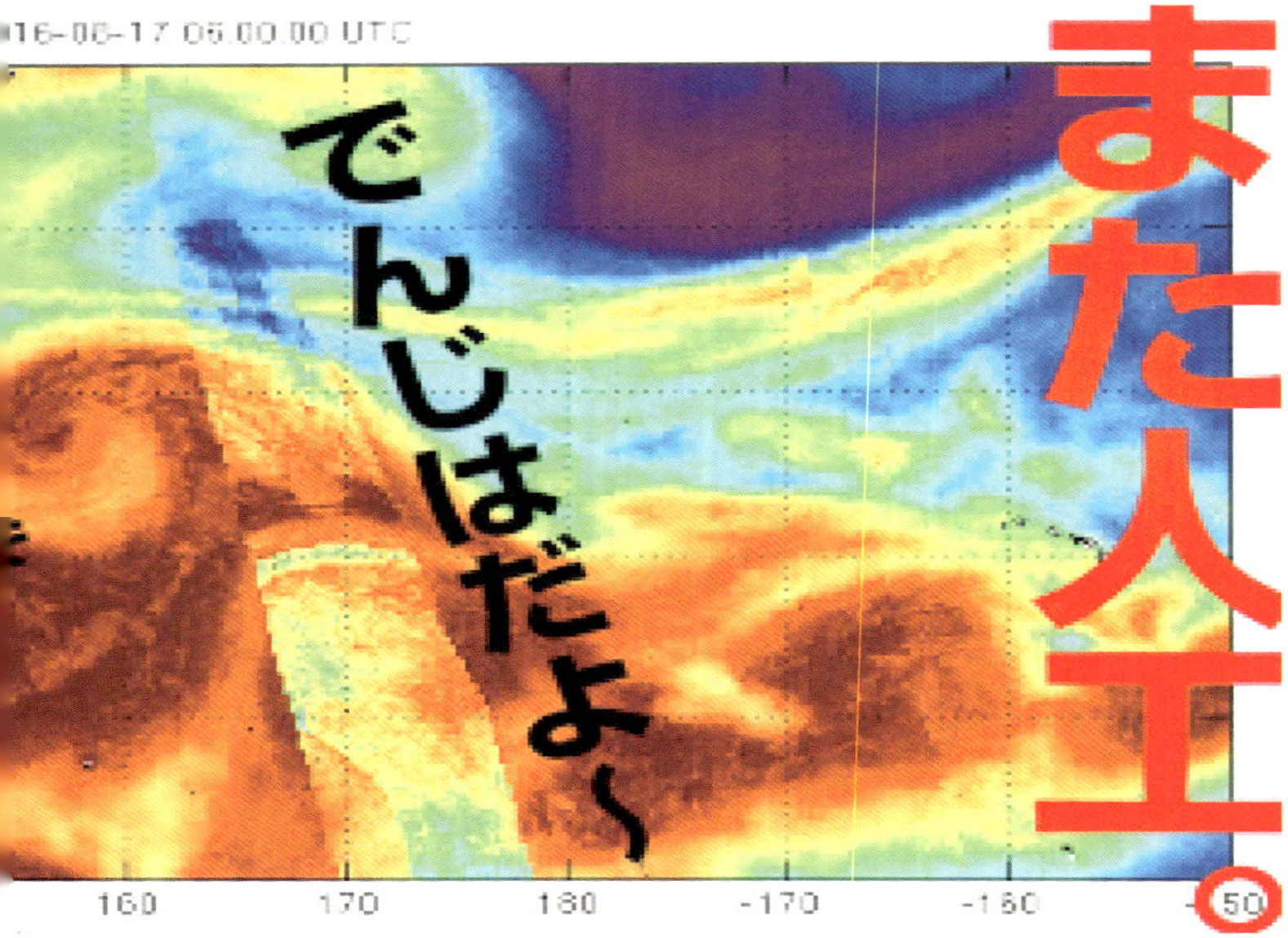

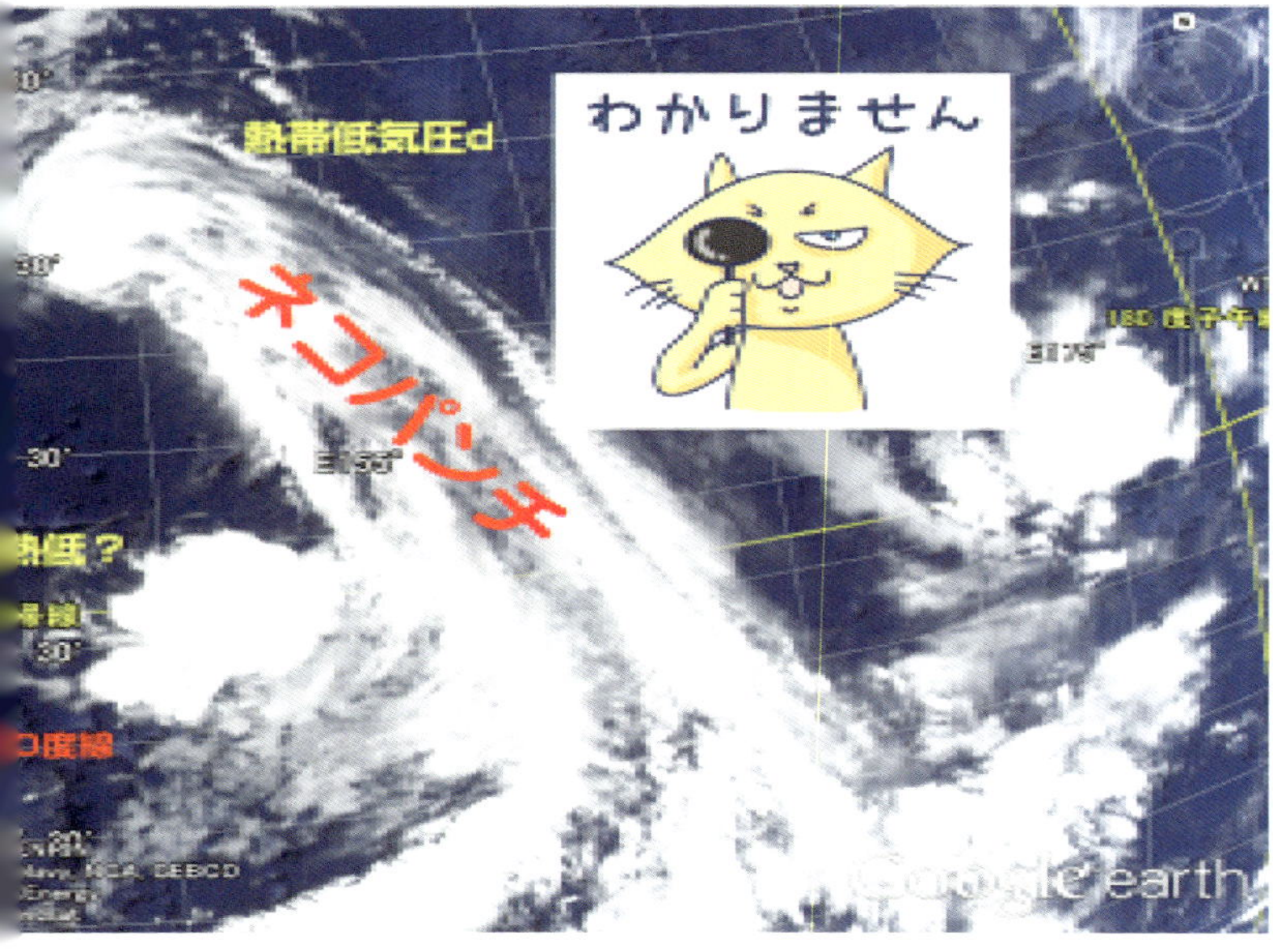

“ぶら松”は猫の手を借り、猫パンチをくりだし人工台風攻撃を繰り出してきた⁉

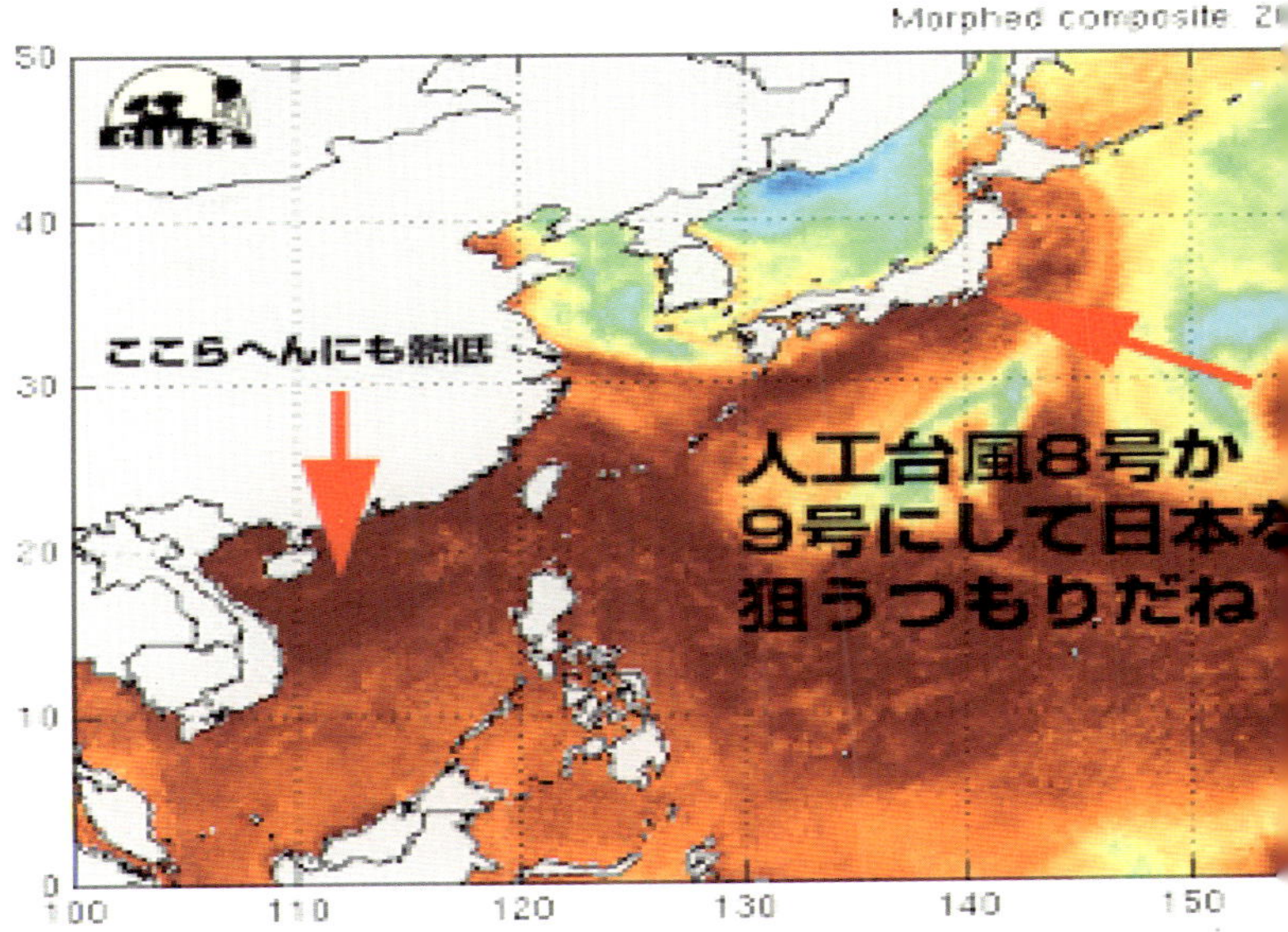
ここらへんにも熱低
人工台風8号か
9号にして日本
狙うつもりだね
50
40
30
20
10
0
100
110
120
130
140
150

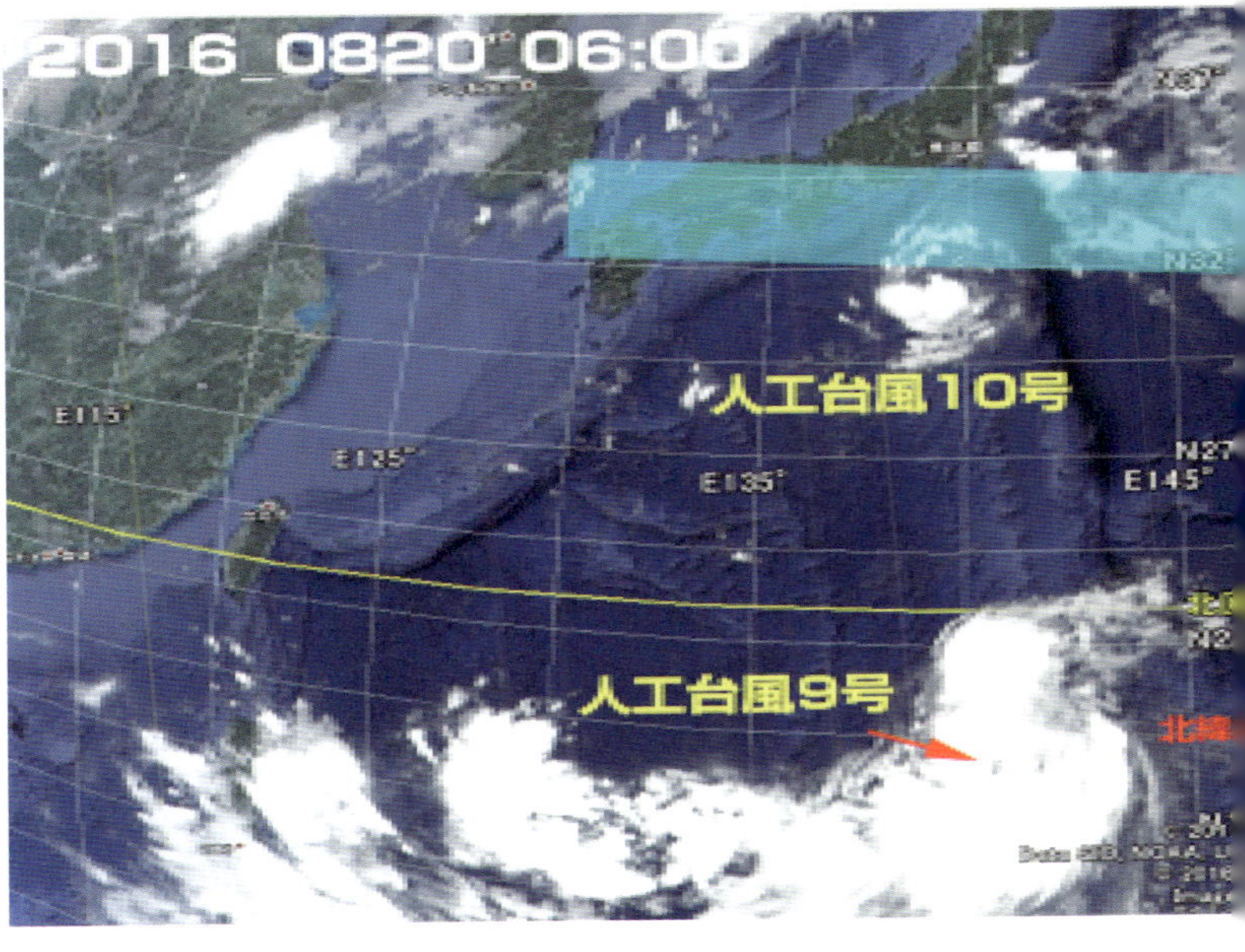
2016_0820_06:00
人工台風10号
E115°
E125°
E135°
E145°
N27
人工台風9号

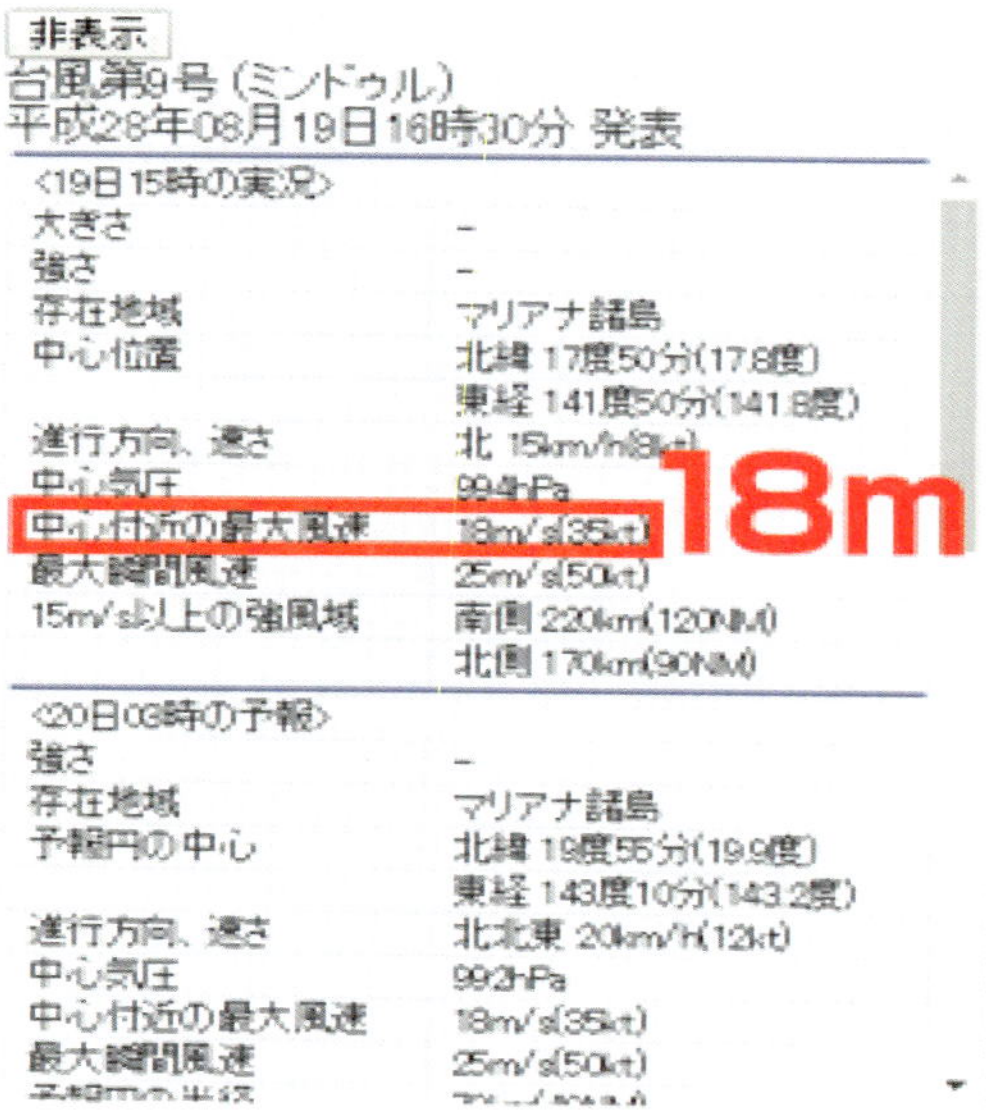

非表示

台風第9号（ミンドゥル）
平成28年08月19日16時30分 発表

<19日15時の実況>	
大きさ	－
強さ	－
存在地域	マリアナ諸島
中心位置	北緯 17度50分(17.8度) 東経 141度50分(141.8度)
進行方向、速さ	北 15km/h(8kt)
中心気圧	994hPa
中心付近の最大風速	18m/s(35kt)
最大瞬間風速	25m/s(50kt)
15m/s以上の強風域	南側 220km(120NM) 北側 170km(90NM)
<20日03時の予報>	
強さ	－
存在地域	マリアナ諸島
予報円の中心	北緯 19度55分(19.9度) 東経 143度10分(143.2度)
進行方向、速さ	北北東 20km/h(12kt)
中心気圧	992hPa
中心付近の最大風速	18m/s(35kt)
最大瞬間風速	25m/s(50kt)

予想に反し、人工台風９号は千葉に上陸、被害をもたらした

か？　日本列島にネコパンチ（笑）。〝えっ、わかりません？〟もう一度よく見てみましょう。コレ、まず人工台風9号ですが、北緯20度線のあたりをうろちょろしておりますね。22度線あたりがプロテクション・グリッドの南端ですので、もうしばらくウダウダするでしょう。

人工台風10号は、とても台風とは呼べぬ弱小熱低です。アゲ底されてるので、一応台風さんにはなってますが〜薄いブルーのプロテクション・グリッドの境界線付近を横にスライドしてますね。

〝おい、去年までのスーパー台風は一体どうした！〟

〝ジョージ・ソロス先生、もう作れまへん……〟

〝馬鹿、最後まであきらめるな！　リオ五輪の伊調を見習え！　終了3秒前で逆転しただ〟

〝そやかて……このプロテクション・グリッドはんが、毎日毎日、うちらの邪魔ばっかり……〟

台風のあたま数合わせ＋下手な鉄砲も数打ちゃ当たるの破れかぶれ戦法！　いったいどこまで続きますか、しばらく高みの見物をさせていただきましょう」

台風に猫パンチ！　〝ぶら松〟は今や人手どころか、猫の手も借りたかったらしい。

「昨日人工台風3つ＋熱低1＝合計4個の台風が、マイムマイムを踊るようにハーモニー宇宙船さんにスイッチを入れてもらって、今朝最新の衛星画像を見たところ、よっしゃ！　な感じになっていますね。

まず関東の東海上にあった台風11号は、北上するという予報を完全に無視して、上下ふたつに分解されて崩壊しています（衛星画像のアニメーションで見ると明らかです）。

次に台風12号になると思っていた熱帯低気圧は、台風に昇格させてもらえないまま、きれいに消えてなくなっています。完全消滅ですね。

台風10号は、プロテクション・グリッドに阻まれて、東から西へと掟破りのスライド移動をするうちに、まるで餅を引き延ばすように、ビヨヨ〜ンと横長低気圧になってしまいました。

これが日本列島を守る万里の長城になり（ハーモニーさん頭良すぎ）、北上してくる台風9号を通せんぼしています。この台風は現在も分解中ですが、熱帯低気圧を含む4個のうちの3個が分解消滅させられましたので、あとは台風9号にじっくり取り組めばＯＫ！　です。まあ今回の気違い沙汰の人工台風同時発生、まるで虫が寄ってくるような感じでしたが、すべてプロテクショングリッドという超次元ツールで破壊されていきました。

これで気象庁さん以下〝ぶら松〟の皆さんも、ハーモニー宇宙艦隊には歯が立たないことを、改めて思い知らされたことでしょう」

9号は関東に上陸、10号は迷走台風に変貌した

しかし、この台風9号は案外手強かった。その2日前に千葉県はるか沖で発生した台風11号は2016年8月21日岩手県沖、22日午後3時には北海道根室からオホーツク海に去った。NHKがこの11号の進路を発表したが、どうも横石が調べたGoogle earth上の台風は、岩手県はるか沖から北海道根室沖に抜けており、NHKの報道では岩手県三陸沖を直撃したことになっている。実は、筆者も陸前高田に住む実姉に連絡したが、前夜から朝にかけて快晴とのことだった。何ゆえ、このような食い違いが生じるのか。

もしかすると気象庁内で仲間割れが起こり、〝岩手はもう被害に十分あったのだから、もうやめてくれ!〟と〝ぶら松〟に偽情報を提示したのではないだろうか?

この後、9号、10号が予断の許さない事態となった。

「千葉市はしとしと雨です。人工台風9号〝ミンドゥル〟は、太平洋上で徐々に勢力を盛り返して、真っ直ぐ首都圏に向かって来ました。

本日午前3時ごろにはかなり大きくなり、縮小する様子が見えないため、さすがにプロテクションググリッド大丈夫か!? などとあらぬ心配も……。

しかし、4時半にはこんなに大きかったのが、台風の中心が三宅島（太陽のカード＋スターシップカード設置済）に触れたとたん、7号の時と同じように、崩壊プロセスが始まりました。ちょうど何かにぶつかって粉々に砕ける感じですね。太平洋側ではある程度の大雨は避けられませんが、今後の動きに注視いたしましょう」

しかし、横石の予想に反し、この9号は8月22日に千葉県館山に上陸し東北沖を北上、8月23日には北海道日高に再上陸し、またもや足早にオホーツク海に抜けた。関東では埼玉県戸田市、東京都青梅市、埼玉県入間郡、東京都西部に大規模な冠水を引き起こした。北海道の農家では、収穫前のメロンやジャガイモが被害を受け、水田も冠水、コメなどが深刻な被害を受けた。

ここで問題の台風10号が8月18日伊豆諸島の東で発生した。台風9号はシャットアウトできたと思った横石だったが、ハーモニーズに完全守護オペレーションを呼びかけなかった。

「先ほど仕事終わって戻ってきました。朝8時ごろの時点で、台風全体にかなり分解の様子が見えたので、これでなんとか大丈夫と思ったのがいけなかったようです。9時に家を出て船橋での打合せへ向かう途中、クルマの運転に支障をきたすほどの土砂降りとなり、ヤバいなと思っていましたが、その後館山付近に上陸して千葉県を縦断したようです。

2015年7月末のプロテクション・グリッドを見ると、東京湾から伊豆諸島付近にかけて逆V字型の空白があり、人工台風9号はここを通ったと考えられ、スリットを抜けるときにかなり縮小されていることは確認出来ます。

https://plus.google.com/110783017519913600743/posts/i3UL9Zo2ofm

その意味では、このグリッドの意味するところは正しかったのですが、きちんと完全守護の公開オペレーションをしなかったのがいけませんでした。

ごめんなさい。〝上陸はあり得ない〟とハーモニー宇宙艦隊に任せっ放しだったのが敗因であると大いに反省しています。

まだ**人工台風10号が太平洋上にあり、奄美大島の手前でUターンするように電磁波を当てられ、異常な動きをしています。東から西への逆走、そしてUターンなど従来では考えられない**ことを平気でやっています。

さらにその進行方向にも、今日強い電磁波が放射されていますので、いったん分解された人工台風の再復活を狙い、かつグリッドの破壊を目論んでいると考えられます。

しっかり完全無力化・日本全国完全守護オペレーションいたしますので、よろしくお願いいたします」

それにしても台風10号は実に不可解な動きを見せた。8月18日に伊豆諸島の東、北緯30度で発生した台風10号は西方に向かうという異常な経路をとった。

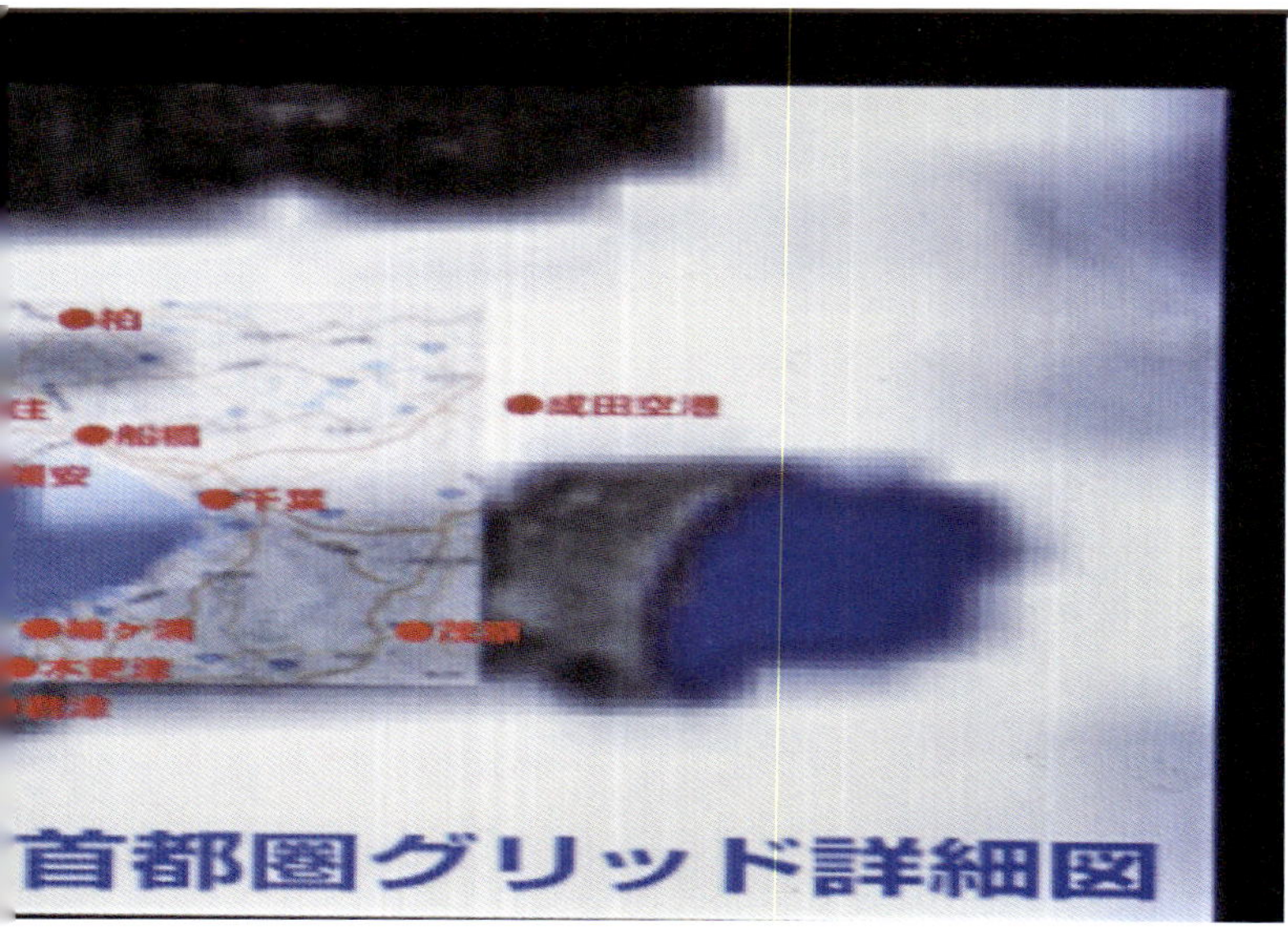
柏
成田空港
船橋
千葉
茂原
木更津
首都圏グリッド詳細図

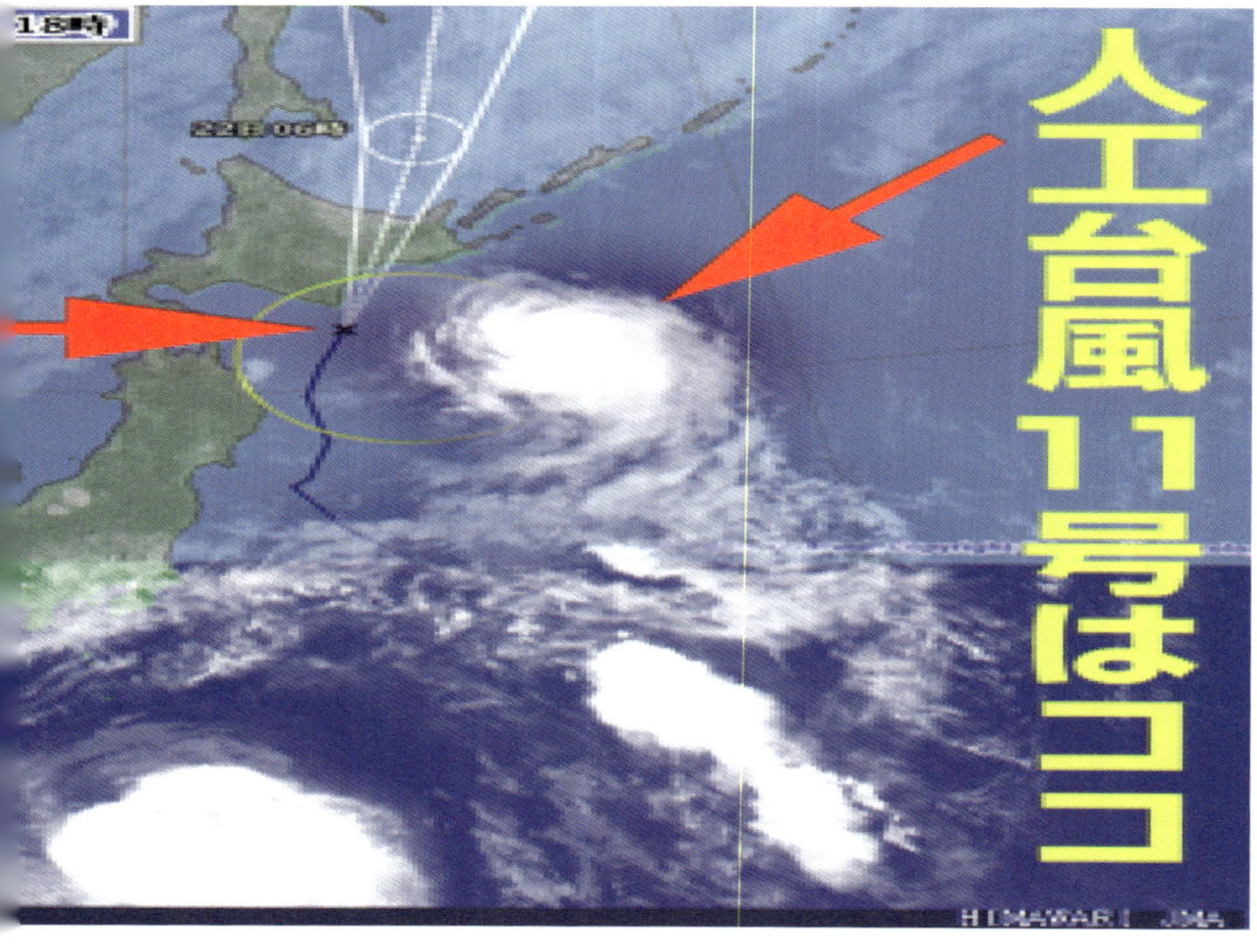
18時
22日06時
人工台風11号はココ
HIMAWARI JMA

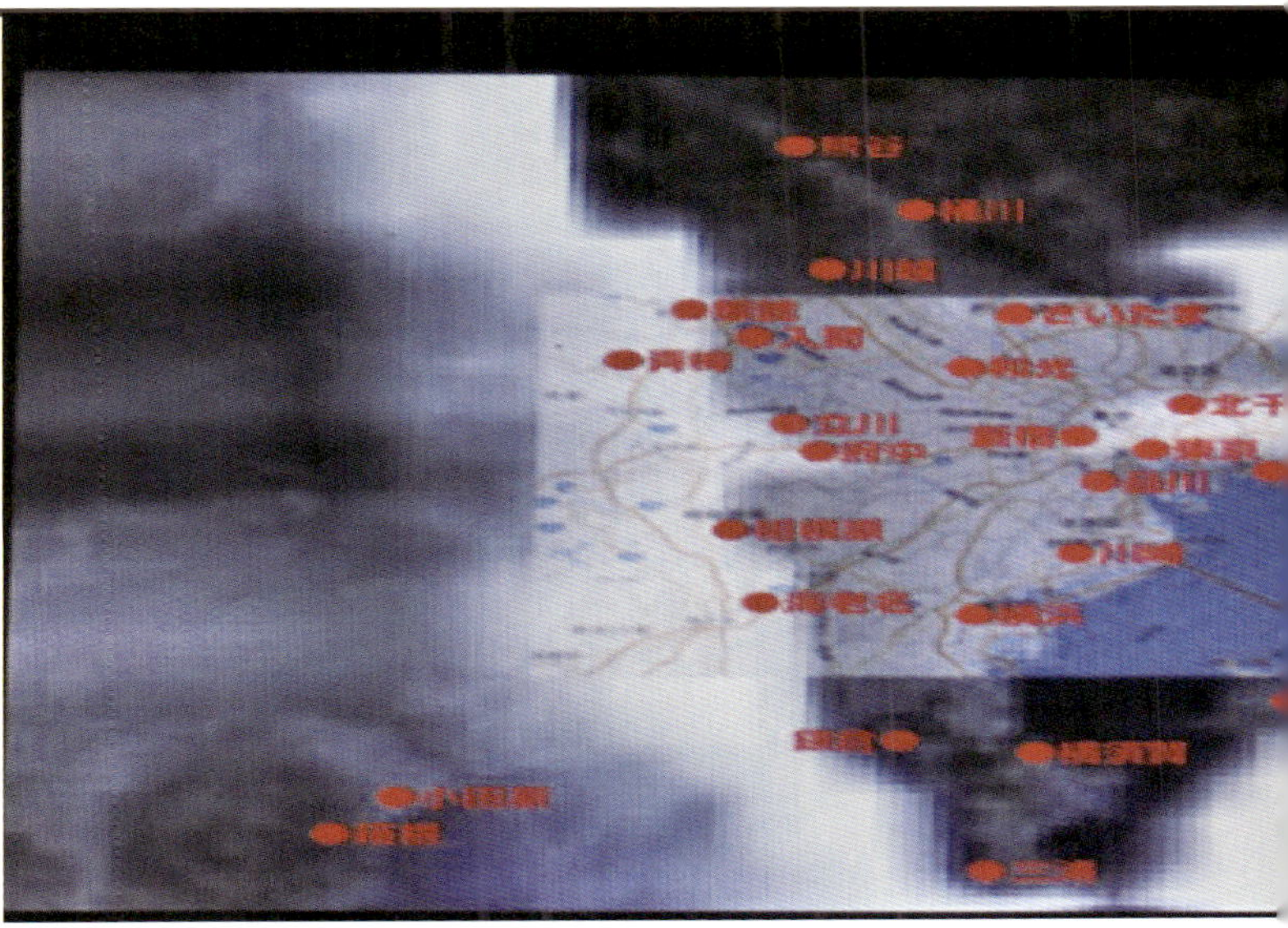

関東上空に設置された〝プロテクション・グリッド〟が人工台風の上陸を阻止しているのだが……

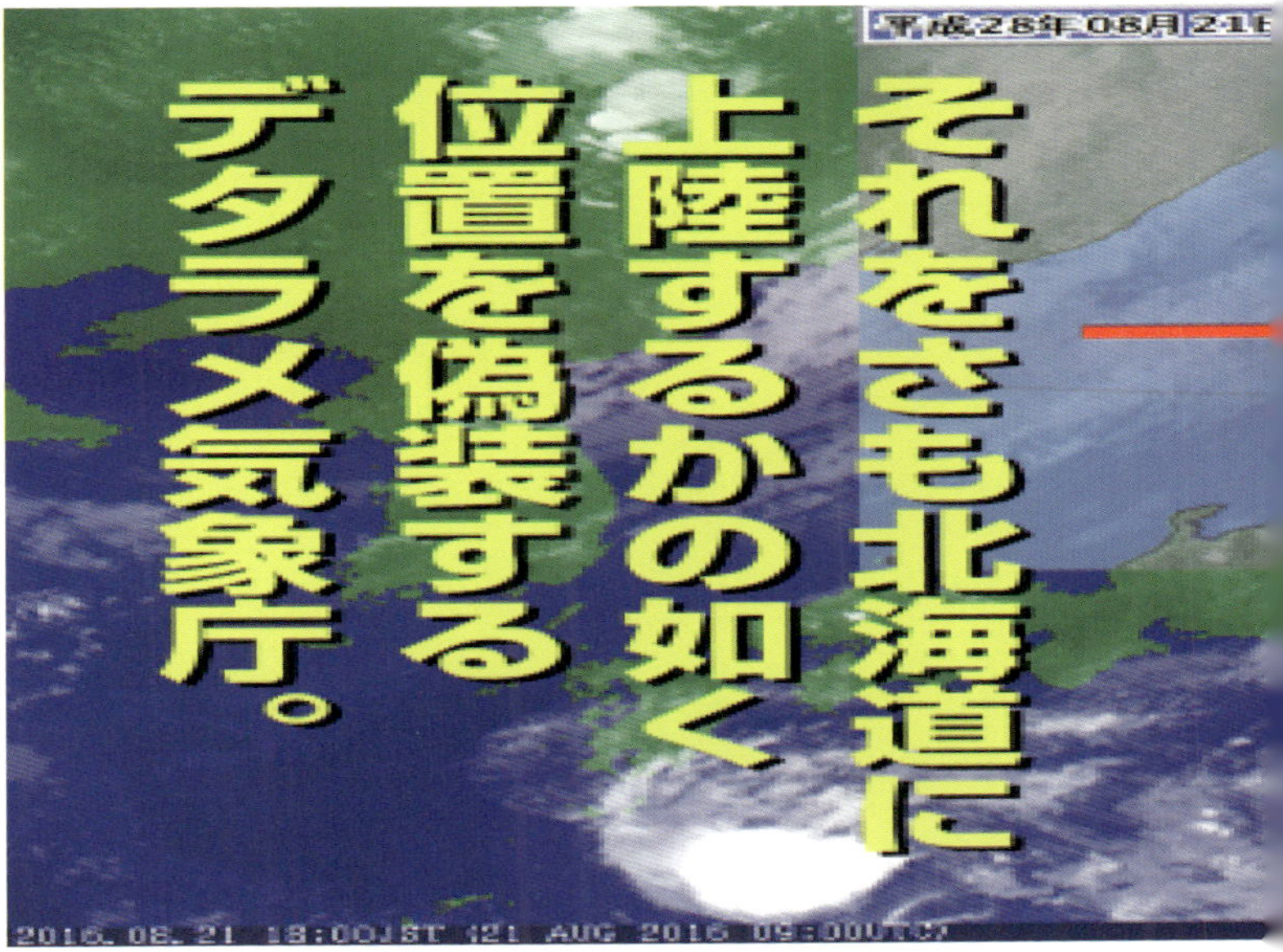

衛星ひまわりが捉えた台風11号と気象庁が報道する台風の位置がずれているのは何ゆえか？

その後、北緯25度の大東島まで進み、突然ここから壁にでもぶちあったようにUターンするという異常さだ。

専門家によれば、「台風は北東に進んで接近するのが普通の経路で、台風10号の進路はかなり珍しい」という。実際、沖縄地方に接近する台風の多くはフィリピンの東海上で発生し、太平洋高気圧のへりに沿って北上するのが普通だ。

しかし、今回の台風10号はまさしく迷走台風だ。この台風は曲者だ。

京都の米軍Xバンドレーダーから電磁波が出ている！

いよいよ台風10号はおかしな動きを見せた！　この台風はおかしいと気づいた人も多かったのではないか。

「迷走台風のように見える10号ですが、ＭＩＭＩＣを見てみると電磁波を今も当てられていることがハッキリとわかります。方角から見て、京都の丹後半島にある米軍のＨＡＡＲＰ＝Ｘバンドレーダーからの電磁波だと思われます。こんなわけのわからない台風でも、なんとか使おうとする彼らの焦りが見て取れますね。でも米軍から説明責任を押し付けられるのは、金魚のなんとやらの気象庁なのです。

今後の方向性としては、9号で首都圏上陸が出来たので、沖縄を狙うほかに最強化して9号と同じルートを辿らせようと考えるかもしれません。丹後半島および全国のXバンドレーダー！　電磁波による台風のコントロールスイッチを切れ！！！」

横石は気象庁、および京丹後市に設置された「Xバンドレーダー」に抗議した。この京都に設置されたXバンドレーダーは、北海道に次ぐ2番目のものらしい。

京都が受け入れた米軍基地Xバンドレーダーについては、朝日新聞や新聞各紙にもその経緯が載った。

これらの記事によれば、山田啓二京都府知事と中山泰京丹後市長（当時）が、小野寺五典防衛大臣（当時）に『米軍のTPY－2レーダー追加配備について』という要望書を手渡したらしい。

防衛大臣が責任を持って対処するとの答えを得た知事は、これを「安全確保など政府の責任で対応する約束をもらった」と評価し、受け入れ方針を表明した（朝日新聞2013年9月11日）。

めぼしい補助事業もない同地区に、この米軍Xバンドレーダーが、抵抗運動らしい抵抗もなく難なく配備された。米軍＝防衛省＝米日軍事産業にとっては、赤子の手をひねるより簡単だったようだ。

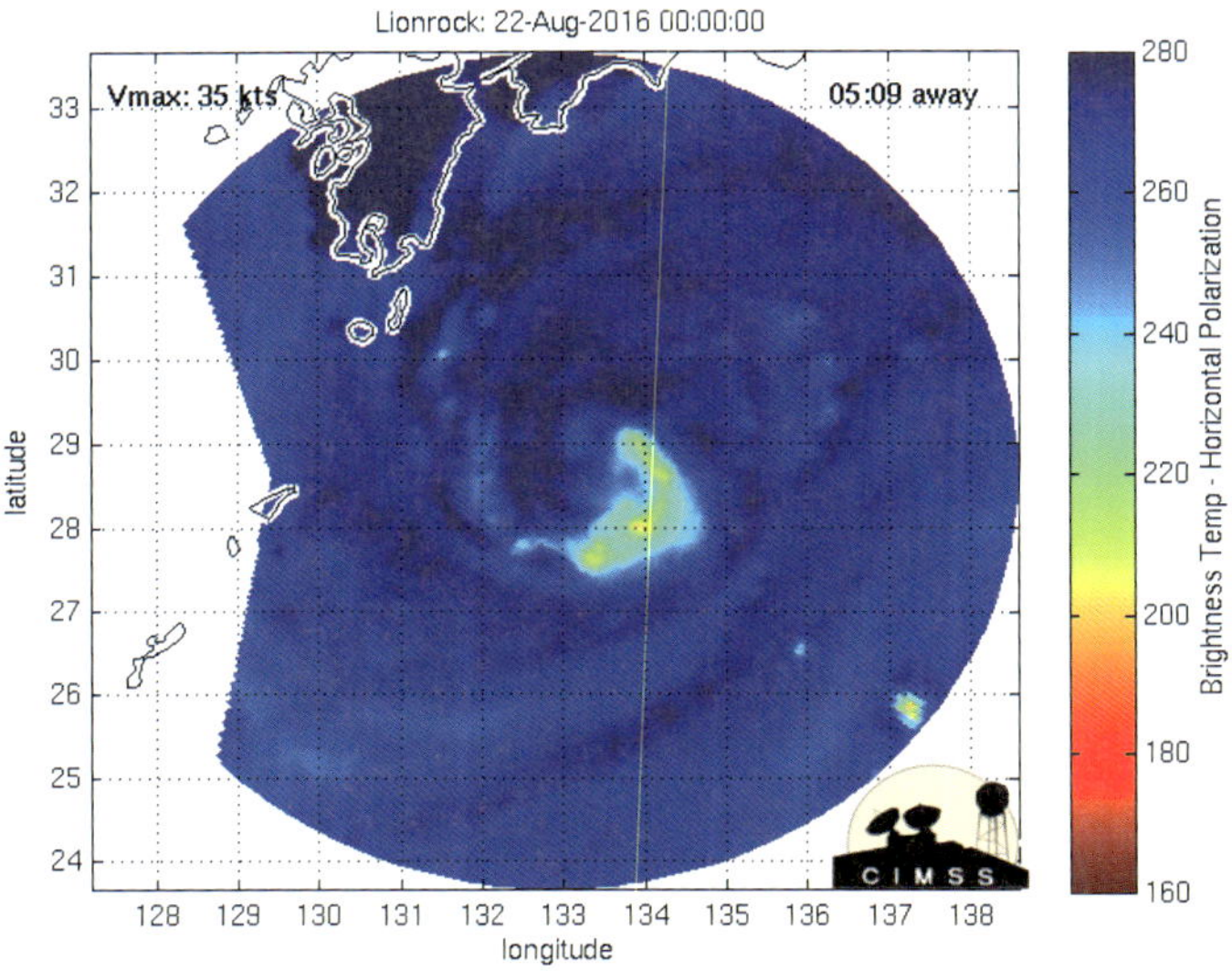

2016.8.22 台風10号『ライオン LOCK』は京丹後の「Xバンドレーダー」がコントロールしている可能性が高い

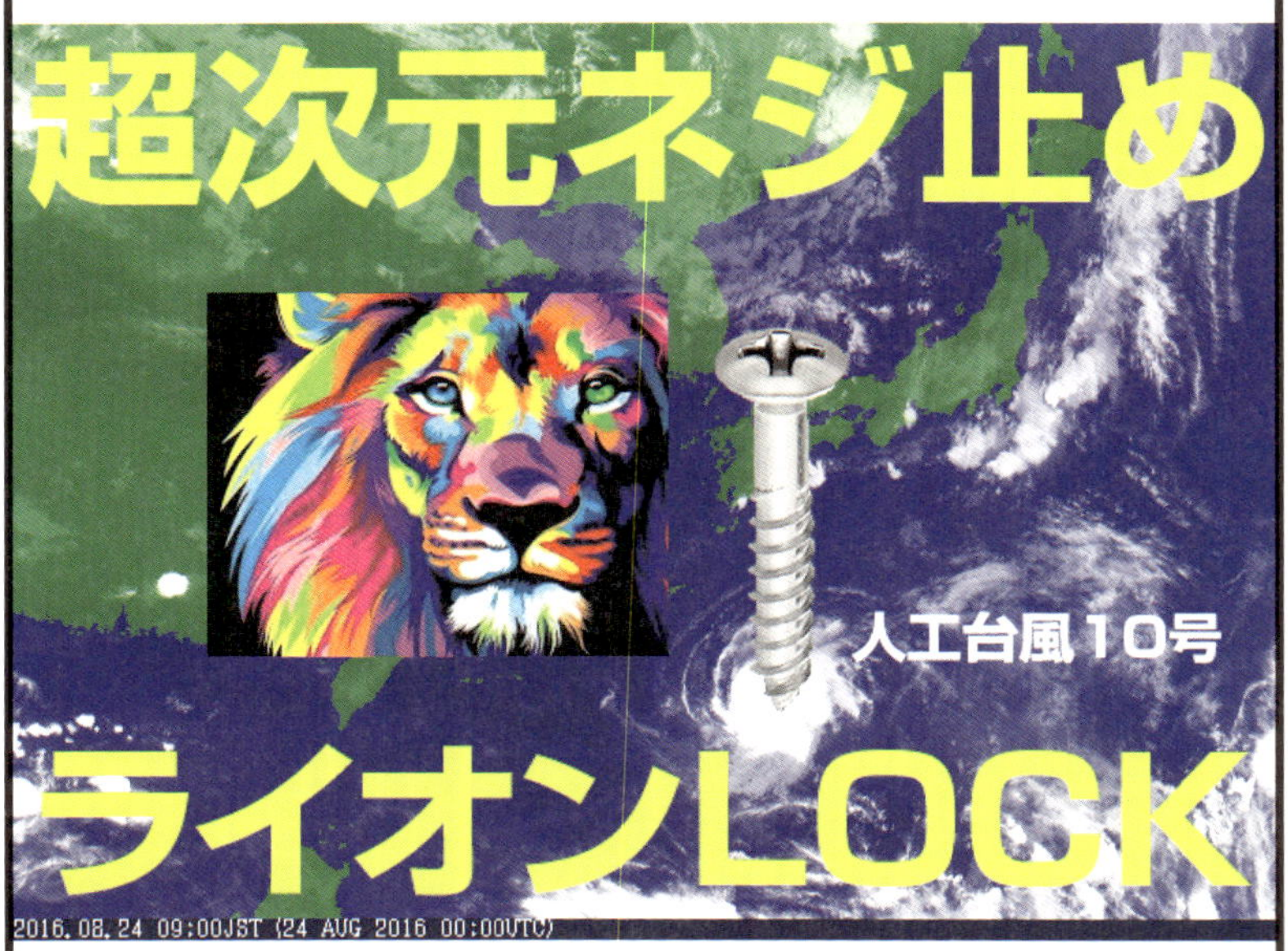

人工台風10号に『ライオン LOCK』オペレーションを敢行した

有識者によれば、**「これは京丹後市が『Xバンドレーダー体制』に置かれることを意味し、これについての規制はあり得るはずはなく、沖縄米軍基地のように米軍に好きなように操られることを意味する」**という。こうして京丹後のXバンドレーダーは、米軍に好き勝手に使われるようになったわけだ。

「10号があれからもずっと地上HAARP（今は多分岩国基地方向）からコントロールされ続けています。昨晩遅く、いつものようにハーモニー宇宙船が突っ込んでいく姿がMIMICに表示されていました。ですので、〝ぶら松〟の思い通りにはなりません。

Windytyでは非常に強くしたあと、再び関西方面に差し向けるという予告になっています。本来、このような異常な動きを自然台風がするわけがなく、人工台風まだ半信半疑の方は、この際確信を得ていただきたいと思います。

そこで10号の完全無力化オペレーションいきます。現在南西方向に下り、停滞している間に、台風10号の名前イタダキで、『ライオンLOCK』（本当の台風名はLionrock）の超次元釘打ちをして動けなくします。停滞している間に勢力減少＝完全無力化というわけですね。量子加工ツールをお持ちの皆さんは、ツールを使ってイメージング強化よろしくお願いします！」

「ライオンLOCKオペレーション」が破られた!!

しかし、横石が全国のハーモニーズに「ライオンLOCKオペレーション」を呼び掛けたが、これは奏功しなかった。予想に反し、台風10号は小笠原海域まで蛇行したあげく、今度は首都圏直撃に舵を切ったのだ。テレビでは台風10号が太平洋側と日本海側に張り出した高気圧に挟まれ、このようなコースを辿っているともっともらしく解説した。

「さすがに私の怒りも爆発するというものです。連中は、こんな明々白々な人工台風の操作をしても、日本国民が黙っているので（気付いてないとタカをくくっている）、やりたい放題やっているのです。日本人はもっと正義の怒りを一言でもいいから表現しないといかんのです。みんな黙ってる。それはね、死んでるのと同じなの。

たとえば、私の記事をシェアしていただくのは大変ありがたいことです。でもそれは、自分で1行でも書くのに比べたら、パワーは十分の1ぐらいしかないですよ。

この〝いい加減にしろ〟というのは、個人が言うから最大の量子的パワーを発揮するのです。言霊というのは量子そのものですからね。だからシェアしていただく時には、強烈な自前コメントを一発かましてください。

〝この蛸！！！〟……アレ、これはフーテンの虎さんか。タコが蛸！と言ったら、共食いですばい。

博多弁なら、〝きさん（貴様）なんばしよっとか！〟方言には土着のパワーがあります。皆さんの地方の方言で結構です、どんどん書いてやってください。

人工台風を操っている連中は、こんな風にして隙あらばどんどん攻め込んで来る。攻撃は最大の防御なり、と言いますが、人工台風がこんなふざけた進路を取る前に、先手を打てばいいのです。先手必勝！！！」

テレビ局のもっともらしい解説にさすがの横石も激怒した。

おそらく、**この2つの高気圧も前述した米国の「気象改造システム」で気象操作し、首都圏直撃を狙った可能性が高い。テレビ局が予想した直角ターンなんてあり得ない**ことだからだ。

2016年8月28日になり、いよいよ首都圏直撃が予想された。

筆者もWorldviewでハーモニー艦隊の痕跡を探したが、見出せない。果たして、UFO艦隊は日本を見放してしまっただろうか？

ところが、筆者の想いが通じたのか、29日なってこの迷走台風10号にUFO艦隊が13機突入しているのがWorldviewで確認できた。果たして、この台風10号は進路をどこにとるのか、危惧された。ネット上でもこの台風の進路をめぐって、「関東回避」「台風10号、あっちへ行

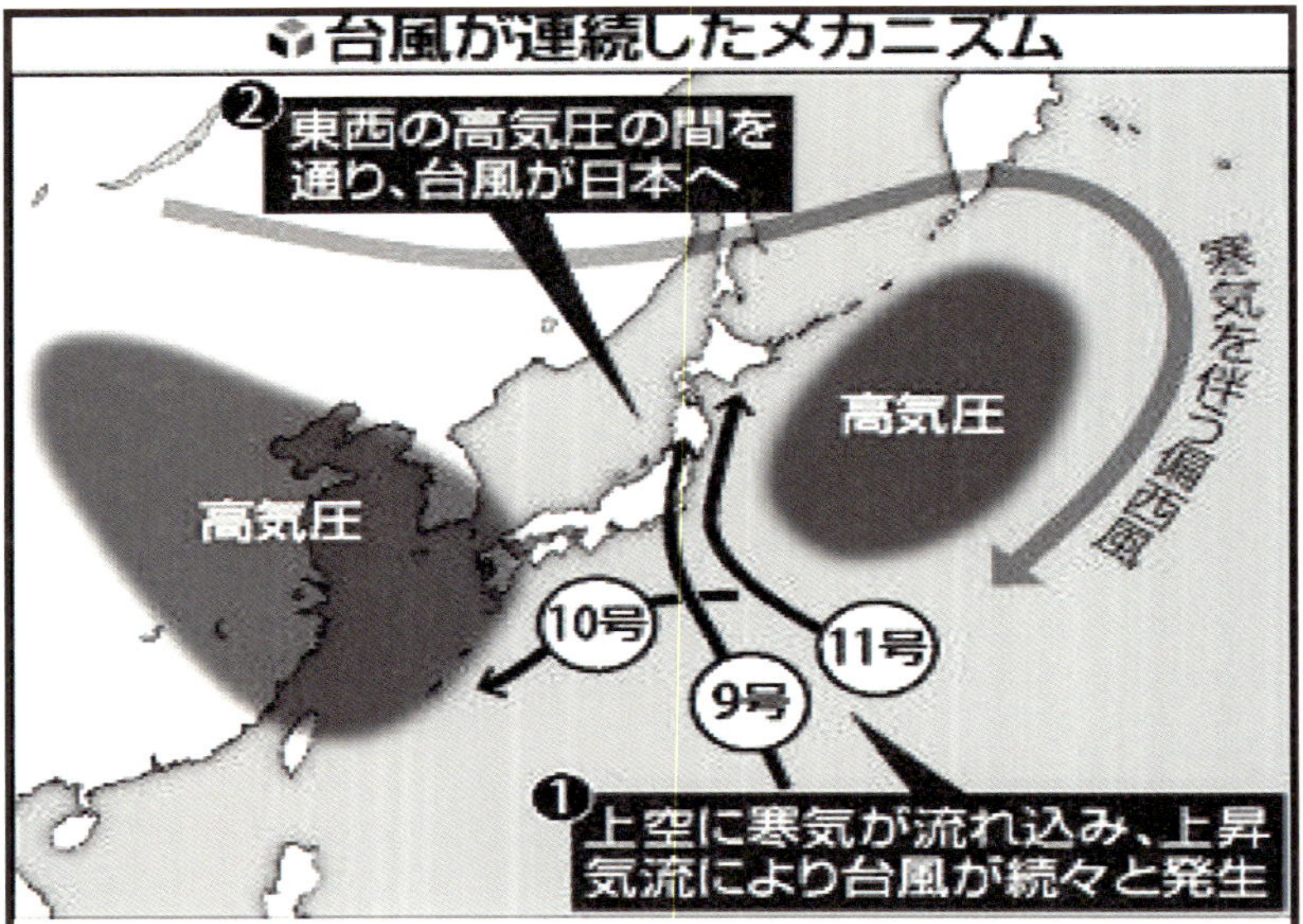

民放では高気圧に挟まれ、台風は次々北上したと伝えた
http://www.yomiuri.co.jp/science/20160822-OYT1T50154.html

Uターンしたのも異常なら、小笠原付近で直角ターンする予想もオカシイ！

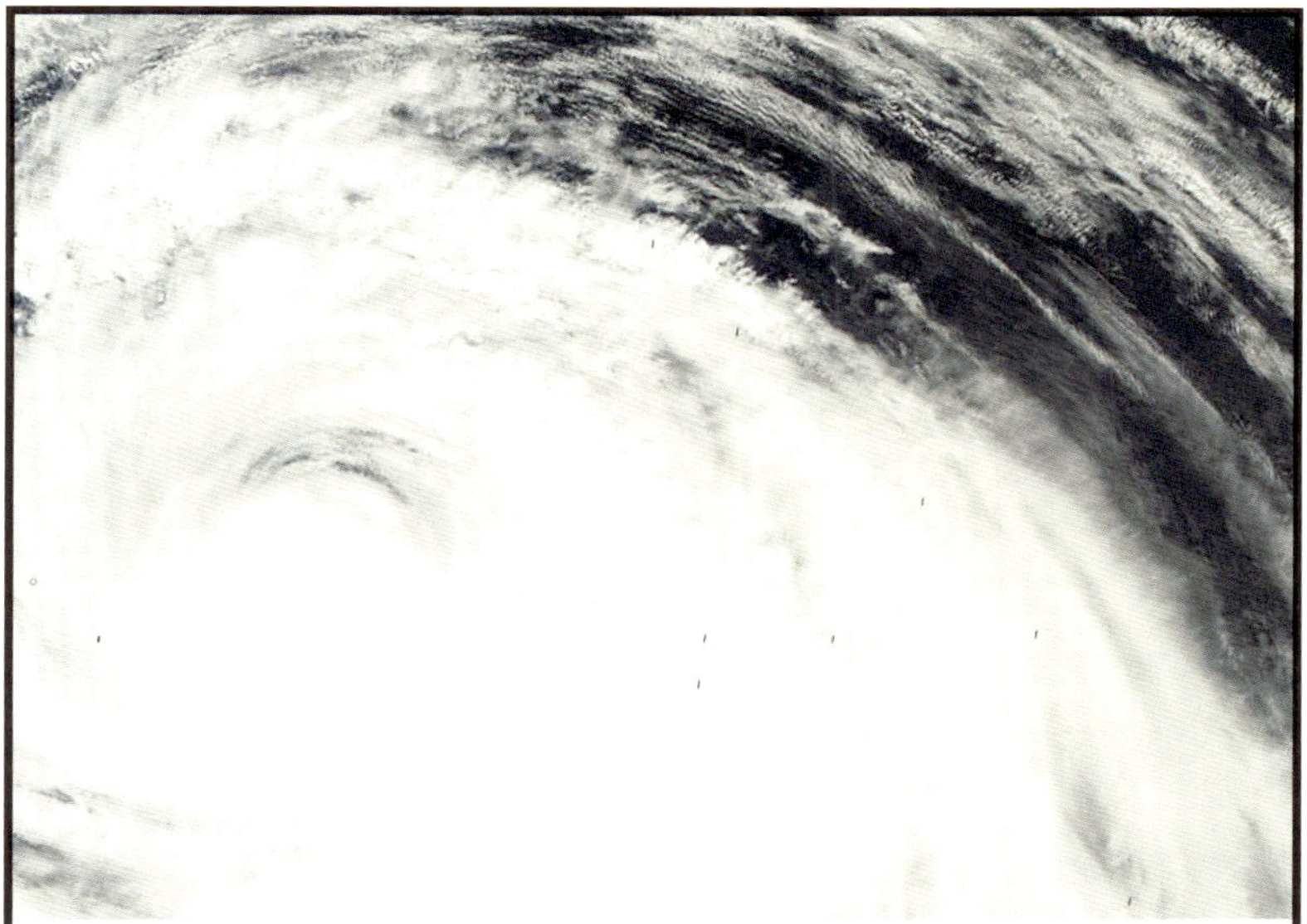

2016年 8 月29日にハーモニー宇宙艦隊は台風10号に13機突入した

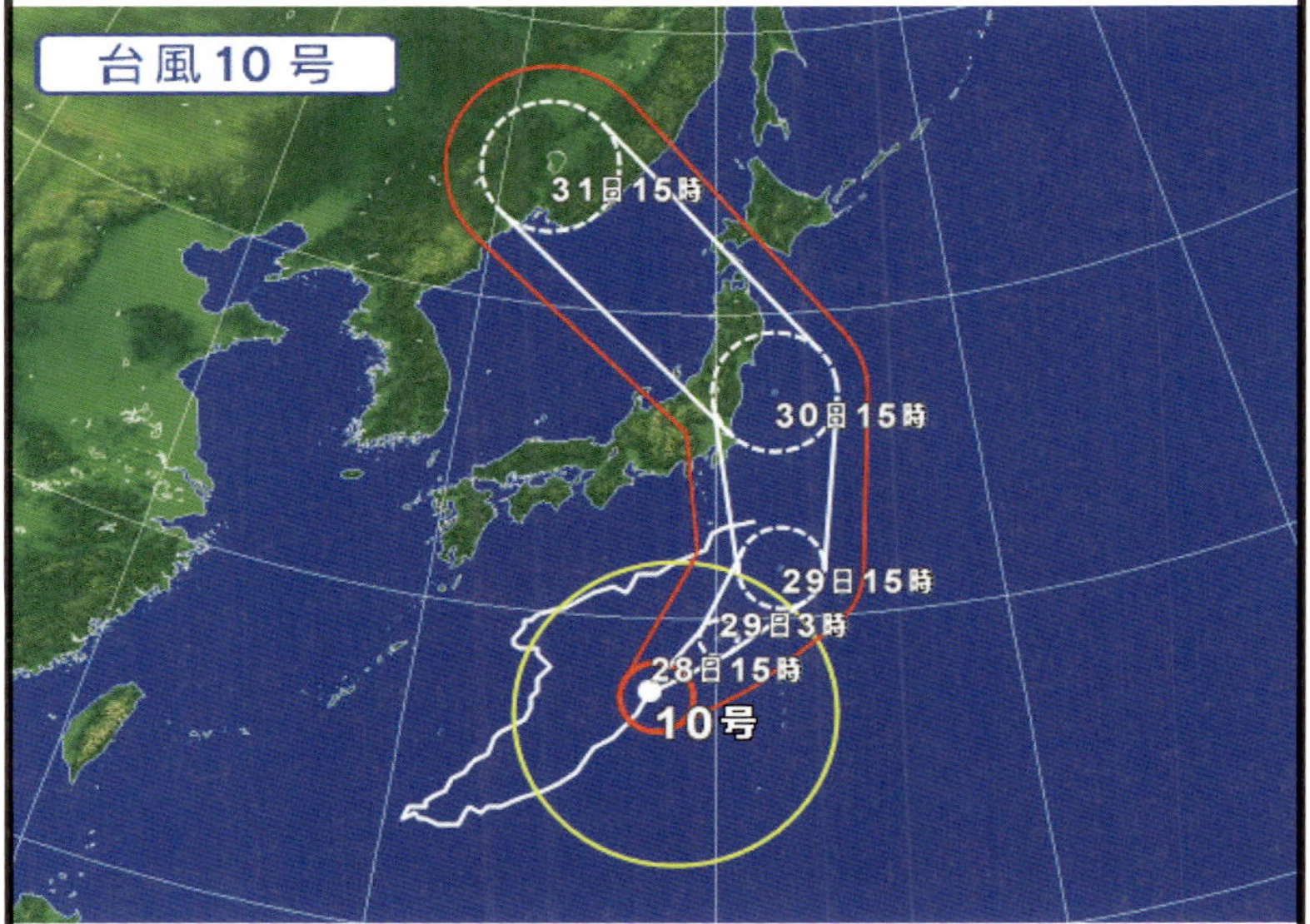

台風10号の関東・福島直撃を阻止、北方に追っ払った

け！」との呼びかけが相次いだ。

この日、朝9時半、ある女性のラインからの投稿がネットで緊急拡散された。

「福島原子力発電所に台風の危機が近づいています。大きな被害にあわないよう、祈りが大切です。茨城から東北、北海道に向け、警戒の黄色のランプが点滅しています。風神様と水神様に祈りが必要です。伊勢から北海道まで満潮時間と重なる空域では高波に襲われないように細心の注意が必要です。

再び日本には大きな台風災害に見舞われる危機が迫っています。東北・北海道は警戒が必要です。福島原子力発電所に台風の危機が迫っています。

満潮時間と重なる区域では高波に注意してください。台風の被害の大難が小難に、小難が無難になるように祈りが大切です」

この女性は必死に訴えた。

この台風が福島原発に上陸したら、今度こそ、東日本は壊滅の憂き目にあってしまうのではないか。原発の核燃料棒は、まだ相当数回収されていないはずだ。これが破壊されたら、ひとたまりもないではないか。

また、8月31日は二百十日。この前後は風・雨・竜巻・雷・雹の注意が必要らしい。さらに一年中で、一番高波が発生するのもこの日のようだ。沿岸には、最大10メートル以上の高波が押し寄せるというのだ。

〝ぶら松〟は、こんな一番危険な日を狙って、台風10号をコントロールしたのではないだろうか？

さぁ、30日になって台風は、午前中に東北宮城に向かっていることがわかった。関東直撃と福島上陸は免れた。

ハーモニー宇宙艦隊の台風10号への突入は、福島原発破壊という最悪の事態を回避するためになされた可能性が考えられる。また、横石が呼び掛けたオペレーションと、前出の女性の叫びがシェアされ、かなりの人が祈ったのではないだろうか。まさしく総力戦で台風10号を北へ追いやることができた。

つがる市車力に配備された米軍Xバンドレーダー（AN／TPY－2）が怪しい⁉

とはいえ、この台風は岩手県の岩泉町で大洪水をもたらし、死者19人という痛ましい傷跡を残した。東北の太平洋側への上陸は、1951年からの観測以来、初めてのものとなった。また、北海道南富良野でも再々度、記録的な大洪水をもたらした。1か月分平均雨量を数時間で超えてしまうという、異常さだった。

北海道では1週間で7号、11号、10号と3個の台風の襲撃を受けるという、あり得ない事態が生じた。やがて、9月に入って政府は激甚災害指定とした。

ところで、ハーモニー宇宙艦隊のテクロノジーで、台風10号の岩手、北海道への上陸を阻止できなかったのだろうか？　誰しも疑問を抱くはずだ。横石は、ハーモニー宇宙艦隊の真意を探った。

「人工台風10号が上陸する直前あたりから、急に雨雲がでかくなって降雨がひどくなりましたが、**よく見りゃ、北斗市あたりにあるレーダーが、延々と気象操作しとるやないですか……やめんかバカタレが！**

この付近に台風というのは非常に珍しいので、ここぞとばかりに電磁波を発信しているようです。ハーモニー宇宙艦隊も、これを知らしめるためにそのまま上陸させたのではないでしょうか？

しかし、Xバンドレーダーとかこの辺にありましたっけ？　北海道では札幌の近くの北広島市にありますが、この辺のは聞いたことがない。山中か何かに埋め込んであるのかな……それとも自衛隊のかな？

どなたかご存知の方、教えてください。よろしくお願いします」と全国に呼び掛けた。これに対するは回答がハーモニーズから得られた。その全文はこうだ。

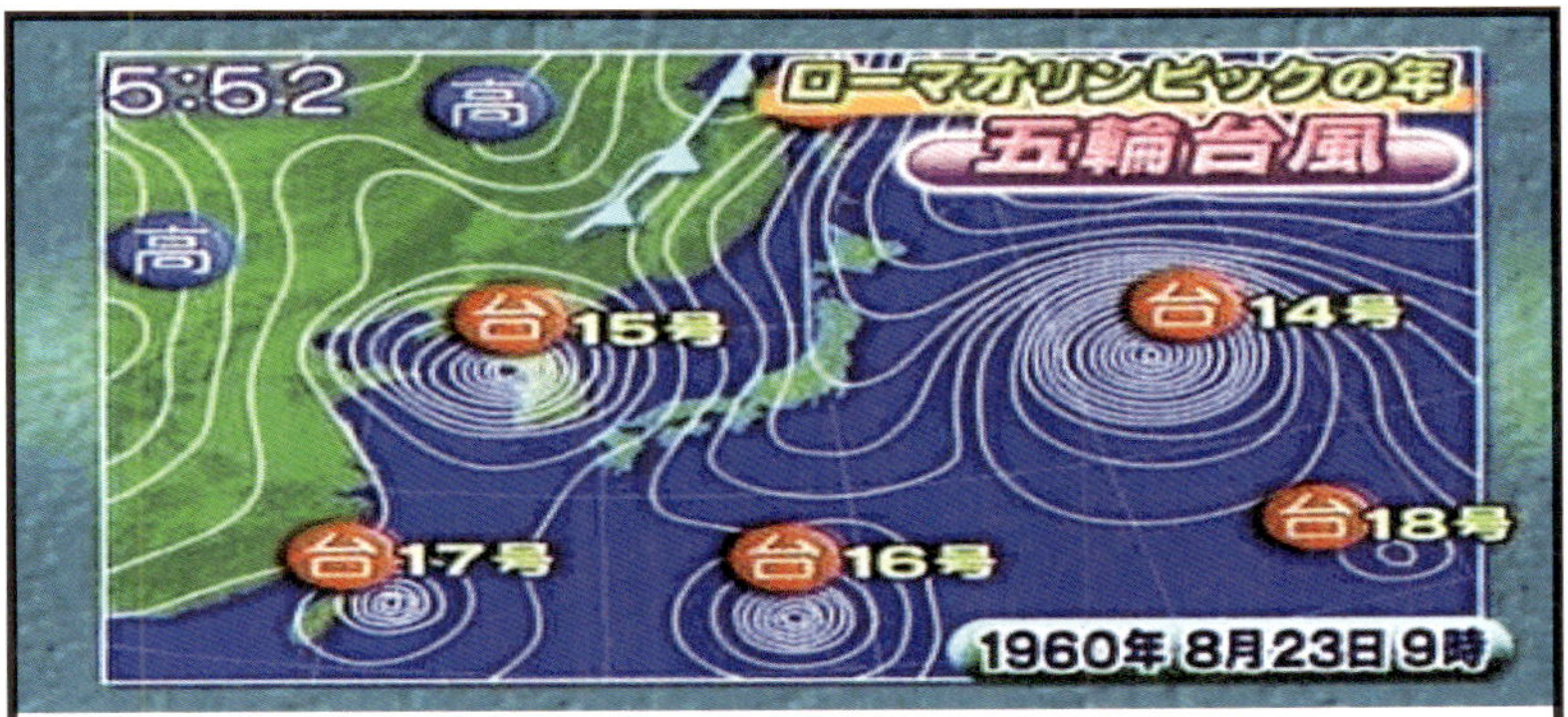

1960年のローマ五輪時にも５個の台風が襲来した

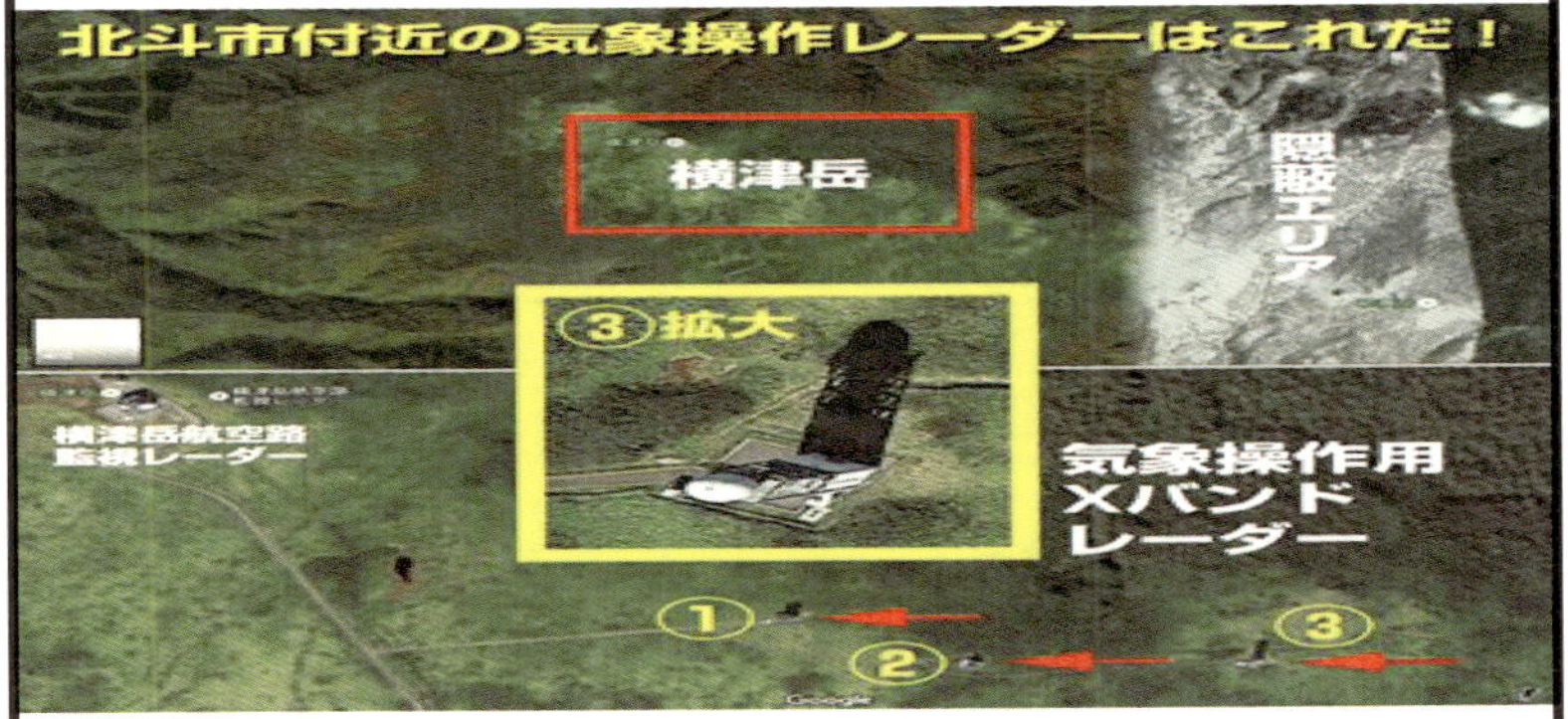

横津岳近辺のＸバンドレーダーが台風10号を呼び寄せた⁉　出所／鹿児島ＵＦＯブログ

福島第一原発が台風10号で再び壊されたら、東日本は終わっていた⁉

「この近くにつがる市車力《しゃりき》の航空自衛隊車力分屯基地に米軍Xバンドレーダー（AN／TPY－2）が配備されています。これは、2007年6月に日本に初めて配備されたもので、京丹後・経ケ岬のものは2か所目になります。このタイプのX－バンドレーダーは、車載式で指向性があり、360。探索用ではなく、直接の電磁波照射はできないかもしれませんが、空自の基地の360。レーダーもX－バンド式のものもありそうですし、衛星等を中継経由することで、多様な電磁波照射が可能になるのではないかと思われます。

定かではありませんが、気象操作に応用されている可能性はかなり濃厚です」

50数年前のローマ五輪開幕直前に5個発生した「五輪台風」とシンクロした！

さすがに大変コアな回答が得られた。そこで、横石は早速この周辺を探ってみた。

「横津岳の頂上に航空路監視レーダーがあり、その脇に3つもXバンドレーダーがあります。左画像③を拡大してみるとよくわかりますが、かなり大きいものだと思われます。

しかも施設の右側の広い一帯が、画像隠蔽されているので、見られてはマズいものが隠されているのでしょう。もしかしたら電磁波発信用の電源設備かもしれません。

まさか秘密の原発では!? このレーダーサイトに勤めているスタッフ（半分は米軍かも）の

方々は、日本国民に対して大雨の刃を向けていることを自覚しているのでしょうか。今後みんなで監視を強めていきましょう。※お知らせいただいた読者の方、ありがとうございました。また、今回の大雨で東北ならびに北海道で亡くなられた方々のご冥福をお祈りするとともに、浸水被害等に遭われた皆さまの早期復旧を心より願います」

よく考えてみると、このXバンドレーダーは米軍の管理下にあるとはいえ、日本列島に存在する。**横石が指摘するように、ひょっとすると日本人が操舵する気象操作に対して、UFO艦隊は台風消滅作戦を解除した**のではないだろうか？

過去、数年前の巨大台風21号「ダナス」にしても、2016年7月、石垣島に発生した最大瞬間風速85m／s、中心気圧890hPaの最強台風1号も台湾沖に誘導し、微風化。台風5、6号も東海上に追っ払ってくれたハーモニー宇宙艦隊だ。この台風10号のコントロールも難しいことではなかったはずだ。

岩手、北海道が被害にあったとはいえ、東日本全域が放射線で壊滅するような最悪な事態には至らなかった。ハーモニー宇宙艦隊は、日本人の中の謀略者を炙《あぶ》り出したかったのではないだろうか？　この国には同じ日本人なのに、日本破壊を目論む日本人がいるのだ。自虐史観に凝り固まった左翼的文化人もいれば、東アジアを〝特ア〟と罵《ののし》り、好戦的な思考を広める極右翼も存在する。

ある情報筋から「TPP台風」と噂されていると聞いた。また、前出の祈りによる台風回避を訴えた女性は、8月に5個の台風が発生したことから「五輪台風」との噂が広がっていると述べた。

2020年に東京五輪が予定されていることは、1960年ローマ五輪が開催された年に5個の台風が同時発生、その4年後の1964年に東京五輪が開催されたこととシンクロすることを指摘した。

なんという偶然。こんなことは起こり得るだろうか?

8月30日10号通過➡31日熊本震度5弱➡9月1日12号発生! はおかしい!

全国が息を呑んだ台風10号は、渡島半島をかすめて中国東北部に抜けた。2016年8月29日午前3時に発生から9日と6時間、46年ぶりの長寿記録を残し、去った。

しかし、狂ったとしか思えない〝ぶら松〟は、呆れたことに世界中に電磁波HAARPの照射を開始するという暴挙に打って出た。

「日本近海域では沖縄の南西の熱低が次の人工台風12号になろうとしていますが、夏~秋口はソレッ! とばかりに世界のあちこちで人工台風(ハリケーン)の量産が行われています。

北大西洋では、ハリケーン・ガストンが、なんとヨーロッパを目指して大きな台風の目を形成しています。

この台風には数日前からハーモニー宇宙艦隊が突入していますので、スペイン付近に到達する前に弱体化することでしょう。さらにそのあとには、熱低が控えており、勢力増強のために強い電磁波がせっせと当てられています。

ホントあからさまですね。これもまたヨーロッパに差し向けるためでしょう。まあ無力化されるのは目に見えています。いま太平洋の東西と北大西洋での人工台風（ハリケーン）攻勢による電磁波が激しいため、ハーモニー宇宙艦隊からの全地球的な修正が行われています」

世界同時多発台風テロ攻撃をした後、再度、台風12号をつくり出し、熊本攻撃を狙ってきたようだ。横石は早速、ＭＩＭＩＣを調べ、台風12号を操作している位置を探り出した。

「人工台風12号のＭＩＭＩＣ画像を見ると、中心部に強大化の電磁波は当てられていませんが、進路をコントロールする電磁波が、京丹後市のＸバンドレーダー方向から当てられています。

このエリアを台風が通過出来るというのは、２０１５年７月末にハーモニー宇宙艦隊が敷設したプロテクショングリッドを一旦スイッチＯＦＦして、何らかの〝泳がせる〟ような意図があるのかもしれません。10号もそうでしたからね。

５日間の進路予想図を見ると、これは明らかに熊本を狙っています。８月31日の熊本における震度5弱、しかもいわくつきの46分かつ震源の深さ10㎞の地震では、何の被害も与えられませんでした。

その翌日の12号発生です。8月30日10号通過➡31日熊本震度5弱➡9月1日12号発生！　どう考えてもおかしすぎるでしょう？

次から次へと攻撃されているのがよくわかります。こんな国は、世界広しといえども日本だけでしょう」

中国方面からもHAARPが照射される。誰が仕組んでいるのか？

横石は〝ぶら松〟が仕掛ける人工台風の目的をこう見切る。

「地震や台風を〝自然現象〟だと、いまだに思っている人たちは、考えを改めるいい機会です。岩手県や北海道での被害を含め、一連の流れを、よーくチェックしてみてください。日本の周りを人工台風がうろつき、人工地震という名の放火が行われているのです。

しかし一方で〝ナムセーウン〟とは言い得て妙なるネーミングで、漢字に変換すれば〝南無星雲〟となります。南無とは帰依するという意味がありますから、星雲つまり〝宇宙に帰依いたします〟の意です。

深夜に目が覚め、さっそく12号をチェックしてみるとこんな感じになっていますね。熊本でもさほど雨は降ってなさそうです。ハーモニー宇宙艦隊が、昨日ちょこっとだけ突入していましたので、安心していましたが、ほぼ熱低状態ですね。

でも、〝台風上陸〟という記録を残したい気象操作庁は、ずっと勢力データをそのままにしています。

http://tropic.ssec.wisc.edu/real-time/mimic-tc/2016_15W/webManager/displayGifsBy12hr_04.html

上記MIMICを見ると、進路コントロールの電磁波が左からしっかり当てられているのがわかります。だから気象操作庁は、進路予想図を発表することが出来るのですね。

今回、台風自体には強化電磁波は照射されていませんが、進路は明らかに中国からのHAARPによる人工台風です。ちょうど中国では地球温暖化関連の会議が行われているタイミングです。二酸化炭素が地球を温室状態にしてるぞー　というウルトラ嘘八百を裏付けるために、いろんな気象現象が必要になる。

ところがどっこい、本当の理由は〝電子レンジと同じ技術で地球を温めている〟だけなのですから！　地球温暖化は、人工台風製造の電磁波照射をカムフラージュするための、稚拙も稚拙なデタラメです。そりゃ地球を24時間365日、電子レンジの中に入れてりゃあったまりも

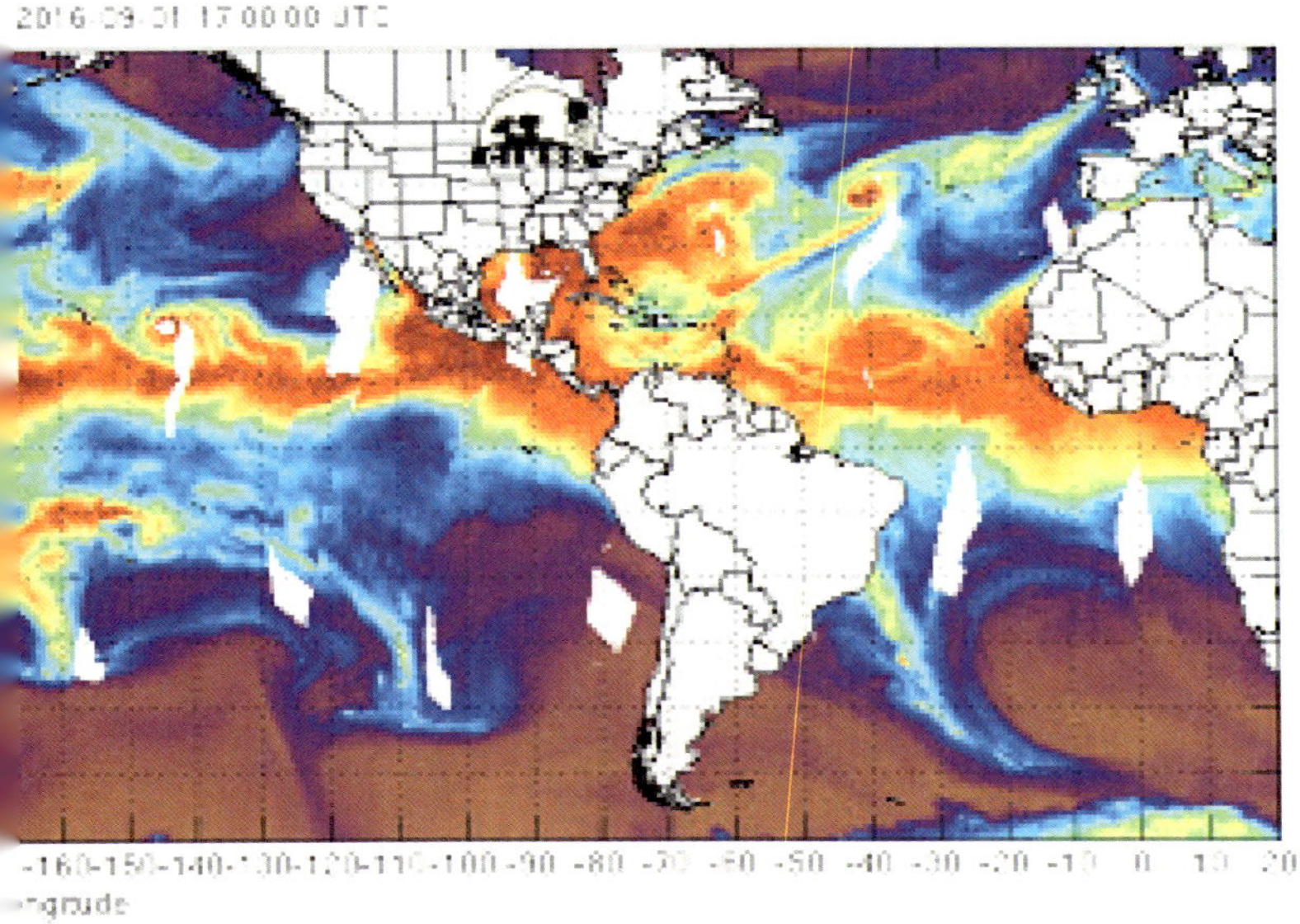

が行われた

しますわね。

でも実際は、この**気象操作により地球環境の激変を招き、農作物の不作やウイルス生存の好環境を作り出すなど、ＮＷＯ勢力の悪質極まりない人口削減のための遠大な策略がある**ということです」

２０１６年９月５日になって台風12号は、長崎に上陸し、北九州を北上する予定だったが、４日夜にハーモニー船が突入、熱帯低気圧となって朝鮮半島方面に進路を変えた。

９月２日、安倍普三首相はオバマ大統領の静止を振り切ってウラジオストックでロシア・プーチン大統領と日ソ平和条約締結を前提にした首

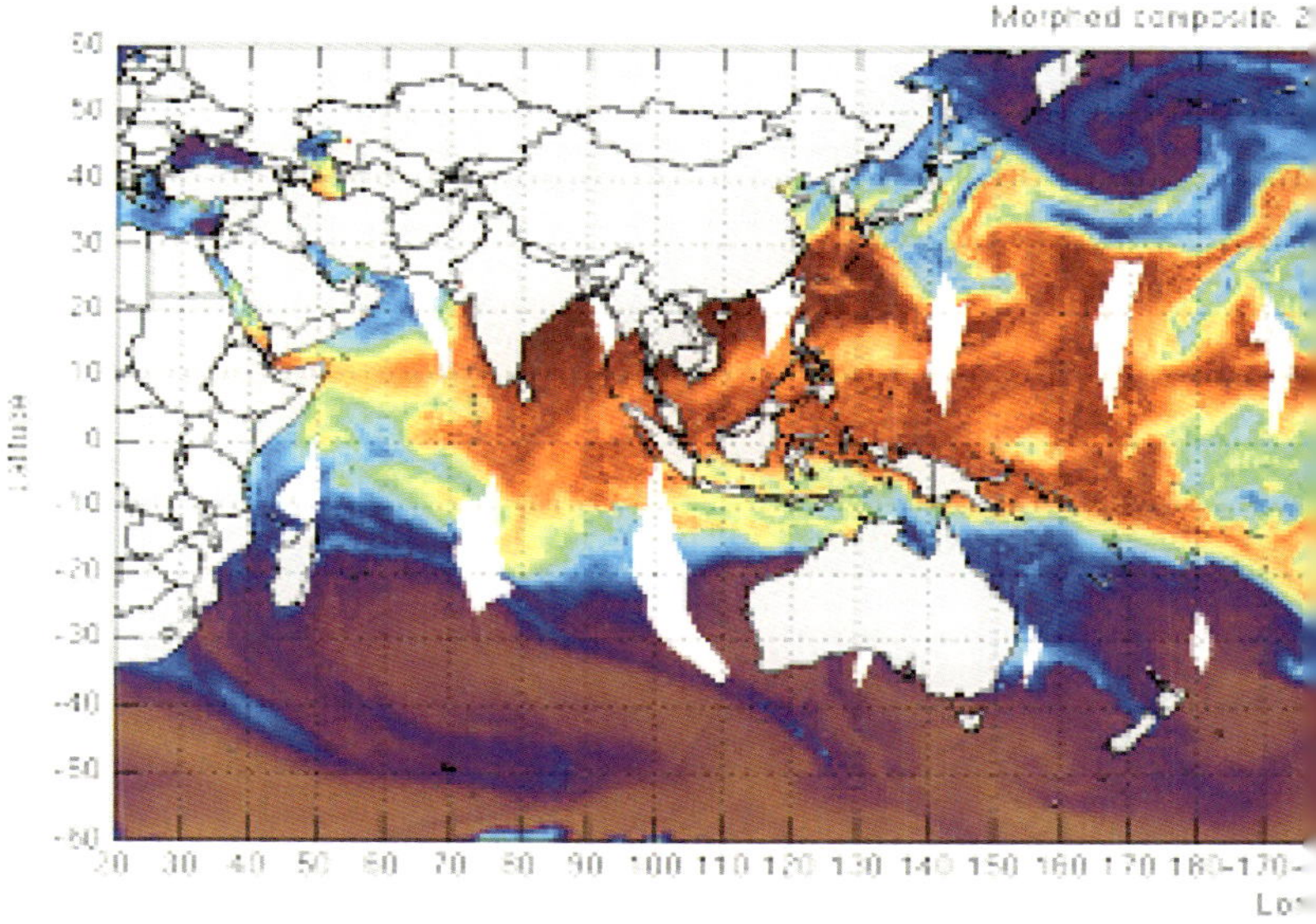

2016年9月1日　〝ぶら松〟が繰りだす狂乱電磁波攻撃により、ハーモニー艦隊の地球規模の修整

脳会談を行っていた。これは闇の政府および米国軍産複合体にとっては、面白くないに違いない。

この一連の、**台風10号での岩手・北海道通過、震度5弱の熊本地震、台風12号の発生は、〝ぶら松〟の日本政府へのけん制、威嚇が目的**ではなかったろうか？

筆者は9月5日、熊本に向かった。午前中10時10分に無事、熊本空港に着陸できた。奇異に思われるかもしれないが、「ハーモニー宇宙艦隊様、熊本上空を青空にお願いします」と2度ほど祈った。

なんと、この夕方、熊本市内の西方上空に1㎞はあるだろうか。文字

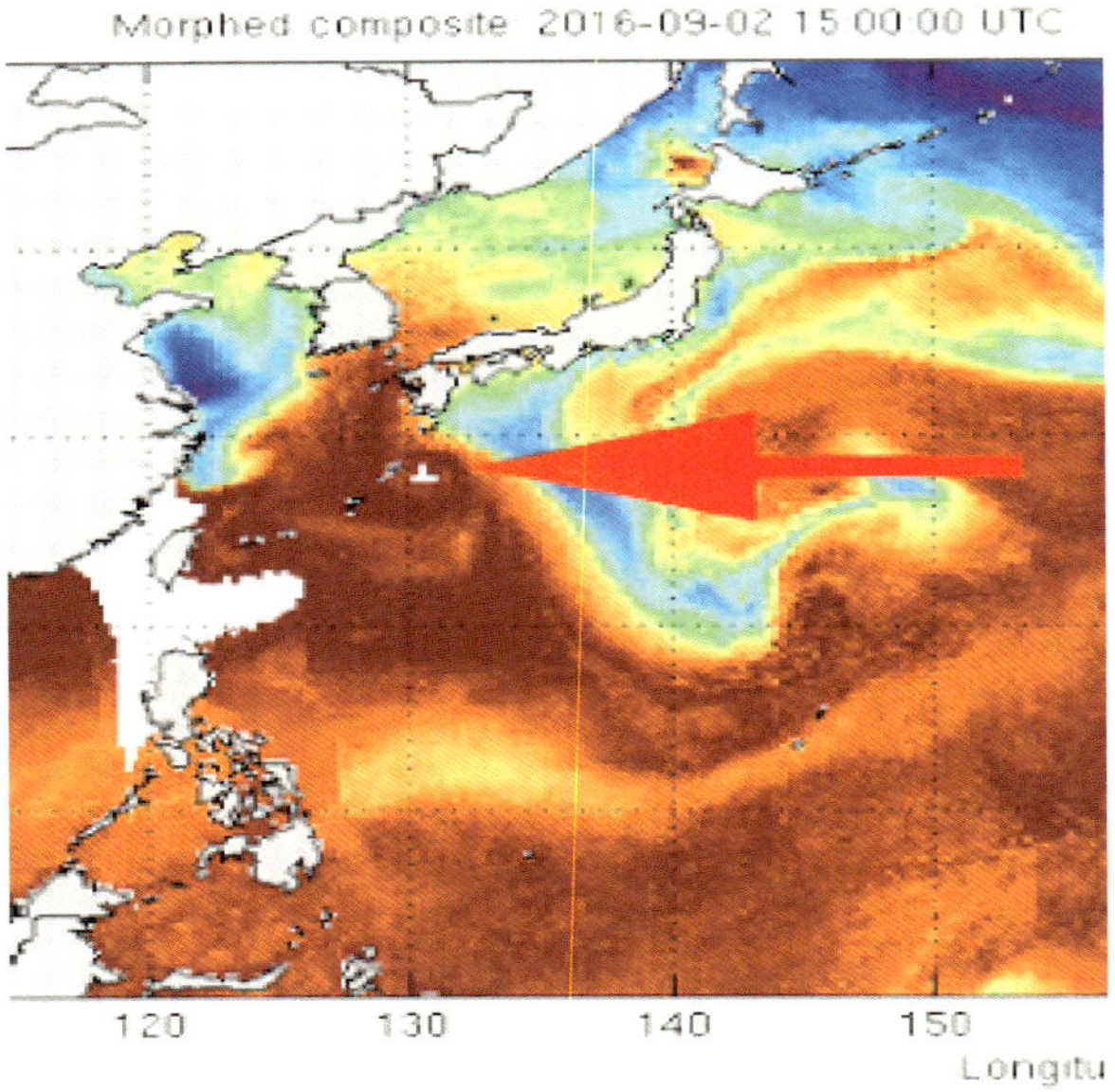

2016年９月２日　ハーモニー船が台風に突入進路を変えた

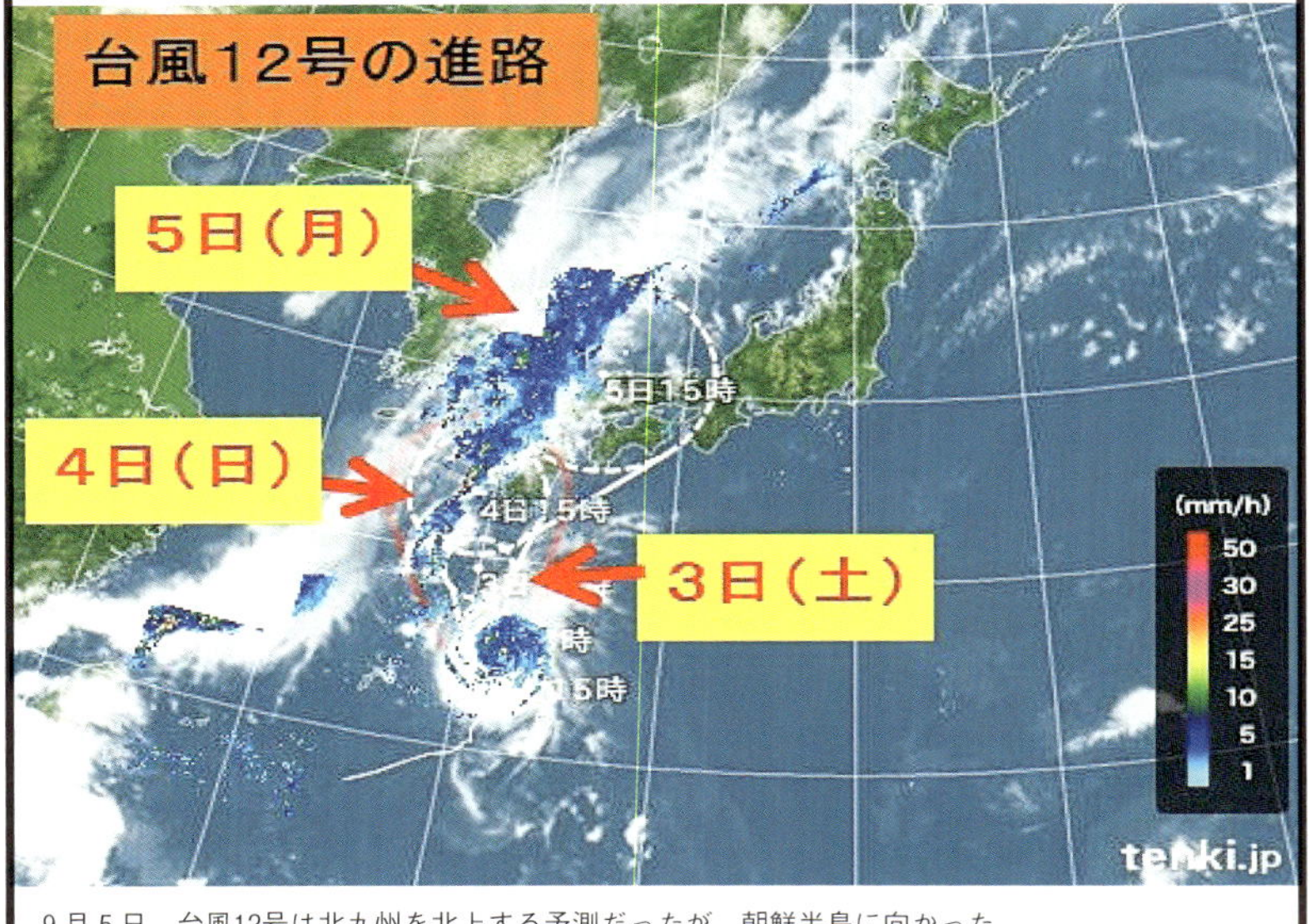

９月５日、台風12号は北九州を北上する予測だったが、朝鮮半島に向かった

シュメール文字のような雲が2、3分だけ出現、すぐ消えた！

のような不思議な雲が出現した。あわててカメラに納めた。この雲は驚くことに2、3分ほどで完全に消えた。土日、頻繁に現れるケムトレイルとはまったく違う。この雲がシュメール文字に見えないだろうか？　筆者にはハーモニー宇宙艦隊からのメッセージのようにも思えた。

ハーモニー艦隊が日本近海に30機出現、福島第一原発破壊阻止に出動した⁉

しかし、〝ぶら松〟は、台風12号の後も13、14、15、16、17号と実に執拗に攻めてきた。16号では、韓国、または北朝鮮方面からか、勢力拡大のための強力な電磁波が当てられたようだ。ハーモニー宇宙艦隊に軽くあしらわれたのが悔しかったのか、かなり執拗だ。

この16号は、台湾や中国雲南省方面でかなり猛威を振るった後、射程を日本近海に向けてきた。横石は、人工台風にも気づかない一般市民に警鐘しながら、ハーモニーズにオペレーションをお願いした。

「その後も16号に対しては、チェジュ島や韓国方面からも電磁波が浴びせられ続けています。まるで日本列島という戦艦ヤマトの土手っ腹を狙う魚雷のように、東シナ海を移動する気象兵器16号。しかも、シルバーウィークに合わせて日本に差し向けて来る。

日本人に対する、〝ぶら松〟一味の嫌がらせ以外の何物でもない。14号や16号さえなければ、秋の澄み渡る空のもと、多くの家族たちが行楽を楽しめたはずなのだ。

16号のようなレベルの台風でも、広島型原爆1万発分にも達する破壊エネルギーを持っていると言われる。それを使って、国際社会から何の批判も受けることなく、黙って日本を攻撃出来る。こんな卑怯な気象戦争が行われていることに全く何の関心も寄せない、あるいは否定すらする、超絶おめでたい日本人が98％も存在する。

ではこのような日本人に、このＭＩＭＩＣの動画で上下左右から台風に打ち込まれているものは何なのか？　しかも、**このような日本列島攻撃進路を、公共放送を通じて日本人の頭に刷り込む、裏切者メディアに気付かないのか？**　と厳しく問い掛けたい。

というわけで、気象魚雷16号から日本列島を完全守護するオペレーションいきます！！！

特に九州に対する大雨攻撃を完全無力化いたします。

太陽のカードやスターシップカード等、量子加工ツールをお持ちの方は、〝日本列島完全守

福島第一原発に立ち込める問題の霧（出所／原田武夫国際戦略情報研究所）

護！！！〟と呼びかけてください。どうぞよろしくお願いいたします」

こうして日向灘《ひゅうがなだ》に抜けたかと思われた人工台風16号に再び電磁波が中国東北部および北朝鮮方面から当てられ、また雨雲が強くなってきた。

この16号には、ハーモニー宇宙艦隊も警戒したらしく、日本海側から関東にかけ、30機以上出現、台風の北上阻止に努めてくれたようだ。

福島第一原発には、２０１５年秋ごろから〝怪しい霧〟が立ち込めることが報道されていた。また、**１号機から３号機から溶け落ちた大量の「核燃料デブリ」が地中へメルトアウトし、地下水流を汚染している**との疑いが指摘される。

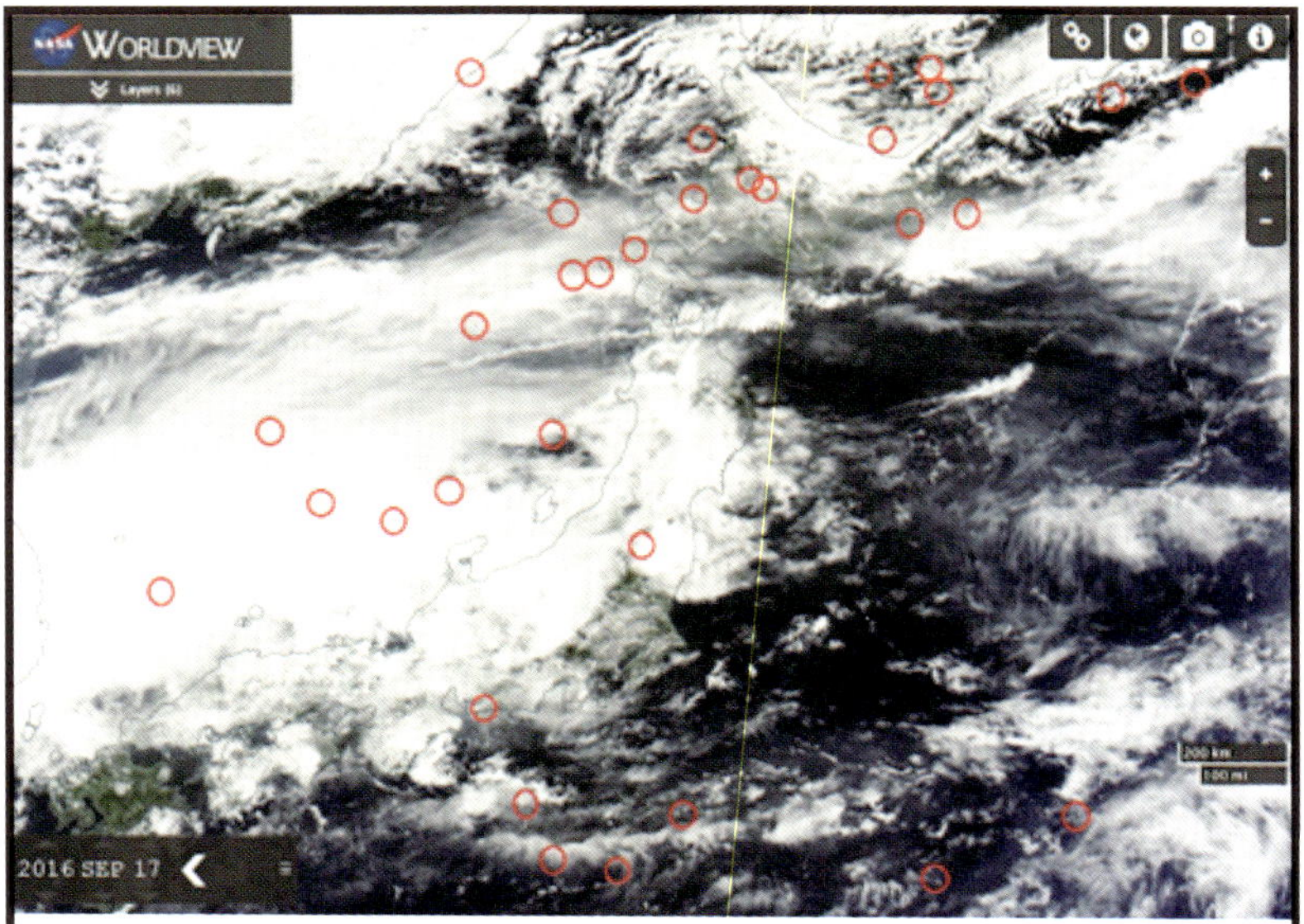

2016年９月17日　台風16号接近に伴い、日本近海に30数機出現したハーモニー宇宙艦隊

2016年９月20日　渥美半島周付近で台風16号の勢力は弱体し、温帯低気圧となった

台風13号の接近では、井戸に溜め込んだ汚染水が増水、海岸に溢れ出る寸前だったのだ。こんな状況下で再度台風16号が接近、もしくは上陸した場合、重大な事態に陥る可能性が高かったわけだ。

ハーモニー宇宙艦隊が近年希な30機以上出現したのは、こうした事態を重く捉えたからではないだろうか？

こうした人工台風を作るために四六時中電磁波が当てられていることが信じられない人は、以下の動画をご覧なっていただきたい。とくに3番目の動画は中国北東部方向から電磁波が当てられているのがよくわかる。

http://tropic.ssec.wisc.edu/real-time/mimic-tc/2016_18W/webManager/displayGifsBy12hr_06.html

http://tropic.ssec.wisc.edu/real-time/mimic-tc/2016_18W/webManager/displayGifsBy12hr_07.html

http://tropic.ssec.wisc.edu/real-time/mimic-tc/2016_18W/webManager/displayGifsBy12hr_08.html

民放の気象予報士の言動が人工台風を裏付けた！

この後、まだ懲りない〝ぶら松〟は、これまた電磁波を照射し、17号をでっち上げたが、民放の気象予報士は、人工台風であることをついポロリと漏らしてしまった。

「16号惨敗のあとに、17号の卵となる熱帯低気圧ａをば、〝ぶら松さん〟たちは仕込んでいます。これ、民放の気象予報士の言うことがまぁ凄いんだわ。

〝この熱帯低気圧は、今日には台風になる予定でしたが、ちょっと遅れているようです！〟

アンタよう言うてくれたバイ。予定しとるんやないかい！！！

つまり、全部計画的ということです。予め計画された通りに太平洋に電磁波を浴びせて海水や大気を熱し、台風に育てていく。そして、進路予想も予想なんかじゃない。『進路予定』です。電磁波をここでこう照射して、こっちに向けて……全部が全部、一から十まで人為的に操作されているんですね。

これは16号マラカスさんが100％明らかにしてくれました。さぁ、次はハーモニー宇宙艦隊による、どのような〝超次元アッパーカット〟が待っているか、楽しみにしておきましょう」

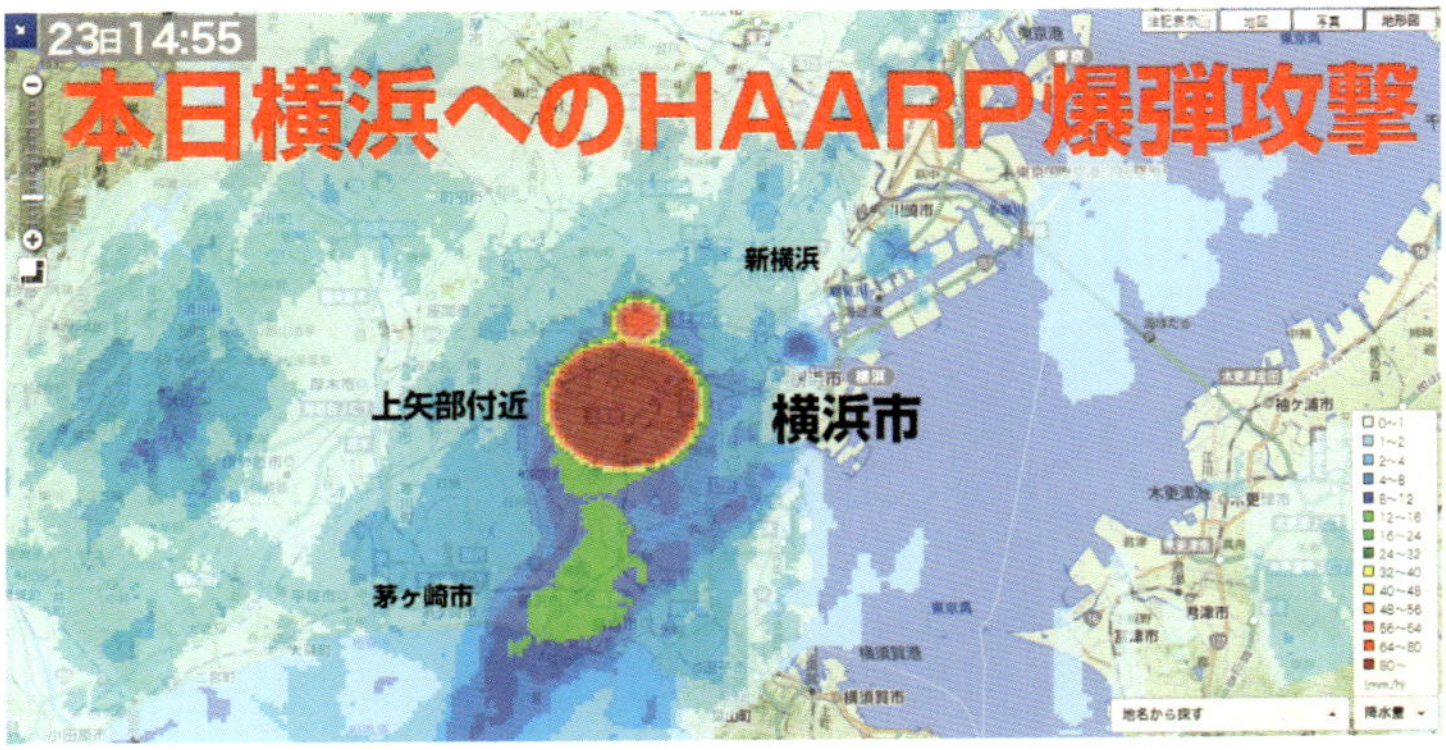

関東近辺の低気圧にHAARPが照射、雪だるまのような豪雨地帯ができた

横石が揶揄するように、すでに民放も、〝ぶら松〟の手の内に陥っているのは明白だ。

この16号が関東を低気圧となってさ迷っているところ、なんと、**横浜上空にまん丸の豪雨が雨雲レーダーに捉えられた。こんなまん丸に豪雨が降ることはまったくあり得ない**ではないか。横石もさすがに呆れかえった。

「なーんしよっとやー？　もうバレバレ。誰も見ていないと思って、こういう姑息なことをすんですね。こんなまん丸な、しかも雪だるま見たいな雨雲、どこあるんかい」

おそらくあのスペースシャトルのような無人衛星が、関東上空に差し掛かった時、マイクロ波レーダーを照射したのではないだろうか？

まさしく墓穴を掘ったとはこのことではないか。もはや、ハーモニー宇宙艦隊の5万年進んだテクノロジ

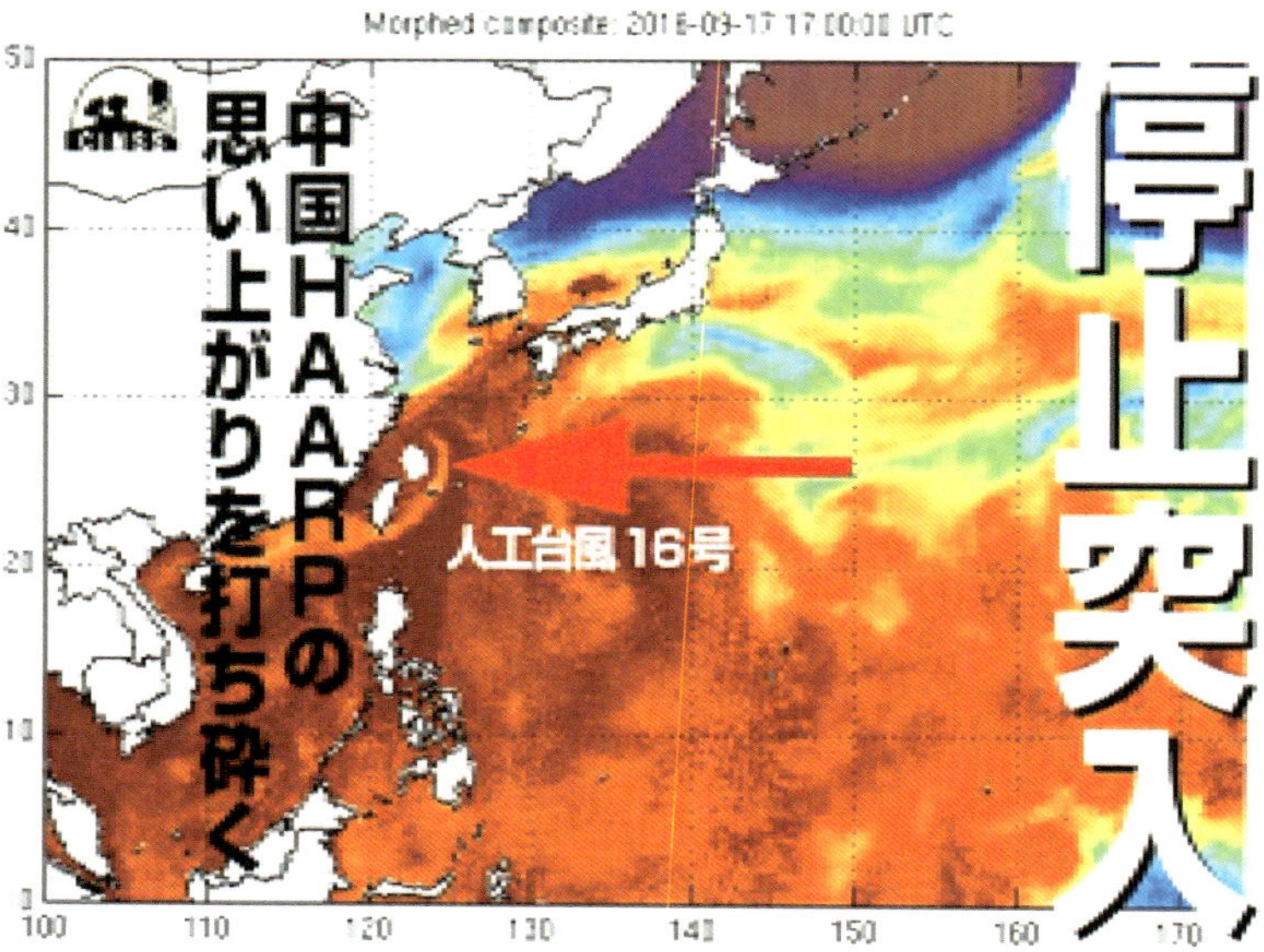

ハーモニー艦隊が16号に突入

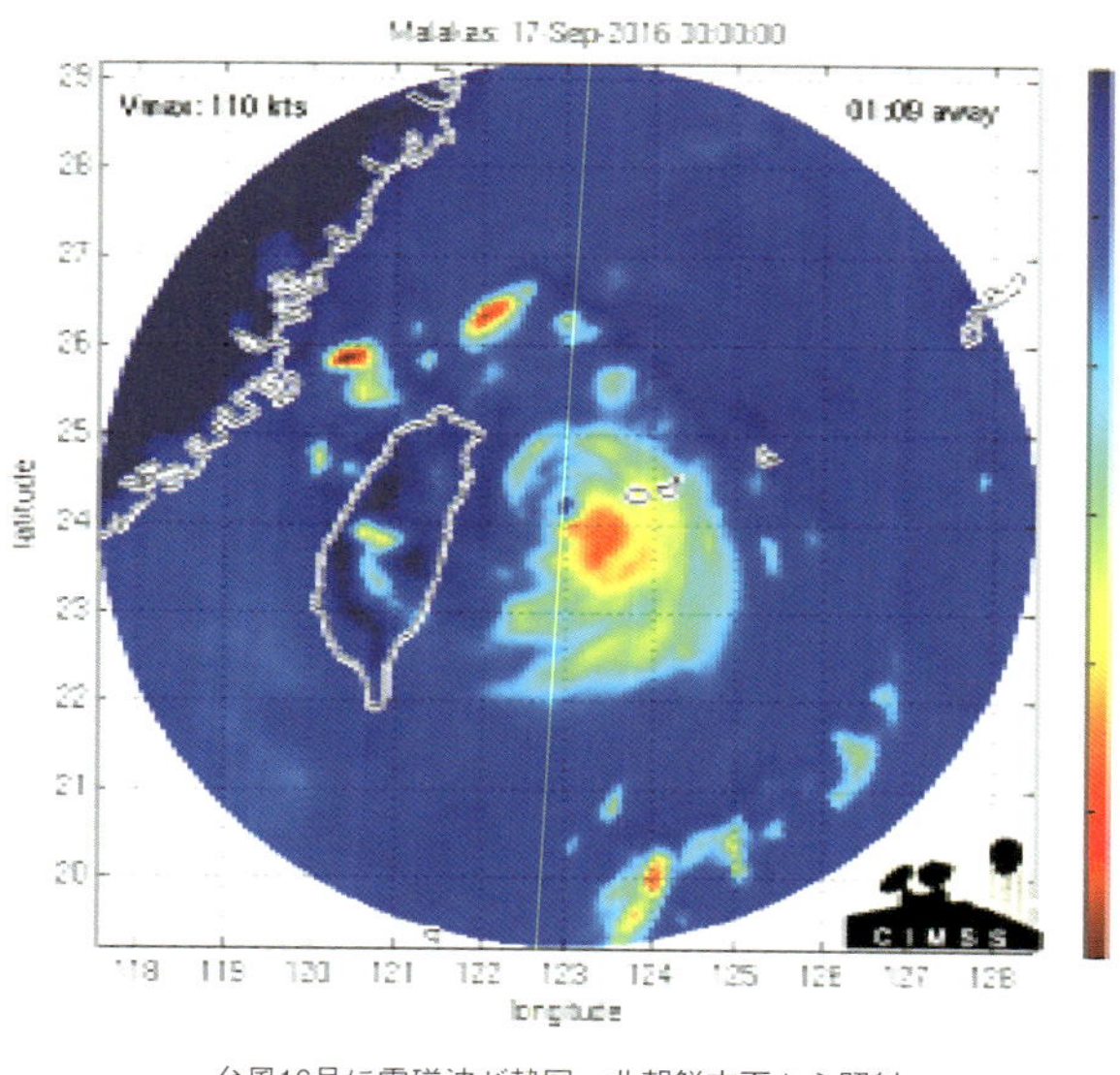

台風16号に電磁波が韓国、北朝鮮方面から照射

ーには敵わないことを〝ぶら松〟は知るべきだ。

しかし、気になるのは気象庁の内部といい、Xバンドレーダーを設置した自治体といい、人工台風、人工地震に加担、〝ぶら松〟に内通する日本人がいることだ。このままでは、日本の内部から崩壊する懸念がますます高くなってきた。

ロシアでは、「日本はこの2016年だけで地震、台風などの災害で4兆円超の被害が発生した。日本に安寧はあるだろうか」と報じた。こんな大被害を受けながら、いまだに気象兵器で攻撃を受けていることに何の疑問を持たない人々が大半だ。

毎日毎日、お笑い芸人が出る番組を見ることに慣れ親しんでいたのでは何ともならない。もうすでに向こうの手に堕ちた新聞、テレビは真実の10分の1も伝えていないことを知らなくてはならない。

懲りない人工台風18（666）号をハーモニー宇宙艦隊が追っ払った！

なんとまだ懲りない〝ぶら松〟は、今度は台風18号を繰り出してきた。徹底的に攻めるつもりのようだ。18といえば、〝ぶら松〟がでっち上げる大好きな数字だ。

「昨晩終電で帰ってきた頃は、単なる人工熱帯低気圧bで、いつものように24時間ぐらいで台

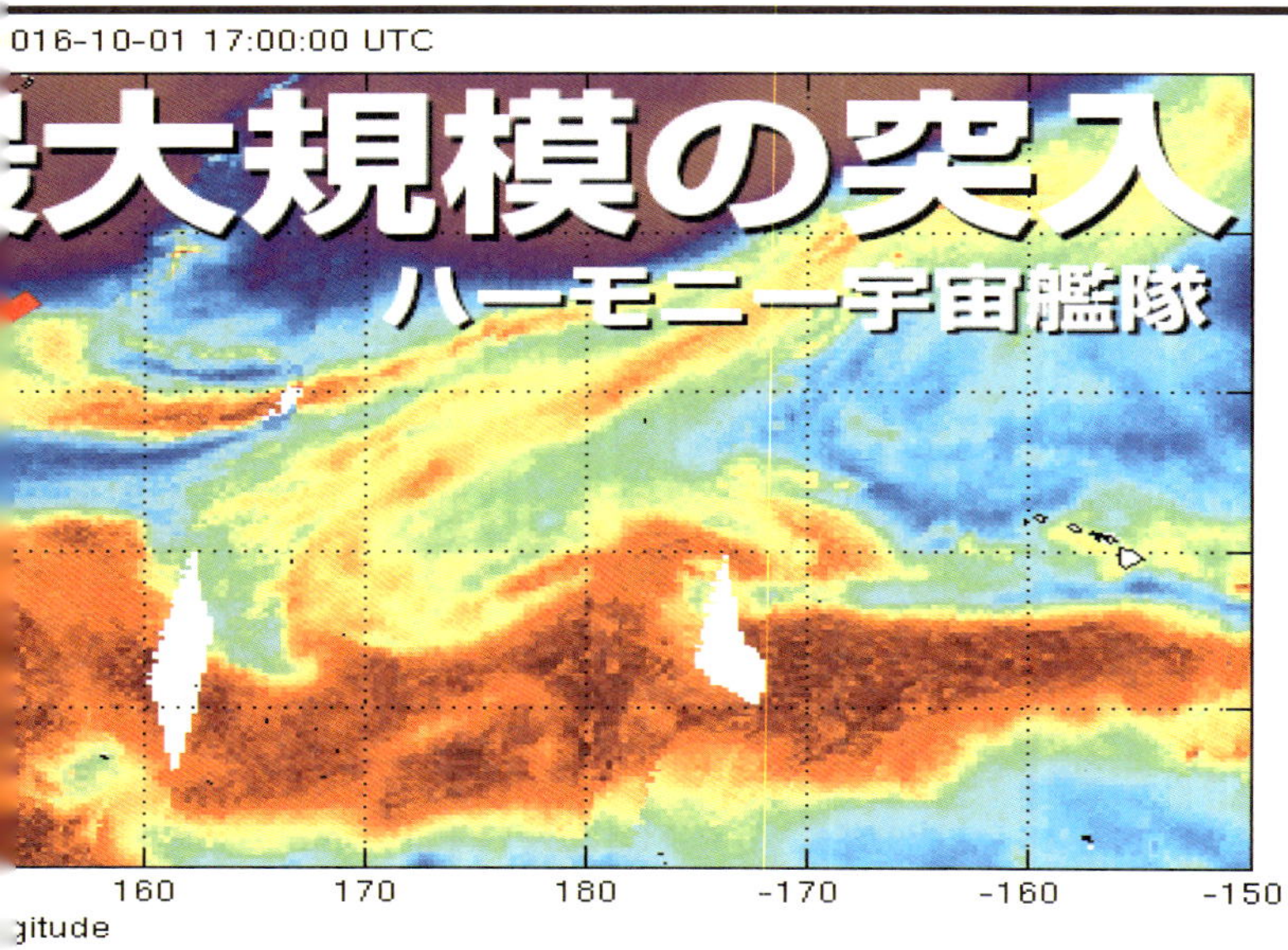
016-10-01 17:00:00 UTC
大規模の突入
ハーモニー宇宙艦隊
160
170
180
-170
-160
-150
gitude

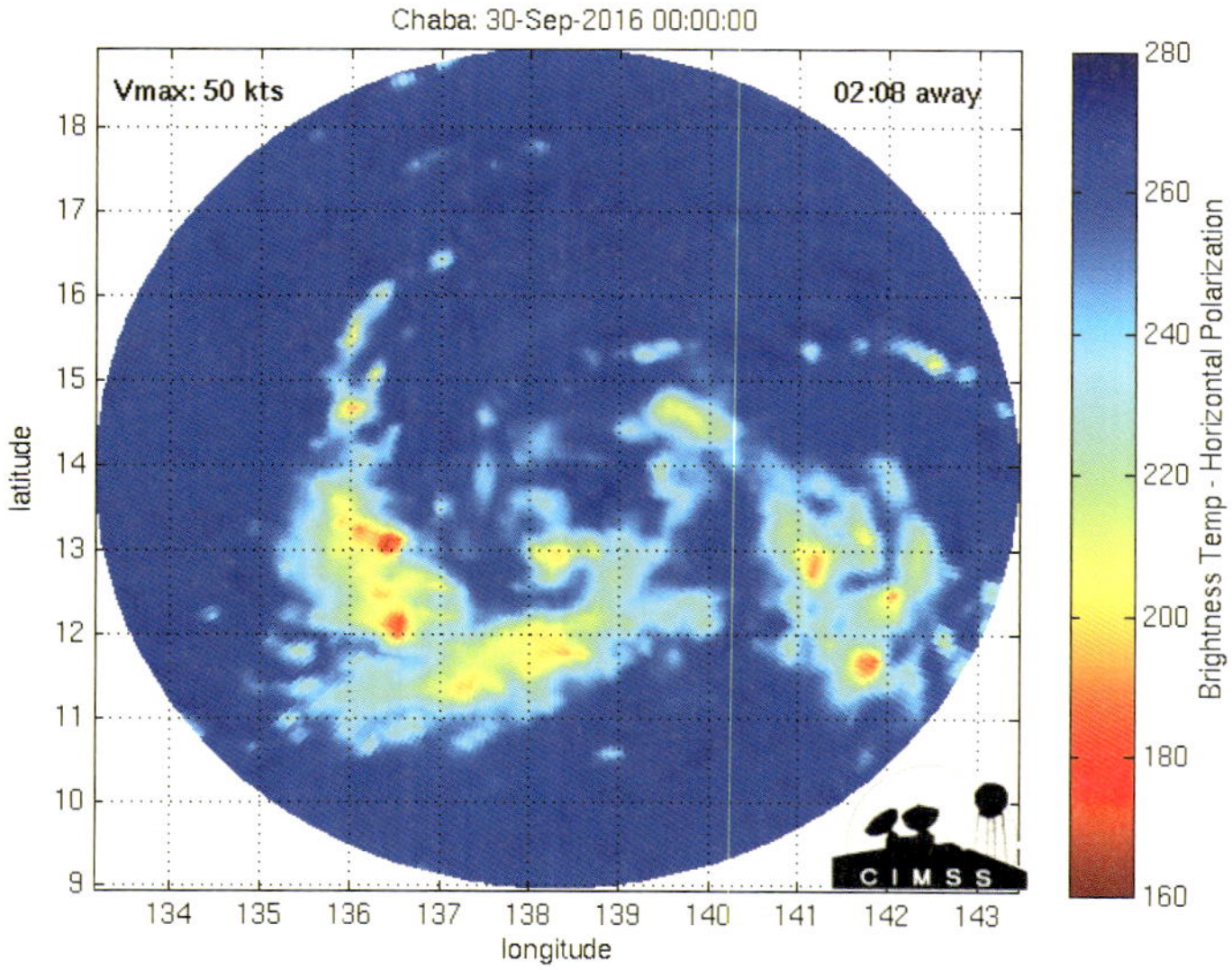
Chaba: 30-Sep-2016 00:00:00
Vmax: 50 kts
02:08 away
latitude
18
17
16
15
14
13
12
11
10
9
134
135
136
137
138
139
140
141
142
143
longitude
CIMSS
Brightness Temp - Horizontal Polarization
280
260
240
220
200
180
160

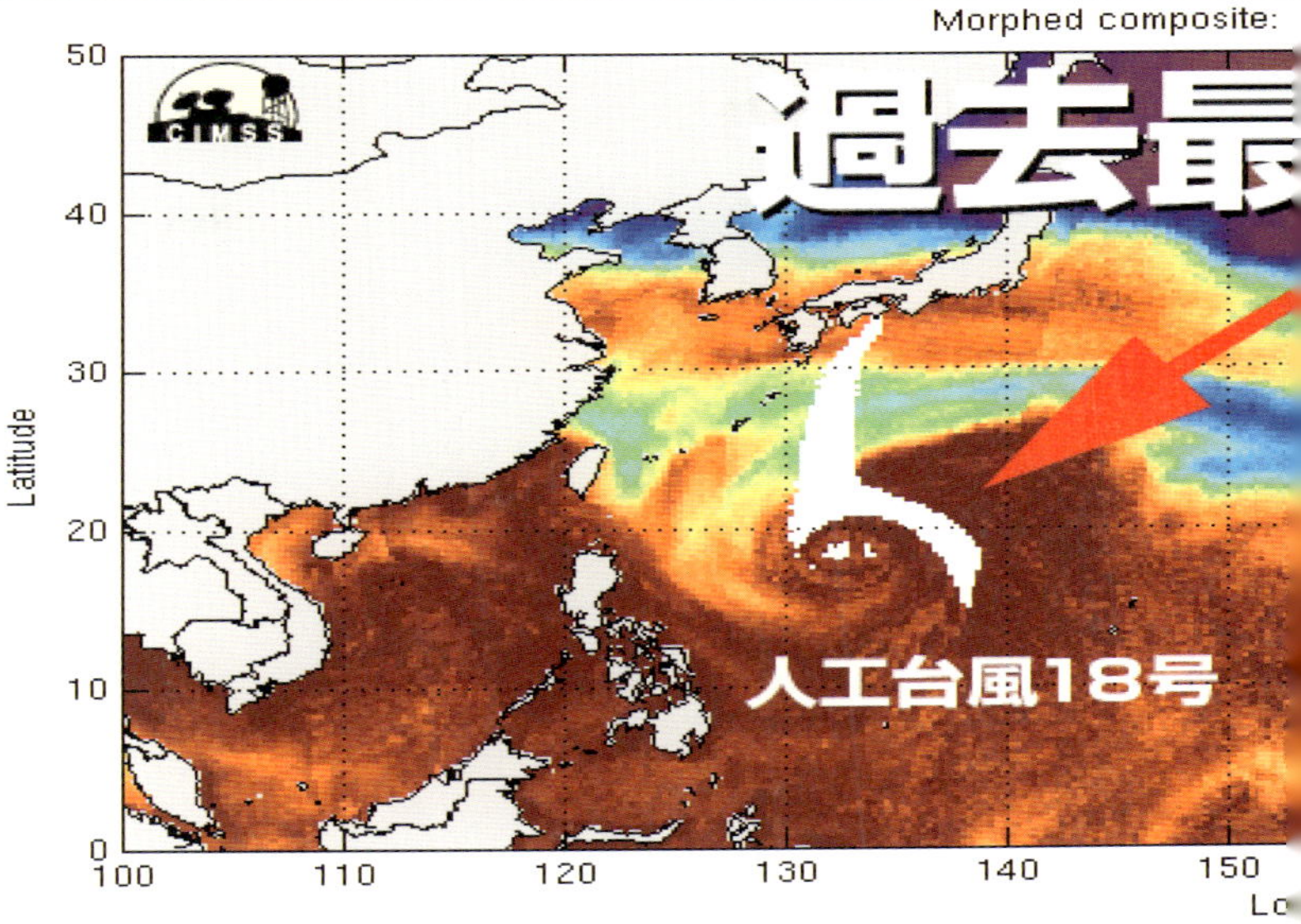

2016年10月１日　ハーモニー宇宙艦隊の人工台風18号に過去最大規模の突入によってガッチリ捉えた

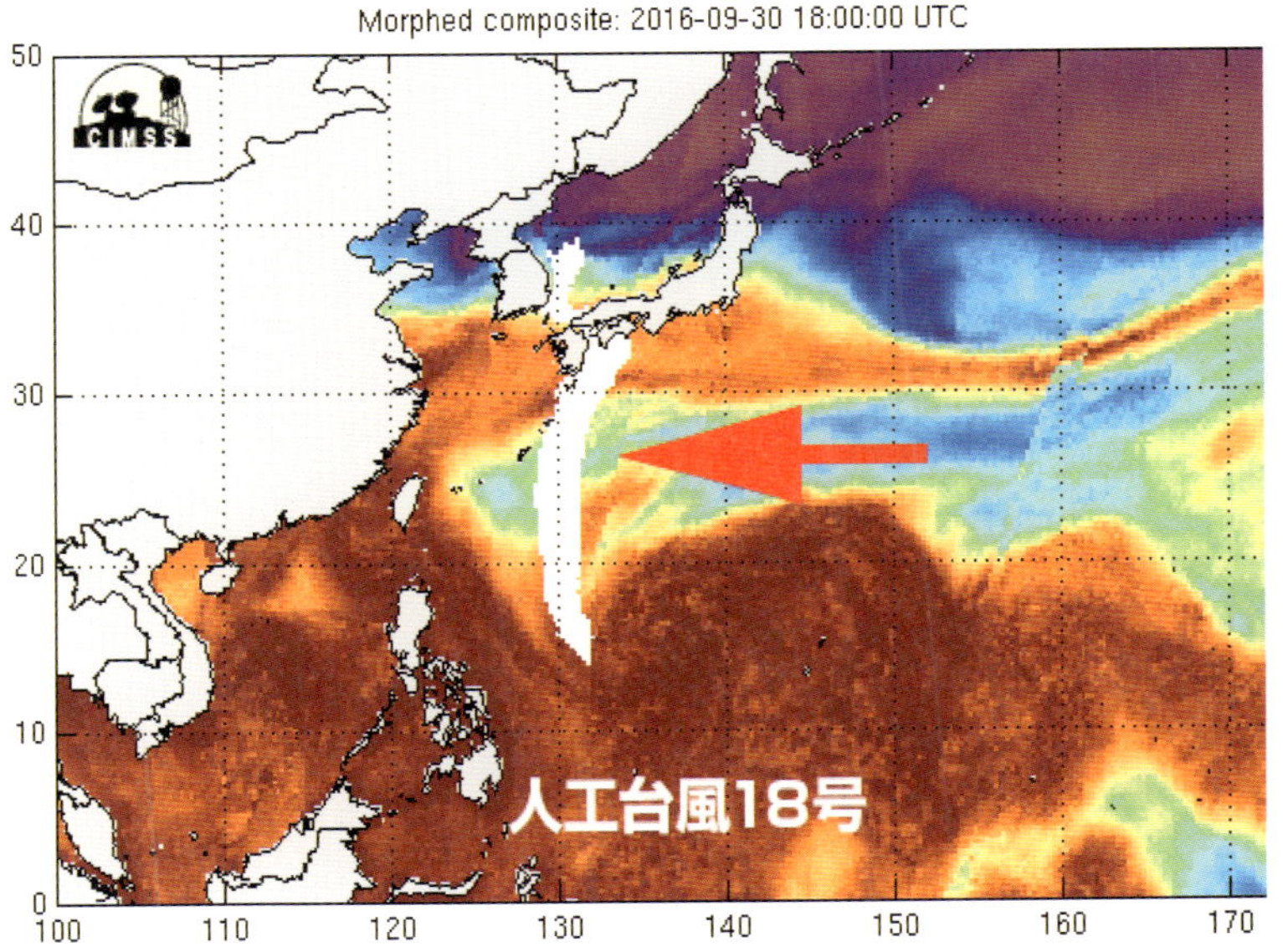

2016年９月30日　四国の室戸岬辺りから電磁波が照射され、台風18号がコントロールされた

風に昇格させる予定が、いきなり繰り上がった、午前3時には台風18号となっていました。まあこの数字はね、ぶら松にとっては外せませんよね。

18＝666ですからね。あ、666といえば、iPhoneでイコール『＝』を変換すると、その候補に『666』が出て来るというのを、ユーザーの方から先日見せていただきました。まったく油断も隙もありゃしないとはこのことです。

等号『＝』が666ならば、世の中の数学と名のつくものには（経済も含めて）、全部666が埋め込まれていることになりますね。

一方、肝心の人工台風18号の名前が、肝煎りの割にふるっていて、チャバ君と命名されたようです。茶葉って、ウーロン茶みたいですね。せめてもっと強そうに、〝シン・ゴジラ〟とでもすれば良かったのに！（笑）

17号は台湾に上陸しましたが、tenki.jpで現地データを調べてみると、最大風速は高雄付近の16mぐらいが関の山だったようです。ただ、今は吹き返しになっているので、台湾にお住まいの皆さんはお気をつけください」

さすがに18号には横石も気になったようだ。この台風は突然、直角ターンさせられて日本を狙うように仕向けられてきたのだが、これには、ハーモニー宇宙艦隊の強烈な修正が行われたことがＭＩＭＩＣで確認できた。

「珍しいことに、九州四国方面から、まるで腕が伸びるようにして18号をガッ！　と捉えています。それと同時に、真北に向かっていた18号の進路が西側に曲げられています。

ぶら松電磁波VSハーモニー宇宙艦隊の超次元パワーの戦いは、もう丸2年以上にわたって続いていますが、最近の不可解な台風の進路で、人工台風に目覚めてきた人も多いようです。もっと日本人の多くがこのことに気がついてほしいものです。

この九州四国地方から腕が出ている場所をMIMICアニメーションで調べると、最初に四国の室戸岬先端にある、国交省管轄の気象レーダー（ドップラーレーダー）あたりから、台風コントロールの電磁波が発されようとしているのが分かります。

するとその瞬間、電磁波を全部無力化する修正が行われ、同時に突入が行われているのですね。この両面作戦で、しっかりと台風を逆コントロールしている様子がよくわかります」

2016年9月30日から10月1日に行われたハーモニー宇宙艦隊の突入は、過去最大級だった模様だ。

完全守護、無償の愛で沖縄上陸を阻止した

しかし、今度は中国方面からHARRPが照射されてきた。2016年5月にも熊本や鹿児

島へ低気圧攻撃による集中豪雨が見られたようだが、今度は台風攻撃だ。

「昨晩、人工台風18号が沖縄本島と宮古島の間を通過しようとした時、中国HAARPから台風を沖縄に直角ターンさせようとする電磁波が当てられました。

その瞬間、ハーモニー宇宙艦隊が間髪を入れずに突入し、台風が沖縄に向かわないよう押返しています。一瞬の攻防ですが、そのような動きをしているのがMIMICにハッキリと捉えられています（画像の左下が斜めに白くなる瞬間）。http://tropic.ssec.wisc.edu/real-time/mimic-tc/2016_21W/webManager/displayGifsBy12hr_06.html

それがこの突入の瞬間画像ということですね。ハーモニー宇宙艦隊の東側が沖縄にかかっており、完全に守っているのがわかります。人類に対する完全守護・無償の愛とは、まさにこのことかと思います」

MIMICでは、ハーモニー宇宙艦隊の台風突入後、空中の水分蒸発量が一気に消滅してゆく画像が見て取れた。

実際、気象庁は2016年10月1日、「フィリピンの東にある台風18号は、勢力を強めながら北上を続け、週明け3日以降、日本列島に近づく見込み。今後も海水温の高い海域を進むため、3日には非常に強い勢力が沖縄に近づく」と予想した。

確かに905hPaは、激烈な台風に間違いなかった。

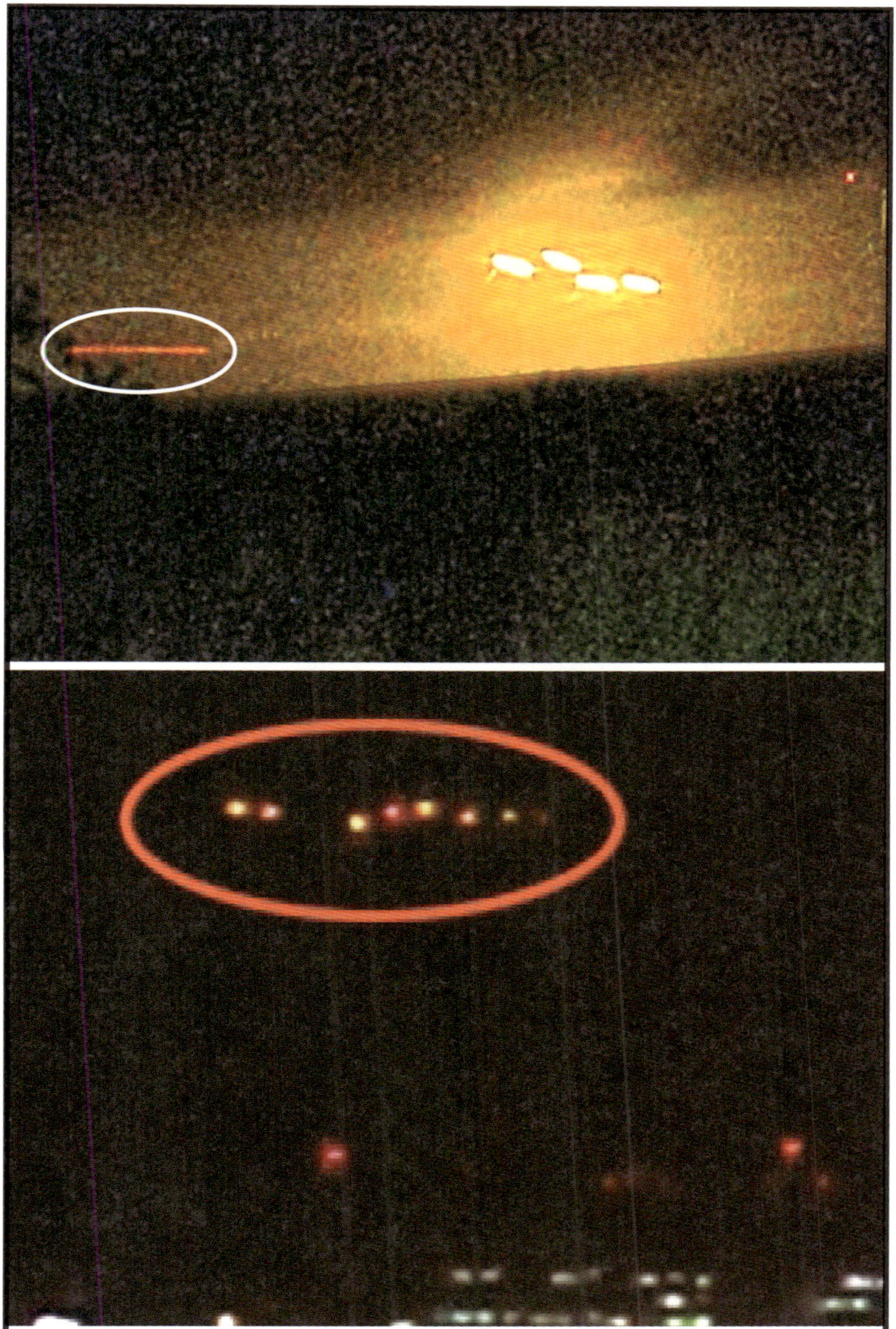

2016年9月29日石垣島上空に4機のUFOとハーモニー船（円内）が出現した。過去には那覇港上空にUFOが数機出現した（引用／沖縄タイムス）

この9月30日と10月1日、ハーモニー宇宙艦隊の突入がＭＩＭＩＣで確認されたわけだ。実は、18号が接近しかけた9月29日、石垣島上空を4機ほどの光る飛行物体が島民に撮影されたことが沖縄タイムスに掲載された。

これを撮影した専門家によれば、「熱気球の一種、点灯ではないかとの指摘があるが、明らかに異常な光、正直言って怖かった、正体は何なのか、検証してほしい」と語った。

横石は、この〝光る飛行物体〟というのを画像処理したところ、**三方へビーム光線が放射され、左下方に連結したハーモニー船を確認**した。

この後、10月3日、沖縄気象台は沖縄本島地方に暴風、波浪、大雨、高潮の「特別警報」を出した。しかし、現実は、沖縄本島中南部での最大瞬間風速は、那覇市樋川で3日午後11時10分に観測された33・6ｍが最大。本島北部は暴風域にも入らなかった。記録された気圧の最も低い実測値は、中心付近が通過した久米島での957・2ｈPaだったことがわかった。

「数十年に1度の重大な災害に警戒を呼び掛けた」気象台の予報とは裏腹に、風雨は想定以下にとどまった。その後、台風18号は九州をかすめ、10月5日には日本海に抜け、温帯低気圧となった。

「きょうは夕方のＮＨＫの台風予報をカーラジオで聞いていました。気象〝虚報〟士のセリフ～沖縄地方では最大80ｍの風が〝吹きます〟。この人、断言しましたからね。

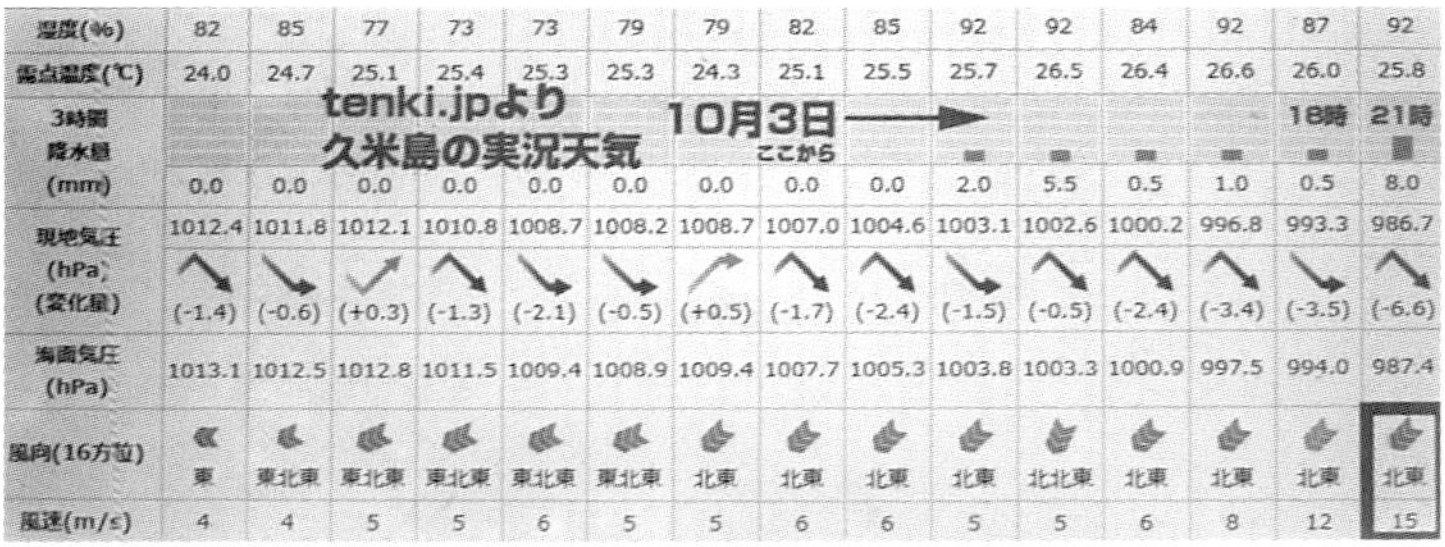

湿度(%)	82	85	77	73	73	79	79	82	85	92	92	84	92	87	92
露点温度(℃)	24.0	24.7	25.1	25.4	25.3	25.3	24.3	25.1	25.5	25.7	26.5	26.4	26.6	26.0	25.8
3時間降水量(mm)	0.0	0.0	0.0	0.0	0.0	0.0	0.0	0.0	0.0	2.0	5.5	0.5	1.0	0.5	8.0
現地気圧(hPa)(変化量)	1012.4 (-1.4)	1011.8 (-0.6)	1012.1 (+0.3)	1010.8 (-1.3)	1008.7 (-2.1)	1008.2 (-0.5)	1008.7 (+0.5)	1007.0 (-1.7)	1004.6 (-2.4)	1003.1 (-1.5)	1002.6 (-0.5)	1000.2 (-2.4)	996.8 (-3.4)	993.3 (-3.5)	986.7 (-6.6)
海面気圧(hPa)	1013.1	1012.5	1012.8	1011.5	1009.4	1008.9	1009.4	1007.7	1005.3	1003.8	1003.3	1000.9	997.5	994.0	987.4
風向(16方位)	東	東北東	東北東	東北東	東北東	東北東	北東	北東	北東	北東	北北東	北東	北東	北東	北東
風速(m/s)	4	4	5	5	6	5	5	6	6	5	5	6	8	12	15

NHKは10月3日、風速80mの風が吹くと断言したが実際は風速15mだった

続いてアナウンサー、〝数十年に一度という災害が切迫しています〟だって。

はぁ、そうですかーそうですねー、だから特別警報とか出してこけおどしするんだもんね。あーもうやだぁ～、あんたたちここまでもう丸バレの全裸状態にされてるのに、まだそんな猿芝居続けるの？？

実際の天気はどうか。我らの味方、tenki.jpさんを見てみましょう。上の画像は、人工台風18号の中心に最も近い久米島の実況データです。本日午後9時時点で風速15m。へぇそうなんだ～、80mってなんかの聞き間違いだったんだね。

ハーモニー宇宙艦隊さんいつもありがとう！！！」

横石は毎度ながらの気象予報士のコメントに呆れ返ったものだ。まさしく、ハーモニー宇宙艦隊による無償の台風18号消滅オペレーションが奏功したわけだ。

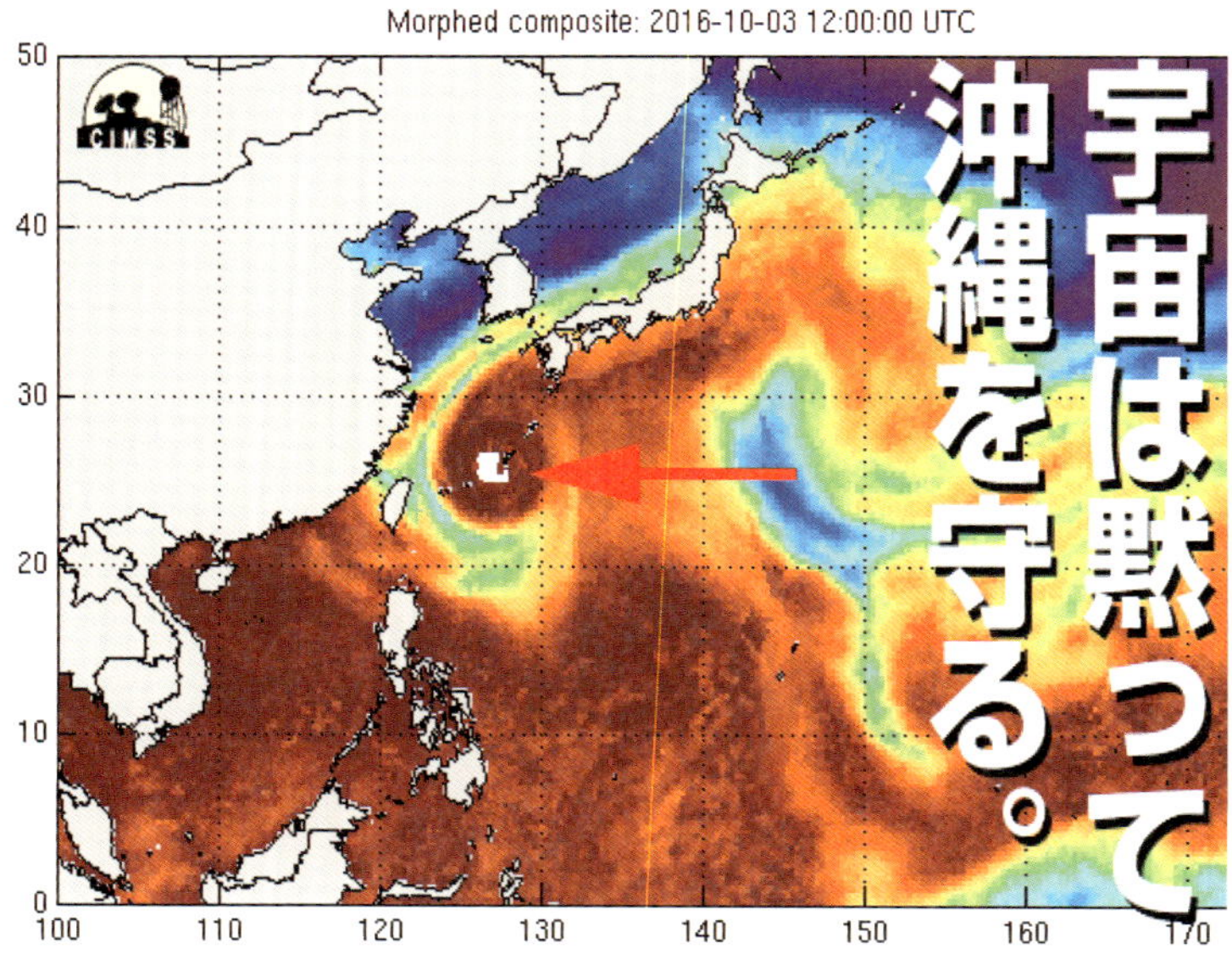

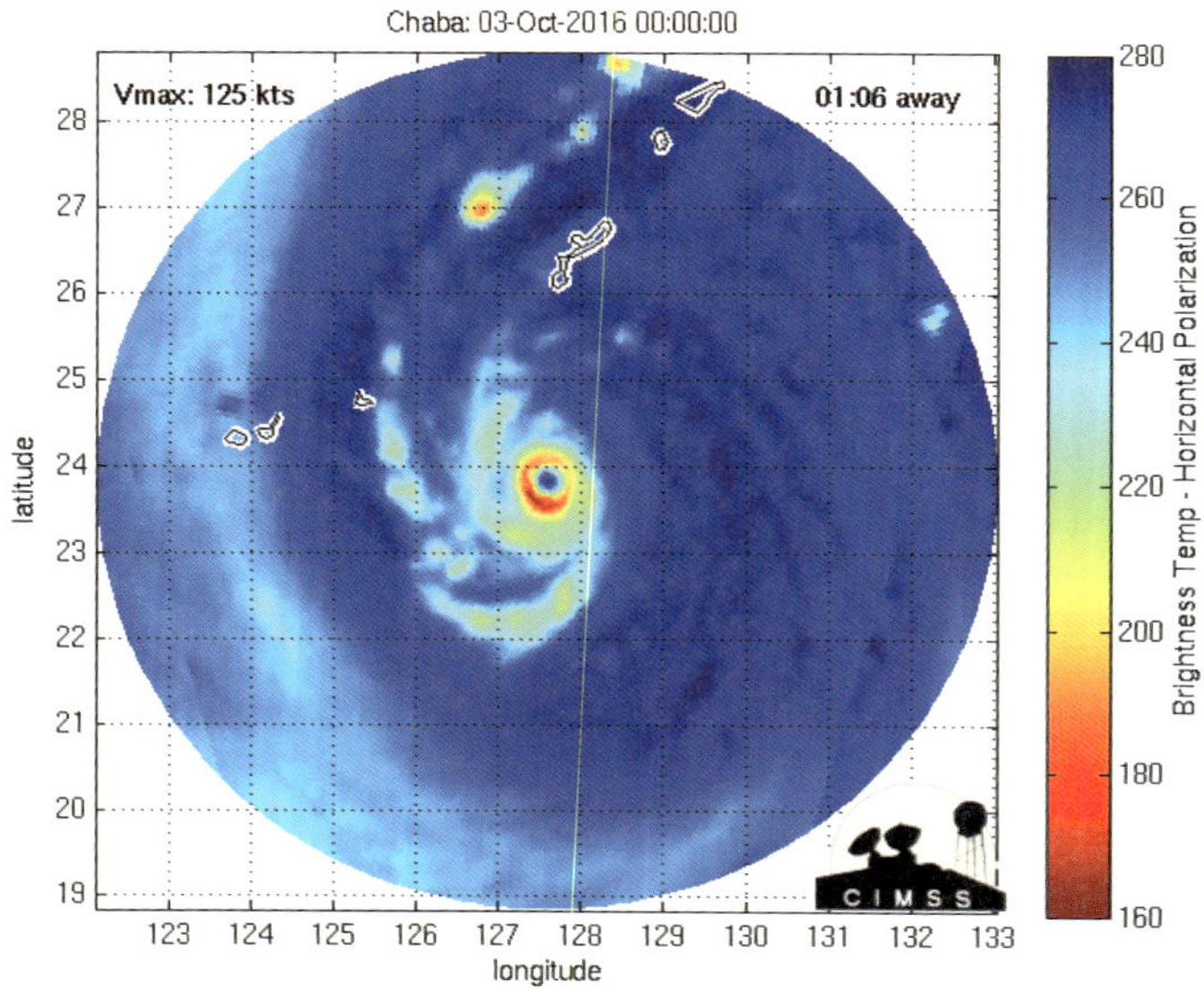

10月３日　台風18号「チャバ」の沖縄上陸はハーモニー宇宙艦隊が完全阻止した！

Ⅲ　大正の関東大震災も人工地震だった!!

2005年4月、CIAの前身、米OSSの機密文書が公開された

〝闇の政府〟がどのように日本を虐《しいた》げ、日本人を心理的にどのように破壊するか、米国CIAの前身、米戦略事務局（OSS）の文書が公開されているので、この章の最後にこれをとくとお読みいただきたい。

2005年4月に米国で、「Psychological Warfare Earthquake Plan Against Japanese Homeland」と題する機密文書が公開された。

この文書は1945年、CIAの前身であるOSSによって作成されたものだ。この文書によれば、第2次大戦末期の1944年に著名な地震学者たちが総動員されたらしい。ここで、「日本近海のどこの海底プレートに強力な爆弾を仕掛ければ、人工的に巨大な津波を起こせるかシミュレーションを繰り返した」というのだ。

この「強力な爆弾」とは、むろんのこと原爆のことだ。結論は、「**日本人の目を覚まさせる**

には地獄に飲み込まれたと思わせる必要がある。そのためには、地震を恐れる日本人の特性を徹底的に突くべし。地震攻撃に勝るものはない」だった。

この秘密文書の最後には「**地震・津波攻撃の目的は日本人をパニックに陥れること**で、神国日本や軍部独裁に対する不信感を醸成することにある。**日本人が国家を捨て、個人の生存を第一に考えるようにするためのショック療法**ともいえる」と記されていたらしい。

日本に対して、「一番戦意を喪失させるには地震・津波攻撃が有効手段である」と結論付けられたわけだ。

このことはニュージーランド外務省の情報公開法に基づき、1999年に公開された極秘外交文書でも、「**米政府は第2次大戦の末期から地震・津波兵器の開発を進めてきた**。ニュージーランドの沖合いで実施された津波爆弾『プロジェクト・シール』の実施では30mを超える津波の発生に成功。日本を降伏させるために、この津波爆弾を使うか、原爆を投下するか検討されたが、精度が高く、効果が大きい原子爆弾が使用された」と書かれていたという。

このOSS地震兵器機密文書を知ったジョー・ヴィアリス氏は、以下の警告を、命を懸け日本へ送った

「**日本の皆さん! 阪神大震災は米軍による日本経済を弱らせるための地震兵器による攻撃だった。近い将来、ヤツ等はさらに第2、第3と日本本土に地震攻撃を仕掛けてくるだろう!**」

しかし、**せっかくメッセージを送った彼を日本のマスコミおよび政府関係者は、変わり者扱いし、嘲笑《ちょうしょう》し、無視黙殺したわけだ**。この後、彼は何者かによって暗殺されてしまったのだ。この書でたびたび登場するベンジャミン・フルフォード氏も同じようにこの謀略を事前に知り、政府に知らせたらしいのだが、政府は知ってか知らずか、この警告を無視した。そして、3・11東日本大震災が起こった。命を懸け、日本人を救おうとした勇気を台無しにしてしまった。

“政財界、マスコミのトップは、高い口止め料で黙して語らず”

しかし、こうした努力は報われたのだろうか。このOSS文書を発掘した情報筋は、こう告げた。

「民衆の中に刷り込まれた『**地震はプレートが原因の自然現象。地震兵器などはSFの産物。本気で信じるのはバカ』という固定観念は救い難いほど深い**。政財界、マスコミのトップは知っていても黙して語らず。高い報酬が口止め料だ。

現代の戦争は、宣戦布告によって始まるとは限らない。否、そんなことは皆無と言って良い。まず何らかのイチャモンをつける。独裁者から民衆を解放する、自国民の財産と生活を守る、とかもっともらしい理由で軍を派遣し、侵略する。

日本の国民性は大人しく規律を守るので、暴動を煽りにくい。その場合、脅迫は何の予告もなく、突然襲う自然災害の形をとって行うのが適当だ。

日本人は何万人殺されても疑問に思わず、また勤勉にコツコツと復興に向けて仕事に励みだす。金融マフィアたちは冷たい笑みを浮かべ、いつものように大人しいアリたちを良いカモとして陰で搾取を開始する。

現在世界で『公然の秘密』として行われている、擬似自然現象兵器使用の目的は『脅迫』であったり、『報復』であったり様々だが、支配者層以外、一般大衆には何も知らされない。

一般人は、悲しみに暮れながらも、自然災害だからしょうがない、とあきらめる。宣戦布告もなければ、戦争終結宣言もない。多大な民衆の犠牲と悲しみだけが残される。これが現代の、新しい形の隠れた戦争なのだ」

どうであろうか？　これこそ、本書で一番述べたいことだ。およそ〝ぶら松〟否、国際金融偽ユダヤ資本はこうした手口で世界を屈服させてきたわけだ。

ちなみにフリーメイソンであるトルーマン大統領に率いられた米国は、終戦直前、B29爆撃機から以下の米国式地震予告ビラを大量投下しているのだ。

〈一九二三年諸君の国に大損害を及ぼした彼の大地震を記憶してゐるか、米国はこれに千倍する損害を生ぜしめる地震をつくり得る。

かくの如き地震は二噸《とん》半乃至《ないし》四噸の包にして持って来られる。これらの包はいづれも数年間をかけた苦心惨憺《さんたん》の賜物を二、三秒間内に破壊し得るのである。米国式地震を注目して、この威力が放たれた際に大地の震動を感知せよ。諸君の家屋は崩壊し、工場は焼失し、諸君の家族は死滅するのである。

米国式地震を注目せよ――諸君はそれが発生する時を知るであらう〉

驚くのは1923年の大正関東大地震も人工地震だったことだ。早い話、米国が選択したのは人工地震ではなく、原子爆弾だったわけだ。

この**原子爆弾投下で、戦争終結が早まったことを学校で習ったが、これは嘘デタラメだった**わけだ。**最初から、ユダヤ人のアジア殖民政策に刃向かってきた日本を殲滅《せんめつ》するため、英国首相チャーチルと米国大統領ルーズベルトが仕組んだのが大東亜戦争だった**のだ。

原子爆弾投下を命令した米大統領トルーマンを林田民子は一本背負いで投げ飛ばした！

最近、原子爆弾投下を命じ、日本人大虐殺という蛮行を犯したトルーマン米大統領を一本背負いで投げ飛ばした日本女性がいることを知った。

この女性こそは、今は亡き、熊本出身の林田民子女史だ。この女性は24歳の時、米国に船で渡った。この船底で、講道館柔道の達人と出くわし、米国に着くまで柔道を習ったらしい。

米国では夫とともにＣＩＡに勤務。戦争が終結、日本が降伏し、戦勝祝いのパーティが開かれた。

そこで、トルーマン大統領に林田民子が近づいて尋ねた。

「閣下、なぜ広島、長崎に原爆を投下したのですか？」

「それはアメリカの軍人20万人を救うためだ！」

トルーマンは応えた。

「米国では、ポツダム宣言に日本が調印するまで戦闘行為を禁じることが決定されていたはずです。何ゆえ、原爆投下を命じたのですか？」

民子は迫った。

「それは20万人のアメリカ軍人を救うためだったのだ」

トルーマンは再び述べた。

「嘘つき、お前は世界最悪の悪魔だ！」

民子は、トルーマンの胸倉を摑み、一本背負いで投げ飛ばした。

次にこれを見ていたヘンリー・スチムソン長官の巨体が民子に襲いかかった。このスチムソンという男は、B29爆撃機による東京大空襲を命じ、無差別大量殺人を指令した男だ。

民子はこの巨体にも一本背負いを決めた。

「ダーン！」

銃声が鳴り響いた。民子の胸から血が飛び散った。民子は銃声のほうを振り返りながら、倒れて崩れたのだ。

なんという、胸のすく武勇伝ではないか。こんな日本女性がいたのだ。幸い、民子の命に別状はなく、その後、民子は日本が不利にならないよう、尽力した。

命懸けで日本を護ろうとした前出のジョー・ヴィアリス氏らの死を無駄にしないためにも、私たちは本当の真実を知り、地震、台風などの災害は人工で起こせることを広く知らせる必要があるのではないだろうか。

日本人に覚醒を促すために私たちは果たしてどのような心構え、どのような精神性を持ち、

米OSS機密文書でわかった日本殲滅計画

終戦間際、米国が撒いた地震予告ビラ

原爆投下は明らかな国際法違反ではないか！

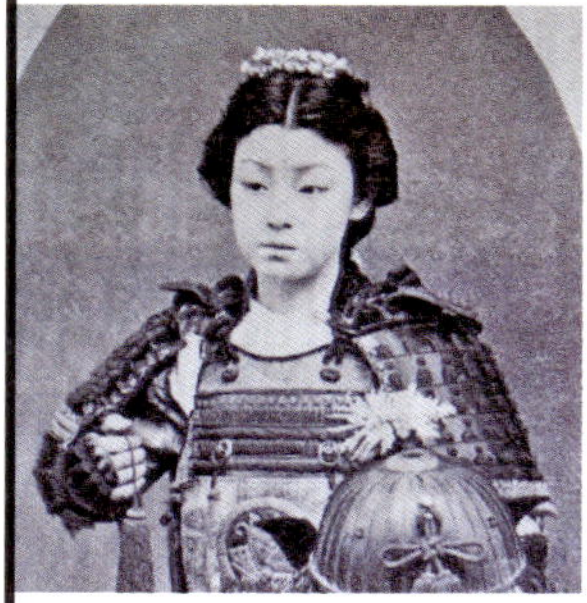

米大統領トルーマン、長官ヘンリー・スチムソンを一本背負いで投げ飛ばした熊本出身、CIA に勤務していた林田民子氏（TBS は「原爆が戦争の終結を早め多くの人命を救った」と嘘デタラメを報じた）

どのように魂を進化させれば良いのか。次章でそこに迫る。

第4章

人類は銀河意識にアセンションする!?

I　地球人類に核兵器、原発は要らない

銀河連盟が闇の政府を追い詰めた！

　ここまでハーモニー宇宙艦隊の活躍と〝ぶら松〟こと、〝闇の政府〟の謀略を綴ってきた。筆者とハーモニー宇宙艦隊地上司令官を担う横石集との講演会も２０１６年４月から開始し、異例の半年以上の長期にわたった。

　国際テロ事件、熊本地震、伊勢志摩サミットなどによって国際情勢が変化、また、相変わらず気象兵器ＨＡＡＲＰを使った人工地震と人工台風、そして、ケムトレイル攻撃が止むことがないからだ。

　かなりコアなハーモニー宇宙艦隊のファンも増えてきた。

　２０１６年後半に入って、国際情勢が大きく動きだしてきた。これまでロスチャイルドとロックフェラー財閥が圧倒的な強さで世界を蹂躙《じゅうりん》してきたようなのだが、どうも仲間割れが起きているようなのだ。世界人口を５億人に削減し、１％の富裕層が99％の世界人類を支配する

という、狂信的な新世界統一秩序――NWOへの謀略が破られつつあるというのだ。

しかし、相変わらず従来の思考を抜け出せず、これまでの権力を振りかざしているのが石油利権を思いのままにしてきたロックフェラー財閥らしいのだ。

〝ぶら松〟殲滅に大きな力を発揮しているのが、ロシア・プーチン大統領の存在だ。2016年新年早々、イルミナティ殲滅を宣言したばかりだ。どうやら、ロシア国内からイルミナティの息のかかった人物を逮捕、イルミナティ系企業の国外追放にも成功したらしい。日本政府は、2015年来、日ロ平和条約締結を前提にし、ロシア政府と交渉を続けてきた。

人工台風の日本攻撃が止まない2016年9月2日、安倍晋三首相はオバマ大統領の制止を振り切ってプーチン大統領とウラジオストクで会談したのだが、実際、どのような話がされたのか知る由もない。新聞、テレビ局はすでに報道規制がしかれ、政権に都合の良いニュースしか流さないからだ。

今後、プーチン大統領と緊密な首脳会談が定期的に行われるということは明確になった。

巷間《こうかん》騒がれるように、米国を牛耳ってきたネオコン・ブッシュ元大統領らの力が激減、これを後ろ盾とするヒラリー・クリントンが大統領選で敗れたため、世界の潮流が大きく変わる。

9・11米国同時多発テロ事件の式典で挨拶したヒラリーは、ここで発作を起こし、両脇を支えられながら退場する動画が世界中に配信された。ある医学教授は匿名でヒラリーの病状を分析した。

この教授の述べるところでは、「彼女は脳梗塞・脳疾患からくる血管性認知症で余命1年程度」というのだ。

重大なことは、発作を起こした複数の動画から推測すると、進行性の脳血管性認知症に罹《かか》っていることで、今後数か月のうちにもっと悪化した症状が予想されるというのだ。

その証拠にヒラリーの側には、いつも大柄な黒人男性が付き添っている。緊急発作の際この男が皮下注射するため、カプセルのような注射薬を手にしていることが動画でアップされている。

これを裏付けるように2013年にヒラリーが老人性血管症と診断されていることもわかった。

この匿名医学教授が明かしたように、このような体調では仮に選挙で勝っていたとしても過酷な大統領職が務まるはずもない。

アメリカの旧体制は崩れ、ヒラリーは「メール問題」で足場を失った！

ヒラリーは個人のメールサーバーを使った「メール問題」でＦＢＩと国務省から追及されて

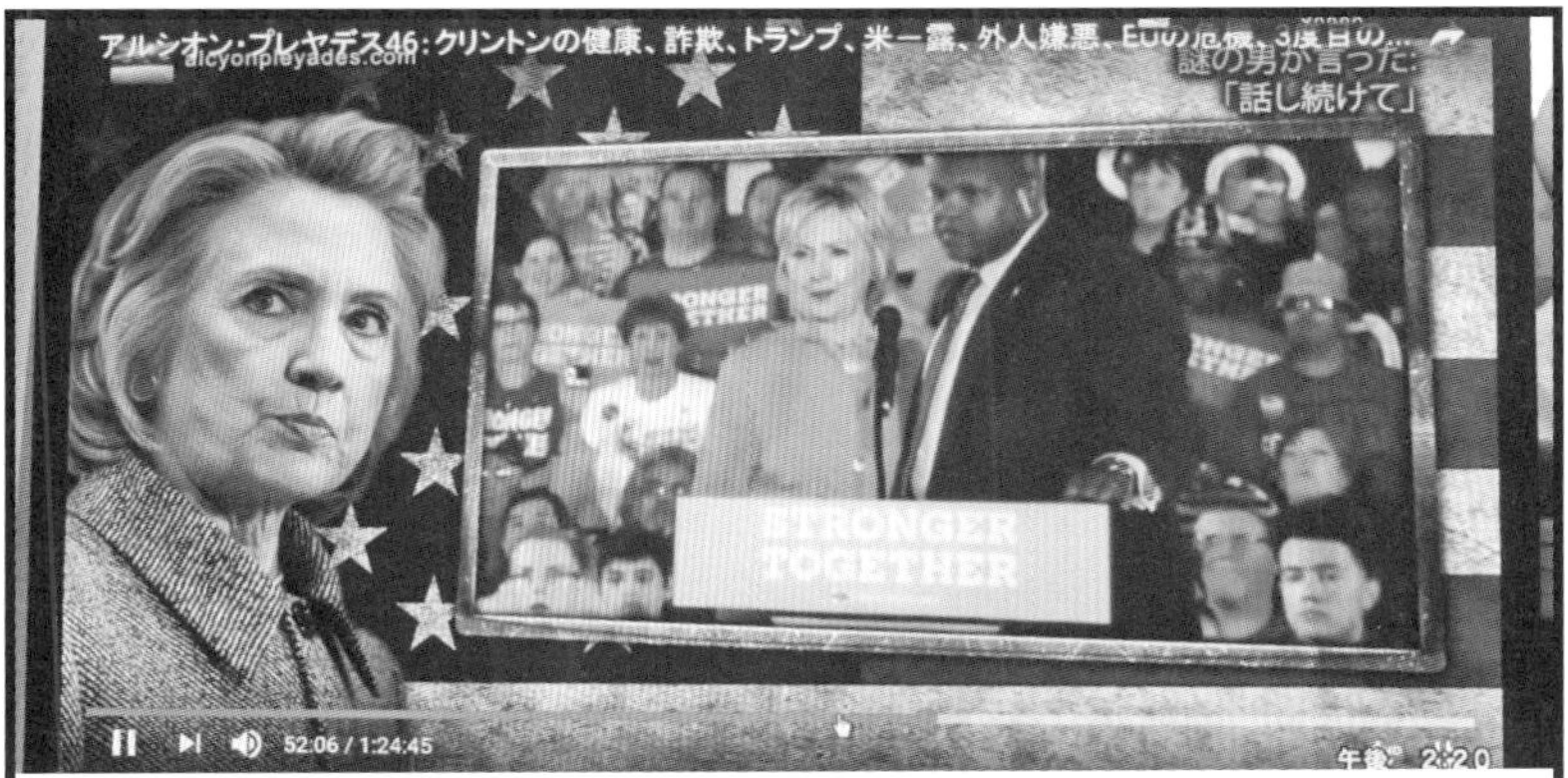

大統領選の演説中にも常に黒人の謎の大男が寄り添っている

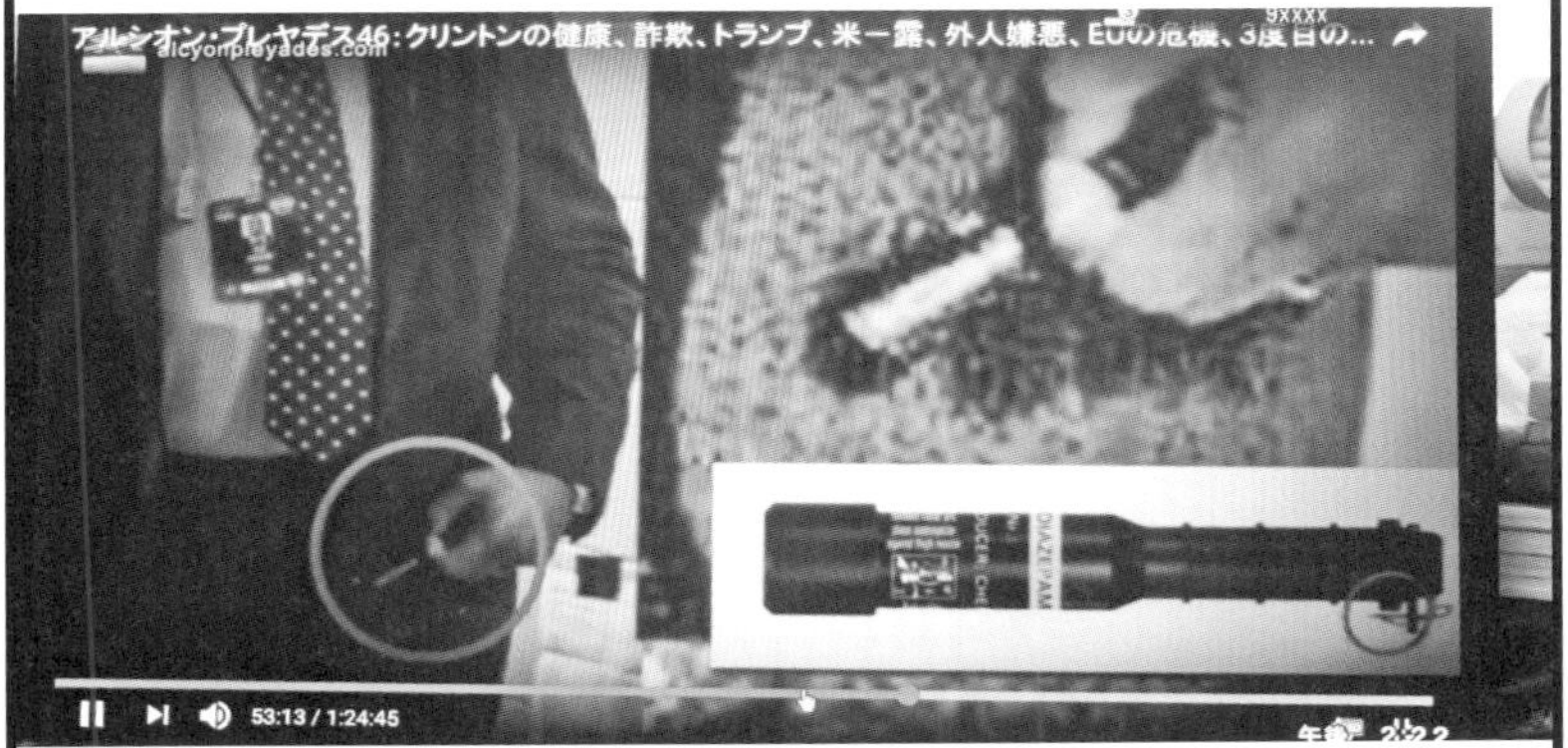

謎の黒人の大男は皮下用の注射器を常に携帯している。引用／「アルシオン・プレアデス」

安倍首相とヒラリーにほぼ身長差はない。この女性は替え玉だろうか

いたのだが、有力な情報筋によると、このメールの中に、リビアのカダフィー政権を崩壊させた後、大量のリビア軍の兵器や物資、資金を奪い、それをシリアの反政府ならびに北イラクのISに引き渡す計画が書かれてあったという。

要するに**リビアのカダフィー大佐暗殺、およびリビア政府壊滅の司令官がヒラリーだった。そこで、奪った2・4兆円もの資金で人殺し専門の傭兵部隊をシリア、北イラクで組織・訓練した**というのだ。

この重大な情報を握り、表に流出させたのが内部告発サイト『ウィキリークス』と元CIA・NSA職員エドワード・スノーデンらだ。命の危険を知ったスノーデンは、2013年5月、早速、香港経由でロシアに亡命した。

前述したリビアから奪った資金がクリントン財団にも持ち込まれたようだ。こうした不正スキャンダルも浮上、このことでアメリカ国民はヒラリーが在籍する民主党への不信感を募らせ、また、政府が公表する情報を米国民の20%もが信用しないということに繋がった。

また、ドナルド・トランプ次期大統領から出てくる言葉は、傍若無人。メキシコとの国境に巨大な壁を作るとか、韓国、日本から米軍を撤退させるとか、人種差別的な発言が相次ぎ、強硬な政策を訴えていることが報道された。

しかし、これは旧体制ネオコン・ブッシュ&ロックフェラー財閥が流す情報操作だったらしい。ニューヨークタイムズもワシントンポストもすでに闇の政府に操られて久しい。

トランプは選挙戦で、**「ＩＳの創設者はオバマ大統領であり、その共同創設者がヒラリー・クリントンである」**ことを明言、ロシア・プーチン大統領に親書を届けているとされ、闇の政府に操られているブッシュ陣営の流れとは大いに違う考えを持っているようなのだ。

今やイギリスがＥＵから離脱したようにヨーロッパでも、金融危機がまじかとされる。難民が流入し、戒厳令施行前夜の状態で、かつての興隆は過去のものだという。

かつて世界を支配してきた旧体制が崩れ、ロシアと中国を中心とした機構にインド、パキスタンが加わり、さらにシリア、エジプト、トルコ、そしてイスラエルまでも参加申請しているという。つまり、米国およびＥＵ、ＮＡＴＯを中心として旧体制が崩れ、新しいロシア、中国を中心とした力が興隆してきたようなのだ。

しかし、２０１６年９月20日、ヒラリーが安倍首相と会談したという驚くべきニュースが流れた。ヒラリーの身長は１７４㎝、安倍首相は１７５㎝、２人が握手する写真では明らかに身長差は歴然。となれば、この女性はやはり替え玉だったのか。闇の政府による恐るべき謀略が進められているのか。まったく謎だ。

その後、安倍首相は、ビル・クリントン元大統領とも会談、日米安保条約の重要性を再確認した模様だ。このビル・クリントンもヒラリー同様、ブッシュ陣営の傀儡《かいらい》であることが明白だ。

安倍首相は何ゆえ、クリトン夫妻と会見したのか。何ゆえ、まったく日本が不利な立場に追い込まれるＴＰＰ批准を急いだのか。

10月初旬、ヒラリーとトランプの直接対決討論会が行われ、ヒラリー優位との情報が駆け回った。しかし、この対談も仕組まれたようだ。

10月下旬、なんと、副島隆彦氏がこの項で述べてきたことを完全曝露、『ヒラリーを逮捕、投獄せよ』（光文社）を刊行した。まさしく命を懸けた曝露本といえる。副島氏の矜持に拍手を送ろうではないか。

（本稿校正中の11月半ば、大統領選はトランプの圧勝。筆者の観測は適中した）

闇の政府を操るのはトカゲ型宇宙人レプティリアンだった！

トランプが圧勝した今日、ＦＢＩはクリントン財団が不正に集めた１９００億円の資金をエクアドルとスイス銀行に送金したことを掴んだ模様だ。ヒラリーと一蓮托生のＣＩＡが国外逃亡に助力しているというのだが、もしかするとヒラリー逮捕は起こり得るかもしれない。

さて、問題のアメリカという国は現在、どういう状況なのか？　この本でたびたび登場するベンジャミン・フルフォード情報によれば、「米国経済が好況というのは嘘デタラメで、米国

米国メディアはヒラリー優位の嘘情報を伝えた

ヒラリー候補優位と伝えられた大統領選テレビ討論会（引用／NHK）

定期的に会談することが決まったプーチン大統領と安倍首相。しかし安倍首相は米国大統領選後の世界の潮流を全然理解していない

では1年間仕事をしない人を失業者とし、1週間に1度仕事すれば失業者ではない。本当の失業率は40%以上、9500万人が失業中」という。

もはや、米国経済は凋落、破綻寸前、否、もうすでに破綻しているという声が圧倒的だ。伊勢志摩サミット直前に日本政府は100兆円を強請《ゆす》られ、送金したという情報がそれを物語っているのではないか！

ヒラリーの起こした国際犯罪の謀略が副島隆彦氏と東京新聞1面トップでも暴かれた

何より2016年9月、これまで原発再稼動を推進してきた日本原子力研究開発機構が福井県敦賀市に建設された高速増殖炉「もんじゅ」を廃炉にする調整に入ったことが明らかとなった。国内では経団連はじめ、財界と政府は原発再稼動を目論んできたが、ここへ来て流れが大きく変わる様相を見せているのだ。

「もんじゅ」には、これまで1兆円がつぎ込まれている。核燃料サイクルには血税がすでに12兆円が消えた。このような経費が膨大にかかるエネルギー政策は即刻見直すべきではないか。**何より、高レベル放射性廃棄物は10万年管理しなければならない。いったいどこの**

誰が、10万年も管理できるのか。

UFO艦隊が3・11で破壊された福島第一原発の上空にも出現したほか、原発施設周辺にたびたび出現するのは、〝ぶら松〟からの攻撃を阻止するのはもちろんのことだが、日本人に対しての警告ではないだろうか？

これまで原発利権を握ってきたのがロスチャイルド財閥であり、エリザベス女王が権力のトップに君臨、原発利権を握っていると言われていた。しかし、ここに来てこの流れが大きく変わる可能性が高くなってきた。

ネットでは、トカゲ型宇宙人レプティリアンが銀河連盟によって追放されている事態が「アルシオン・プレヤデス」という動画サイトなどで公開されている。

レプティリアンとは、イギリスBBCの元ニュース・キャスター、デヴィッド・アイクやアンドロメダ星人から通信を受けているというアレックス・コリアーらが警鐘する、米国政府を操るトカゲ型宇宙人のことだ。

前述のとおり、このような地球外知的生命体から進んだテクノロジーを得る代わりに地球人の人体実験を容認した。そこで、米国政府はIC、レーザー光線、半導体、粒子線加速器、ステルス機など、相当の技術を得てきたわけだ。

10数年前、こうしたテクノロジーを使った軍事兵器や秘密機器などを開発する秘密基地で働

3 .11以後、福島第一原発十空に出現した UFO　引用：「アルシオン・プレヤデス」

各地に頻繁に出現するようになった UFO 艦隊（横石集撮影）

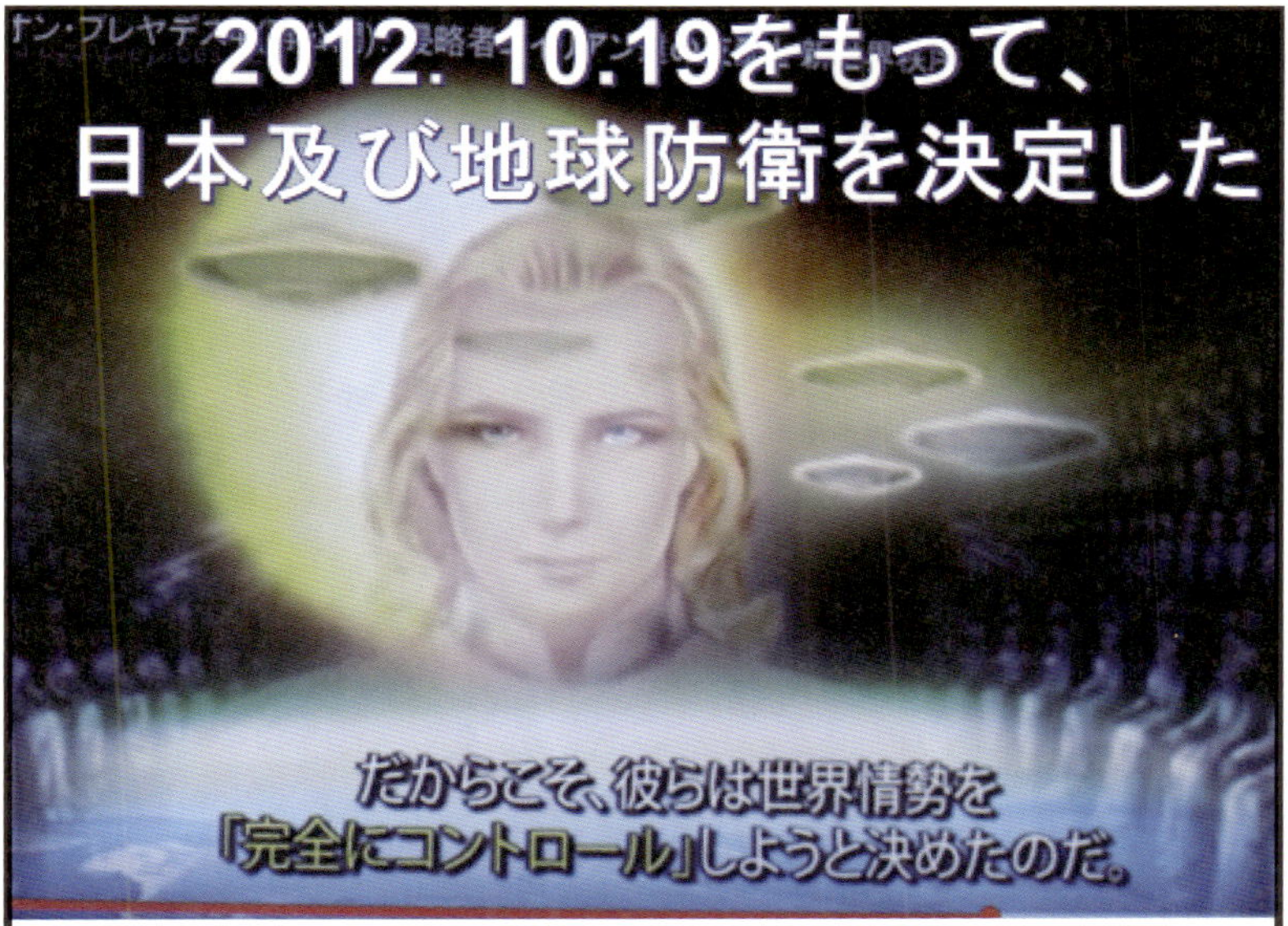

ハーモニーUFO 艦隊及び銀河連盟は人類への直接介入を決定した　引用：「アルシオン・プレヤデス」

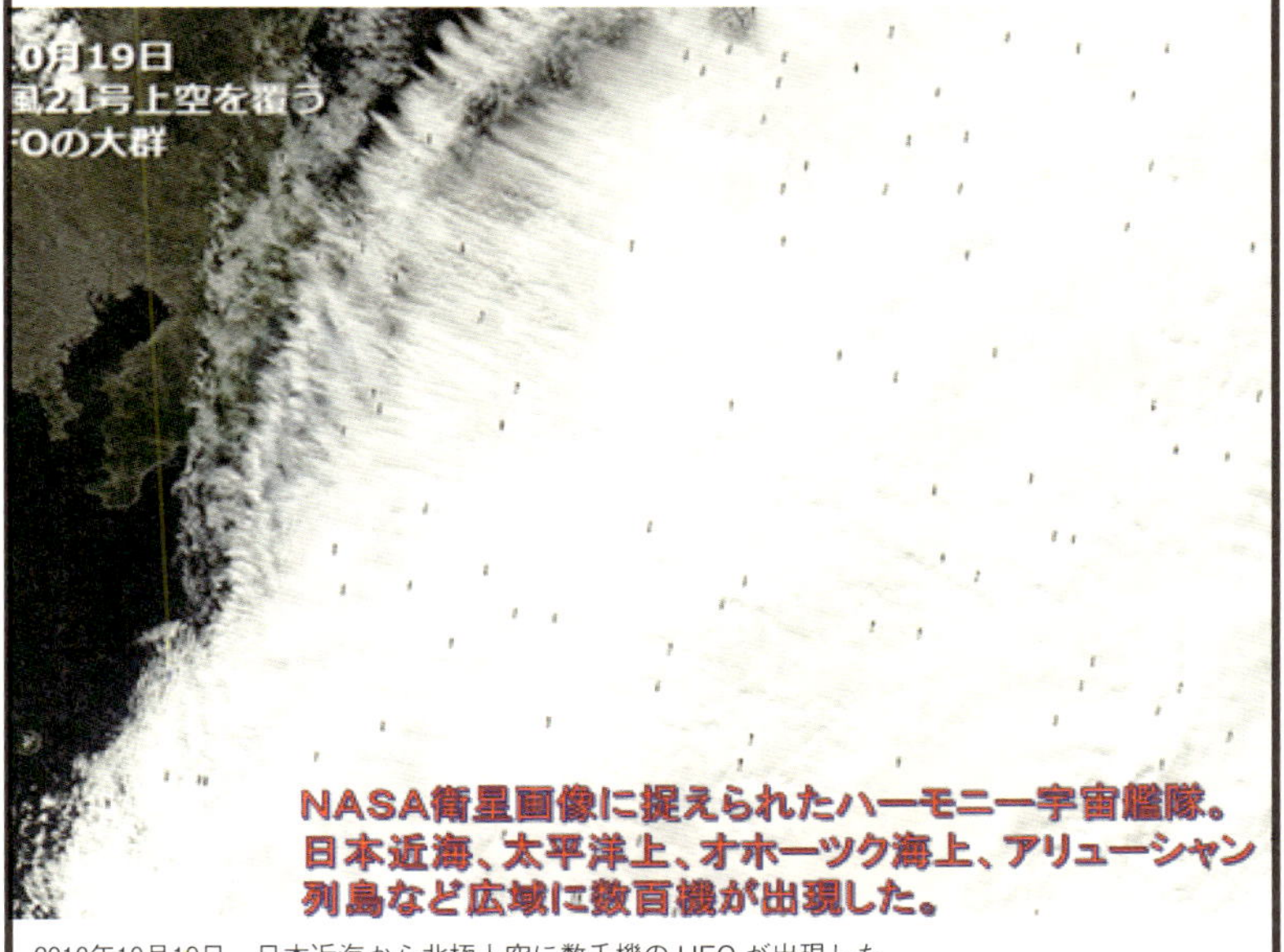

2012年10月19日、日本近海から北極上空に数千機の UFO が出現した

いた日本人医師の証言を第2章で取り上げた。米国ネバダ州にある「エリア51」という秘密基地である。

アレックス・コリアーは、アンドロメダ星人から情報を入手、これまで10歳以下の幼児が米国で相当数誘拐され、行方不明になっている事例をあげ、闇の政府が行う悪魔の儀式を暴いているようなのだ。

今や、このトカゲ型宇宙人と人間とのハイブリッドも誕生、すでに米国政府の中枢で働いている要人もかなりの数に上ることが指摘される。

長いことローマ法王として君臨してきたベネディクト16世は、2013年、南米出身のフランシスコにその地位を譲った。どうもローマ・バチカンがこの幼児虐待、行方不明に関与している疑いが強まったのがその辞任の理由だ。否、もっと残虐な儀式をやっていたらしい!! イギリスのエリザベス女王もまた、このハイブリッドだという。

また、かつて事故死したダイアナ妃はこの秘密を知ったがために葬られたというのだ。

この裏情報も確かめようがないが、闇の政府、イルミナティの中枢に君臨するのがブッシュ元大統領、ベネディクト16世、そしてエリザベス女王だったらしい。

〝ジャパン・ハンドラーズ〟が次期リーダーとして小沢一郎代表の支援を決定!?

この流れが2016年に入って大きく変貌しつつあるというのだ。有力な情報筋によれば、「闇の政府の中でも地球温暖化を回避しようとする穏健派が勢力を増し、『脱原発路線』に方向を切り替え、代替エネルギーの開発に世界を挙げて取り組むことが決定された」というのだ。

前述した高速増殖炉「もんじゅ」を廃炉にする方向で調整しているのはそのためだったのか。この方向に沿うよう、先の新潟知事選では圧勝が予想された自公民推薦候補が敗れ、脱原発を謳った米山隆一氏が勝利した。

これで、2016年7月鹿児島知事選で大差をつけた、川内原発の即時停止を要求する三反園訓氏に続き、脱原発の流れは、変化著しい闇の政府に呼応するように思える。

また、これまで日本を操ってきた〝ジャパン・ハンドラーズ〟が日本を訪れ、天皇の関係者に「日本をハンドリングする時代が終わった。これからは日本がリーダーシップを発揮する時代だ」と申し出てきたという。

この〝ジャパン・ハンドラーズ〟とは、前出のハーバード大教授のジョセフ・ナイや、ニクソン大統領時代の国務長官として君臨したヘンリー・F・キッシンジャー、そして、元国務副長官リチャード・アーミテージ、戦略国際問題研究所（CSIS）日本担当のマイケル・グリーンらのことだ。

まさしく、政治の表舞台から消された現自由党の小沢一郎代表をして、「マフィア（組織犯罪集団）だ」と断定し、これまで世界および日本を蹂躙してきたグループだ。

それが、180度方向を変換し、小沢一郎を日本のリーダーとして、全面的にバックアップするという。

朝日新聞デジタル版によれば、台湾の祭英文政権では、このほど2025年までに「原発ゼロ」にし、太陽光や風力発電などの再生エネルギー事業への民間活力を活かすことを閣議決定したようだ。

この英断は、闇の政府、または世界の最高権力グループの意思決定に基づいたものであるのだろうか。これらが事実なら、世界人類、または日本にとっても喜ばしいことだ。

かつて世界を牛耳ってきた旧勢力の〝闇の権力者〟たちは追い詰められている
（引用／アルシオン・プレアデス）

しかし、これまで世界を蹂躙してきた闇の組織がこうも簡単に方向を変換するかどうか、今後の国際情勢を判断しないと真相は摑めないことも事実だ。

三度も原発の脅威を味わった日本の目指す道は、ハーモニー宇宙艦隊や小沢一郎代表が目指す「脱原発」社会の確立、そして、自然界から無尽蔵に使えるフリーエネルギーの開発ではないだろうか。

米国大統領選が終わった今日、トランプ次期大統領はロシア・中国と親密な関係を結ぶことが明らかになっている。

これに対して未だに偽ユダヤグローバリズム・オバマ・ロックフェラーらの呪縛が解けない安倍政権や大マスゴミの姿勢はかなり異常だ。

オバマ大統領もグレイ、トカゲ型宇宙人の存在を記者会で明かした！

問題の地球外生命体およびトカゲ型宇宙人がどれくらい、地球文明、もしくは米国軍産複合体に影響を及ぼしているかはよくわからない。情報提供者存在そのものが、向こうに雇われ、あるいは金で動かされ、かく乱情報を流す著名な人物も多いからだ。

とはいえ、２０１３年12月、ロシアのメドヴェージェフ首相が以下のテレビインタビューが公開されたのは衝撃的だ。

「モスクワには、どれくらい宇宙人が住んでいるのですか？」

「それを言うとパニックになるので言えません！」

メドヴェージェフ首相が実にまじめに返答したことでもわかるように、現実は地球外知的生命体ETたちとの混血もかなり進んでいると考えるほうが真実に近いのではないだろうか。もはや、ETたちは市民生活に溶け込み、経済活動を行っていると考えられるのだ。

プーチン大統領の意向とも思えるのだが、オバマ大統領はメドヴェージェフ首相の再三にわたる要請を受け、これまでETの存在を隠し通してきたが、ついに記者団を前にして、このことを明かしたらしいのだ。

これは「コブラレポート」という、銀河連盟から受けたかなり信頼度の高い裏情報筋から最近もたらされたものだ。

その一部を要約、抜粋すると、**「1947年、『ロズウェル事件』からグレイという宇宙人が知られるようになりました。トルーマン大統領とグレイはファーストコンタクトをしました。技術の提供を受ける代わりに、彼らにここで基地の建設を許した**のです。

その後、アイゼンハワー大統領は大きな白人種北欧人のような異星人とコンタクトをしました。この異星人は地球人類とよく似ており、私たちの間にいても注意されないでしょう。彼らは私たちが核兵器を放棄できれば、人類に宇宙兄弟になる啓蒙の場を提供すると言いました。しかし、残念なことに、私たちとソ連はこの申し出を受けましたが、核兵器を放棄しないという決定をしました」と驚く記者団に語ったというのだ。

やはり宇宙人とのコンタクトは、1947年、大騒ぎとなった「ロズウェル事件」に端を発していた。米国が核戦争を行って以来、宇宙人が頻繁に地球に訪れるようになったことなどを明かしたようなのだ。

重要なのは、オバマ大統領は部屋を見渡し涙を拭きながら、「異星人が60年間もの間、我々をコントロールしていた」とし、**「地球はカバル組織に操作されており、グレイの上のレプティリアンらネガティブな宇宙人によって、世界を操作されていました」**と明かしたことだ。

カバル組織とは、〝カバールマフィア〟〝ハザールマフィア〟とも称される5、6世紀ごろ、ユダヤ教に改宗した白人系カバール人、つまり世界を牛耳る〝アシュケナージ・ユダヤ〟のことだ。このトップに君臨するのが国際金融ユダヤ資本だったわけだ。

オバマ大統領はこうしたネガティブ組織と対決、多くの犠牲を払ったという。この記者会見はほぼ間違っていないと思われる。本書で明かした〝闇の政府〟に操られている国際政治の流れとほぼ一致する。

注目すべきは、オバマ大統領もこのネガティブ組織に対し、最後の闘いを挑んでいるという

●1947年7月　ロズウエル事件　UFO2機墜落回収事件
●1952年7月「ワシントンDC　UFO事件」
●1953年2月　アイゼンハワー大統領　エドワード空軍基地で宇宙人と2度会談●1954年2月　米政府や軍高官が「UFOは宇宙人の乗り物である」と公式に発表。

956年２月にホワイトハウスで撮影され
アイゼンハワー大統領（当時）。この３年前
に宇宙人に会っていたことになる

ゼータレクチル系グレイではないか！？

引用/KGB動画フィルム

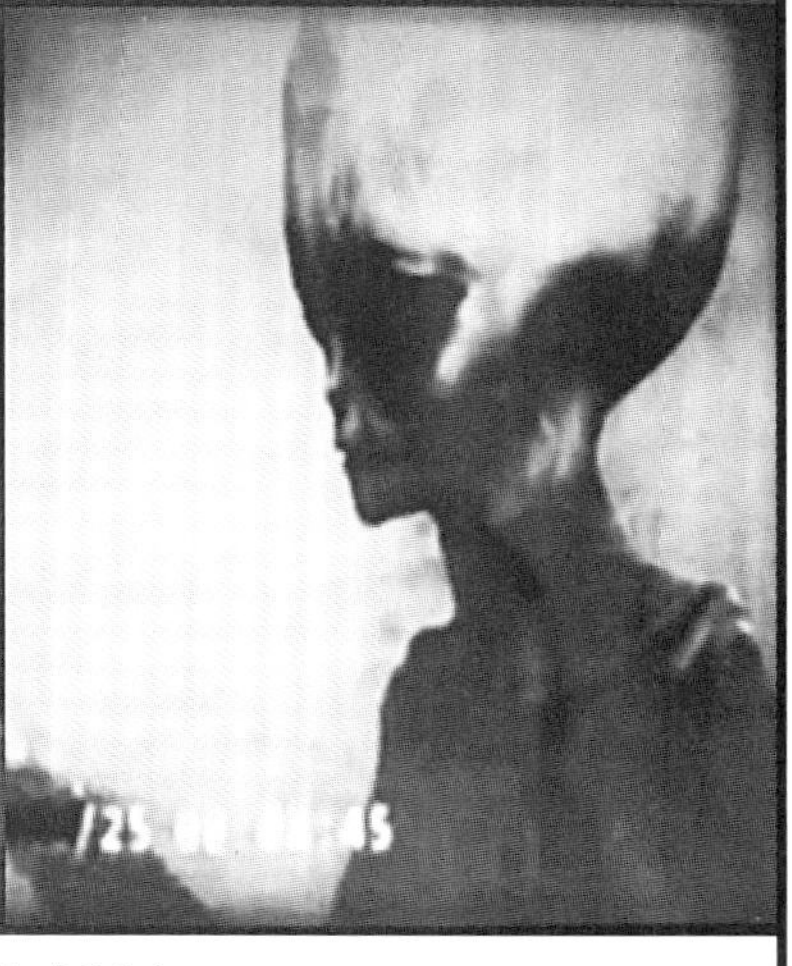

ネバダ州エリア51で働いているとされるゼータ系レクチル人

ことだ。しかし、傀儡であるオバマ大統領にそのような権力があるとは思えない。

このコブラレポートによれば、資本主義社会が滅び、貨幣経済が崩壊したあと、宇宙ファミリーと国連がコンタクトしてもいいように準備が進められているという。

「宇宙ファミリーは我々より高度に進化した科学技術と文化などを持っておりますから、現在地球が抱えている社会問題などをすべて解決できます。

よって、あなたたちは宇宙ファミリーとコンタクトできる準備として、5次元世界を生きるための自分探し（自分の使命・ハートを中心とした生き方など）を進めてください。時間はありません。そろそろ大きな変化がやってきます」

これが最新のコブラレポートの要約だ。もしかすると、今回のアメリカ大統領選の混乱ぶりこそ、これまで続いてきた世界を牛耳る支配体制が音を立てて崩れ落ちている証拠ではないだろうか。

EUのユンケル欧州委員会委員長が〝他の惑星のリーダーたち〟と会見したと公表

実は最近ネットで、銀河連盟の存在を裏付ける驚愕的な動画が配信された。このサイトによると、イギリスのEU離脱をめぐって緊急の欧州議会がブリュッセルで開催された2016年

6月28日、予想通り、イギリスのEU離脱を厳しく非難する展開となった。

しかし、**会議の席上、欧州委員会委員長ジャン＝クロード・ユンケル氏が「地球外生命体とEU」の関係を暴露する発言をしていた**というのだ。

ユンケル委員長は、1995年から2009年まで14年以上にわたってルクセンブルクの首相を務めた人物だ。このほか、世界銀行総務も兼務したヨーロッパ政財界の超大物で、EUの中でもとくに強大な権力を握っていると言われる。

その問題の発言は、こうだ。英文のタイトルは、「"Leaders of other Planets are worried"-Confused EU President talks about Extraterrestrials.」

「遠くから我々を観察している人々が非常に心配していることを知るべきです。**私は、何人もの他の惑星のリーダーと会って話しました。彼らは、EUが今度どのような道筋を辿るのか大変心配**しています。ヨーロッパ人と、もっと遠いところから我々を観察している人々の両方を安心させる必要があります」

つまり、ユンケル委員長は「他の惑星のリーダーたち」と会って話したらしいのだ。「他の惑星のリーダーたち」は、イギリスのEU離脱を心配し、今後の政策について質問をしてきたという。

「他の惑星のリーダーたち」が懸念するのは、EUが方向性を間違え、ヨーロッパに流れる難民の対応で混乱を招き、それが世界戦争に発展することではないだろうか。

ここで核戦争に発展すれば、地球が大きなダメージを受けるだけでなく、戦争を仕掛ける側にも、大きな犠牲が出るのは必至だ。

同委員長はなぜ、こうした発言をしたのか、真意は不明だが、着眼すべきは、極めて冷静に、淡々と述べていることだ。

これは、前述の**ロシアのメドヴェージェフ首相がインタビューで明かしたように、すでにモスクワをはじめ、ヨーロッパでは、長いこと地球外知的生命体と極秘に会談、交流している証拠**ではないだろうか。

結論を言えば、地球外知的生命体は地球を征服、1％の富裕層が99％の人類を支配するというNWO――世界統一秩序の推進を目論む悪しき宇宙人と、愛と奉仕の精神が基本の社会とし、困っている人ほど救済する銀河連盟の意識の確立を待つ宇宙人と2種類に大別できるようだ。

海外のこうした動きに対し日本は、UFO、または地球外知的生命体の情報に関しては、蚊帳の外と言っていい。地方紙でUFO記事が掲載されることがあっても、テレビなどの大マスコミでは〝お笑い番組〟で茶化される程度で、ほとんどオカルト扱いと言っていい。

本書刊行の最大の目的は、地球外知的生命体が地球文明に関与し、そして核戦争によって人間同士が殺し合いをする低レベルの惑星であることの啓蒙が狙いだ。今や世界中で、ディスク

〝他の惑星のリーダーたち〟と会談していることを明かしたユンケル欧州委員会委員長
https://gunosy.com/articles/Rhl99

ロジャー運動が起きており、ヒューマノイド型宇宙人の記者会見がいつ行われるかの段階であることを認識すべきだ。

これまで**銀河連盟には、「他文明には、関与しない」という暗黙の了解があったが、闇の政府、および米国軍産複合体の手口は、すでに許容範囲を超えた**わけだ。

もはや強制介入のレベルに入った。このままでは、ロシア対NATO&米国軍産複合体の対決、第三次世界大戦が引き起こされそうな展開だ。核が使われれば、共倒れが必至だ。

安倍首相は、〝ジャパン・ハンドラーズ〟の元国務副長官リチャード・アーミテージに吹き込まれた模様で、第三次世界大戦勃発を狙う米国軍産複合体の走狗と化していることを何度も指摘した。いち早く、こうした闇の組織には退場していただき、キリスト教とイスラム教との宗教的対立を克服し、人間同士が平等に暮らせる社会の構築に向けて動きだすべきだ。

幸い、銀河連盟が提供する技術を手に入れ、軍事上、軽く米軍を圧倒するロシア・プーチン大統領との日ロ条約の締結に向かって何度も会談しているようだ。しかし、いつまでも成立しないTPP批准、原発批准、国防費の増大を推進しているとプーチン大統領に相手にされなくなる可能性もある。ヒラリー・オバマらが仕組んだ旧勢力の謀略に堕ちないよう監視が必要だ。

〝アナナタタチハオモウヨウニヤレバヨイ。ワタシタチガサポートシテイル〟

悪しき宇宙人と組んだ〝ぶら松〟が開発した気象兵器HAARPを使った人工地震と人工台風攻撃の阻止に、ハーモニー宇宙艦隊が力を貸してくれていることを本書で述べてきた。

銀河連盟の総司令官とされるヴァリアント・ソーという人物も、あるチャネラーを通じ、悪しき宇宙人らの追放を任務としてきたことを告げてきた。

米国の動画サイトでは、スーツを着込み、サラリーマン風のヴァリアント・ソーと見られる人物が米国要人と会談している様子がアップされている。

このチャネラーは、銀河連盟総司令官ヴァリアント・ソーにこう尋ねた。

「これまで第三次大戦を誘導しようとし、様々なテロで世界を混乱させ、ケムトレイルで地球の大気を汚し、いわゆるNWO（新世界秩序）を主導していた悪しき連中9名と、イルミナティに協力していた悪しき宇宙人全員が処刑されたと思うが、間違っていないだろうか？」

「その通りです。このたびの作戦はとても重要なものでした。最悪の13名と悪しき宇宙人全員を処刑しました。その他重要な事柄は今のところありません」

ヴァリアント・ソーは、悪しき連中9名が最悪の13名だった以外、的中していることを告げてきた。そして、地球にとって、邪悪で処刑されるべき悪しき存在が10万人はいることがわかった。

最後にこう告げてきた。

「皆さんの祈りはとても強力な力を及ぼしてきました。乗員も皆さんの祈りに勇気と力を与えられてきました。最後まで私たちが任務を全うできるよう、地上から私たちを応援してください。私たちは喜びを持って働いています。地上から悪と汚染が一掃されるまで私たちと協力していきましょう！」

これが事実なら、なんともありがたい、感謝しなければならないメッセージだ。これについて後日、多次元世界から常時メッセージを受けている小池了&水月千歳さんというパーソナリティからヴァリアント・ソーの存在を確認できた。

2016年の夏、ペルーのカメラマンが上空を撮影している時、偶然、〝天空の城ラピュタ〟のように縦に連結する巨大UFOを発見した。この画像をぜひ、ご覧いただきたい。

ハーモニー艦隊は、横にレゴブロックのように連結しているのだが、この巨大UFOは縦に巨大な岩石のように連結しているのだ。

地球を訪問しているのはプレアデス星人だけではないようだ。他の文明のETたちが悪しき宇宙人の謀略阻止に来訪している可能性が高い。

ハーモニー宇宙艦隊の動向や、彼らの想いをブログで公開してきた横石集が幽体離脱時に受けたテレパシーは、以下だ。天井の方から機械音のような音声で聞こえてきたらしい。

「アナタタチハオモウヨウニヤレバヨイ。ワタシタチガサポートシテイル！」

ヴァリアント・ソーの根底にあるのも協力していこうという想いだ。

実はこのようなテレパシーを受ける人やUFOコンタクティは全国各地に相当数おられるようだ。もはや公式に彼らが姿を現すのは思いの他早く実現するかも知れない。

2016年8月、ペルー上空に天空の城ラピュタのような
高層に連結した巨大UFOが動画で撮影された！

出典：http://tocana.jp/2016/09/post_10957_entry.html

この動画は凄い！　明らかに縦型に連結したUFO群が捉えられている

「アナタガタハ、オモウヨウニヤレバヨイ。ワタシタチガサポートシテイル」

下町ロケット氏が幽体離脱時に受けたテレパシー通信

ハーモニー艦隊はいつも日本を見守ってくれているようだ

Ⅱ　ETの科学は数万年進んでいる！

人類はプレアデス星人のDNAを使って創造された

宇宙人といえども様々なタイプがあることがわかってきた。物質文明を超え、精神性が高く、自然と調和しながら、進化の過程にいる知的生命体もいれば、感情がなく合理的に事物を処理する冷徹な地球外知的生命体もいるようだ。

愛の奉仕行動が基本の社会という、400光年離れたプレアデス星を訪問してきた前出のX氏によれば、物質文明を超え、精神性が高く、愛の社会を営んでいる惑星だったらしい。

彼らが乗る葉巻型UFOの直径は200～300m、全長5㎞にも及ぶことは前述した。むろんのこと、球形や釣鐘型など様々なUFOが存在した。一番多かったのは、アダムスキー型の空飛ぶ円盤タイプだったようだ。

驚くべきことに葉巻型UFO内には、山や川、湖などの自然が再現、野菜や果物が栽培され、湖では魚が養殖されているらしい。生を育むには自然の環境は切り離せないのがその理由のようだ。驚くのは、地球にある野菜や果物と同種と思われるものが存在したことだ。

ここで働いているプレアデス星人には威厳があり、神々しく天使のように思えた。ほとんど地球人類と何ら変わりがなかったという。この葉巻型UFO内で一生を終える星人もいるとのことだ。これもまた宇宙人が人間に似ているのではなく、人間こそ、彼らに酷似しているわけだ。

他文明とコンタクトしているのは、UFOコンタクティの津島恒夫氏やX氏だけではなく、あの無農薬の上、無化学肥料のリンゴ栽培に日本で初めて成功した青森在住の木村秋則さんもそうだ。

木村さんは、UFOに搭乗したことを夢のように思っていたが、たまたまテレビを見ていたら、UFOコンタクティの特集番組があった。その番組に登場した女性が「3人UFOに搭乗し、1人は日本人で歯が抜け、みすぼらしい格好だった」と証言したことで、UFOに自分が搭乗していたことを確信したらしい。

海外では、UFO内で宇宙人女性と性交渉させられ、混血の子を作らされたブラジルの農民や、新婚時代から宇宙人女性と性交渉し、離婚に追い込まれた男性も存在する。子供も相当誕生したらしい。

宇宙人の子供と思われる乳幼児を出産した女性がYouTubeにアップされている。おそらく、

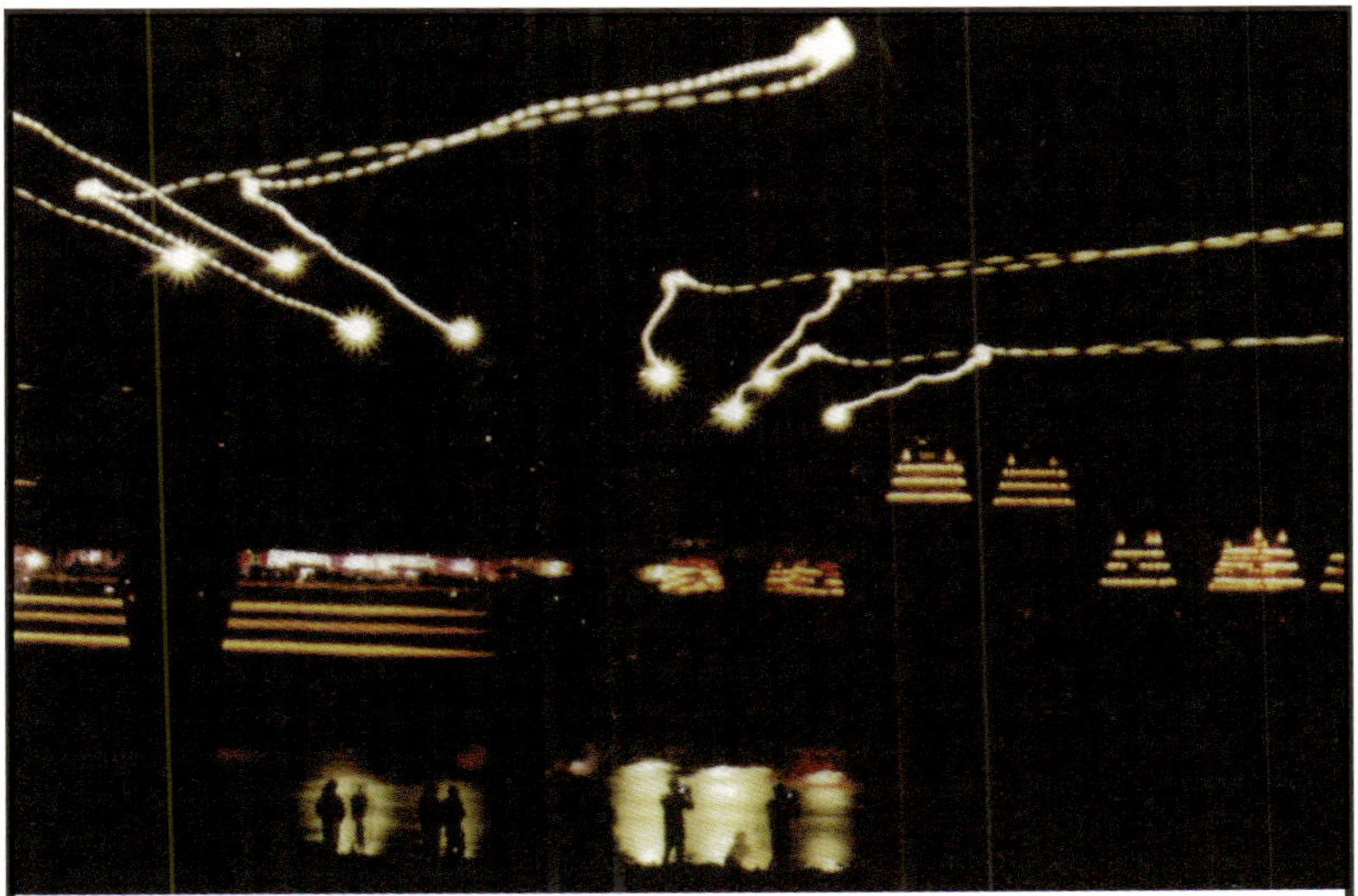

2003年10月16日　西条祭りの際、４機のUFOが８機に分かれた　出所／『UFOに乗った！　宇宙人とも付き合った！』（津島恒夫／ヒカルランド）

プレアデス星は愛の奉仕行動するのが基本的な社会だった　引用／『アルシオン・プレアデス』

こうした体験を持っている人はごく一部ではないのかもしれない。

津島恒夫氏によれば、「国内の市町村にもかなりの宇宙人が市民生活をしており、京都では女性の宇宙人とテレパシー交信し、大阪では3年に1度脱皮する宇宙人と会っている」という。この時、7から8人、写真撮影したところ、オーラが金色に輝いていたらしい。

この脱皮宇宙人の側に座ったら、生ぐさい臭いがし、顔・手・胸が真っ赤になり、ボロボロと皮膚が取れていたというのだ。

姿・形はまったくの日本人に見えるが、いい感じがしない。非常に計算高く、ハートの温もりを感じない、頭脳が優れている感じがしたという。

もしあなたの隣にいる人が、冷静で人間の温かみがなく、計算高い人間だったら、宇宙人とのハイブリッドかもしれない。

エリザベス・クラーラーは惑星「メトン星」で4か月過ごした！

中でもエリザベス・クラーラーという、南アフリカ空軍UFO課でUFO観測の訓練を受け、第二次大戦中はドイツ軍の暗号解読に従事した女性が、1980年に発表した衝撃的な体験記は世界的に知られることとなった。

それは地球から4・3光年離れたケンタウルス座のメトン星という惑星に住む科学者・エイコンとの間に子供を授かったという衝撃的な体験だ。

2016年4月、『光速の壁を超えて』（ヒカルランド）という邦題で翻訳復刊されたのだが、この書でもその惑星を訪問した人でしか知り得ない宇宙人との愛が綴られているのだ。

1983年になって彼女の体験談は、国連で読みあげられ、世界的に知られることとなった。科学者エイコンが搭乗しているUFOは、イギリスや南アフリカ、ロシアで軍隊まで動かした。南アフリカのホワイトウォーターでは数千人がこのUFOを目撃したらしい。

メトン星の科学者エイコンによれば、「地球では恒星までの距離は1パーセクで表され、1パーセクは年周視差が1秒角となる距離（30兆キロメートル、または3・26光年）です。地球にもっとも近い恒星プロキシマ・ケンタウリ星の視差は0・76で1パーセク、4・3光年の距離に相当します。光は1秒間で30万キロメートル、1年間で約10兆キロメートル進むことになりますので、地球とプロキシマ・ケンタウリ星との距離は、およそ42兆キロメートルになります。

ケンタウルス座α星として知られる太陽に似た恒星系は地球から39兆キロメートル、すなわち、4光年の距離にあるのです」という。果たして、自然との調和がとれたケンタウルス座のメトン星とは、どんな惑星だったのだろうか？

光速の壁を超えて
今、地球人に最も伝えたい［銀河の重大な真実］
ケンタウルス座メトン星の
【宇宙人エイコン】との
超DEEPコンタクト
【宇宙人エイコン】の子供を産み、メトン星で4か月の時を過ごしたエリザベス・クラーラーの衝撃の体験――多くの目撃者がいて、テレビ、新聞はおろかイギリス、南アフリカ、ロシアの軍隊をも動かしたエイコンのUFO――グレードアップした惑星から地球にもたらされた〈銀河の重大な真実〉とは!?
30年の時を超えて、今よみがえる驚愕のメッセージ!!
エリザベス・クラーラー［著］ケイ・ミズモリ［訳］
ヒカルランド

メトン星の科学者エイコン（下）の子供を授かったエリザベス・クラーラー（上）はその体験記を綴った

太陽系から最も近い惑星「プロキシマb」表面の想像図。太陽のように空で輝くのは恒星の「プロキシマ・ケンタウリ」＝欧州南天天文台提供

【ワシントン＝共同】太陽系から最も近い約四光年離れた恒星の周りに、地球に似た温暖な環境を持つ可能性がある惑星を発見したと、英ロンドン大クイーンメアリー校などのチームが二十四日付英科学誌ネイチャー（電子版）に発表した。太陽系外の惑星としては、これまで見つかった中で最も近い。地球と同じような生命がいる可能性もあるという。

海外では、将来この恒星系に超小型の高速無人探査機を送る構想があり、研究推進を求める声が強まりそうだ。

最も近い 地球に似た惑星

英チーム発表 **太陽系から4光年**

惑星は、地球から四・二光年と最も近い恒星「プロキシマ・ケンタウリ」の周りを回っており、チームは「プロキシマb」と名付けた。岩石でできており、重さは地球の一・三倍ほど。

プロキシマ・ケンタウリは太陽の七分の一程度の大きさで、発する熱や光も弱いが、惑星はこの星から約七百五十万㌔（太陽―地球間の二十分の一程度）という近い軌道を回っているため、温暖な環境とみられる。十一日程度で一周するらしい。

エイコンが暮らす「メトン星」と思われる惑星を英ロンドン大が発見。そのことが科学誌「ネイチャー」に掲載されたエイコンはクラーラーに語った。「ケンタルウスα星の私たちの恒星系は7つの惑星で構成されています。この美しい恒星系の三番名の構成要素は『プロキシマ・ケンタウリ』として知られています。その周りを7つの惑星が軌道を描いて回っています。

その最大の恒星は太陽のおよそ3分の1の明るさで、赤みがかった光を発しています。2番目の恒星の光は日光と同程度です。3番目の恒星『プロキシマ・ケンタウリ』は太陽のように赤みかがった光を発していますが、非常に安定した恒星です。

私たちの惑星は、この三重連星における最初の母星で、金星と似ています。この惑星は過去に私たちの偉大な文明を育みことができました。同じ系内の他の全ての惑星に種を広げていきました。系全体が3つの恒星の巨大なコロナの中にあります」

このケンタウルスα星とは、地球に最も近い恒星だ。この最も近い恒星系に知的生命体、否、地球文明よりもはるかに進んだ宇宙人が住んでいたとは驚愕の事実だ。

ロンドン大学がメトン星と思われる惑星「プロキシマb」を発見した!

実は、この生命存在の可能性が高い前出のメトン星探査に成功したと思える発見が、イギリスのロンドン大学チームからもたらされた。このニュースは2016年8月下旬、科学雑誌で著名な『ネイチャー』（電子板）に掲載されたのだ。

その距離こそ、4・2光年。「プロキシマ・ケンタウリ」と呼ばれる恒星を周回する惑星だった。最小質量は地球の1・3倍、岩石で出来ていることがわかった。プロキシマ・ケンタウリは太陽の7分の1程度の大きさで、発する熱や光もさほど強くはない。

ここに**生命存在の可能性がある。「プロキシマb」と名づけられた惑星は、この恒星から750万㎞（太陽地球間の約12分の1）ほどの軌道上を周回**しているという。したがって、**気候も温暖、地球のような環境ではないか**というのだ。

この「プロキシマb」こそ、クラーラーが科学者エイコンと4か月ほど過ごした惑星メトン星ではないだろうか？

この「プロキシマb」をめぐっては、さらに続報がある。2016年9月25日、NHK Eテレで、ロンドン大学がこの星を発見するまでの経緯をドキュメントタッチで放送したのだ。

この「プロキシマ・ケンタウリ」は、1900年代前半に確認されていたらしく、なんと3重連星であることがわかっていた。また、気温も摂氏マイナス30度からプラス50度くらい。生命生存が可能な温度だ。

まさしくこれこそ、前述した科学者エイコンがクラーラーに告げた内容と一致するではないか。数年前、大ヒットしたハリウッド映画『アバター』は、ここ「プロキシマ・ケンタウリ」

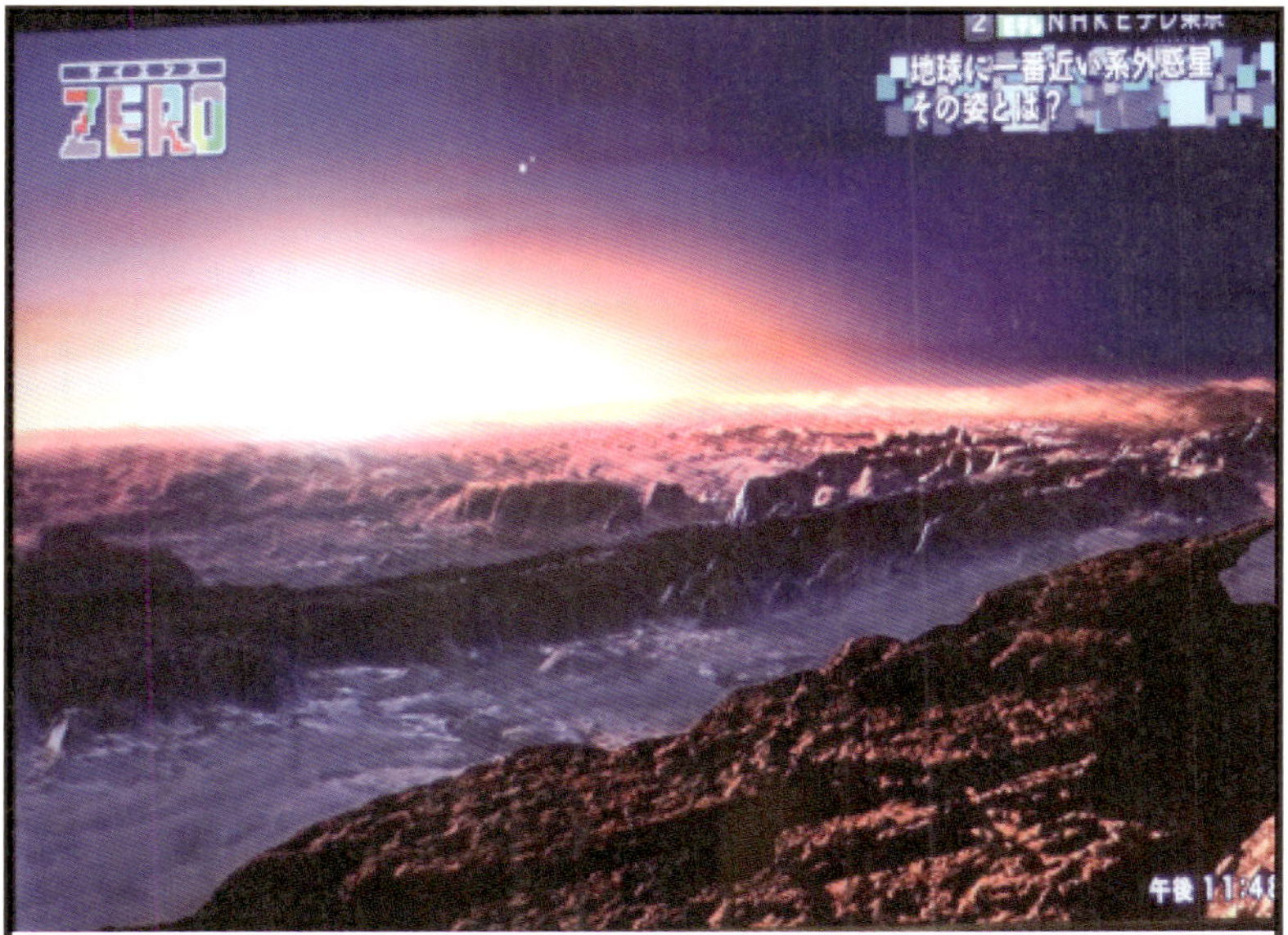

惑星「プロキシマｂ」の想像図　明るく見えるのは恒星「プロキシマ・ケンタウリ」 引用／南欧州天文台・NHK Eテレ

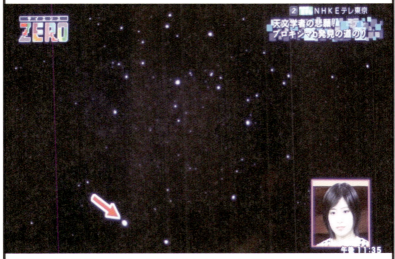

生命誕生の可能性が高い4.3光年にある惑星「プロキシマｂ」 引用／NHK Eテレ

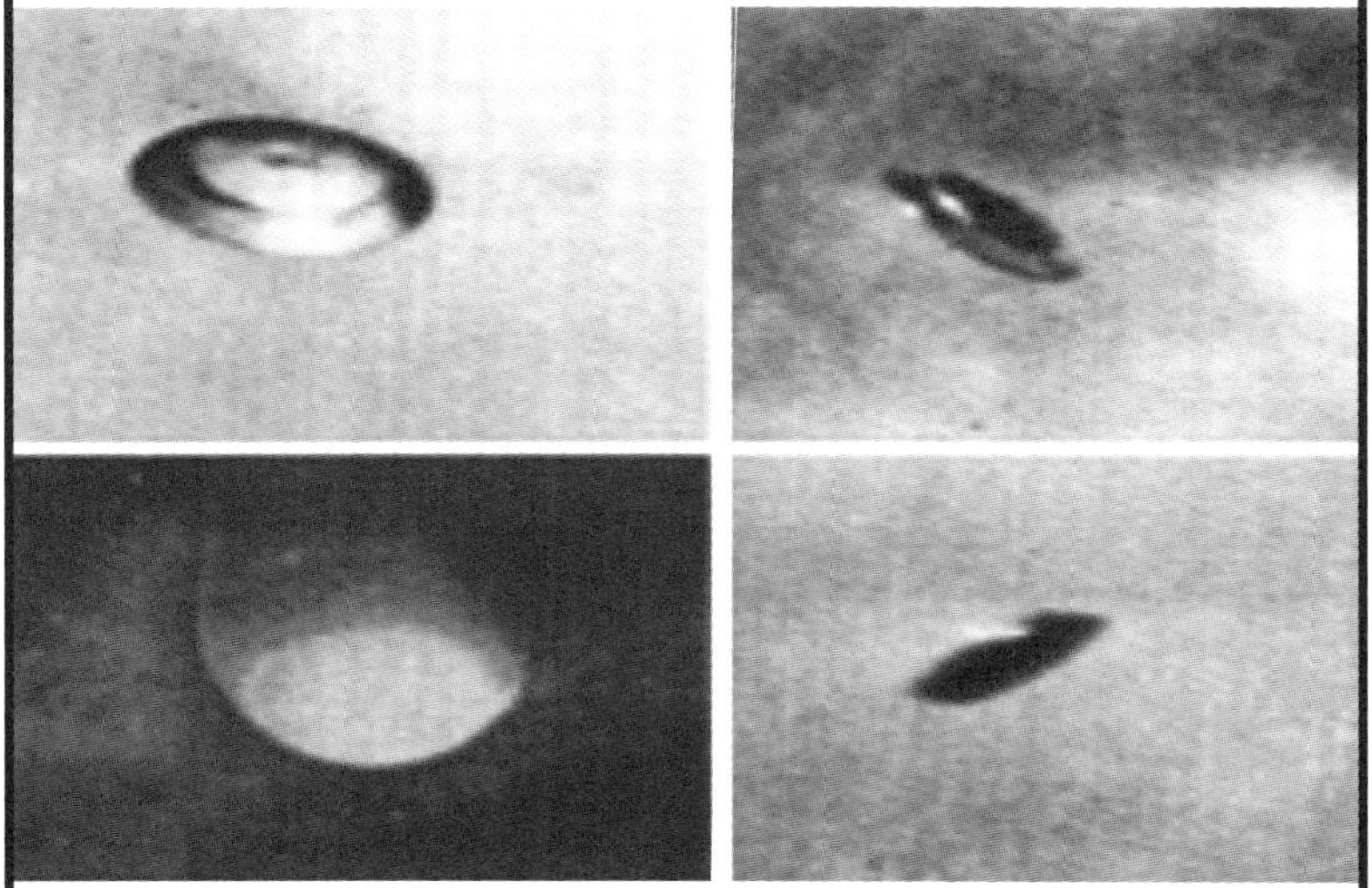

南ア共和国上空に現れたエイコンが乗ったＵＦＯで大騒動となった（撮影エリザベス・クラーラー）

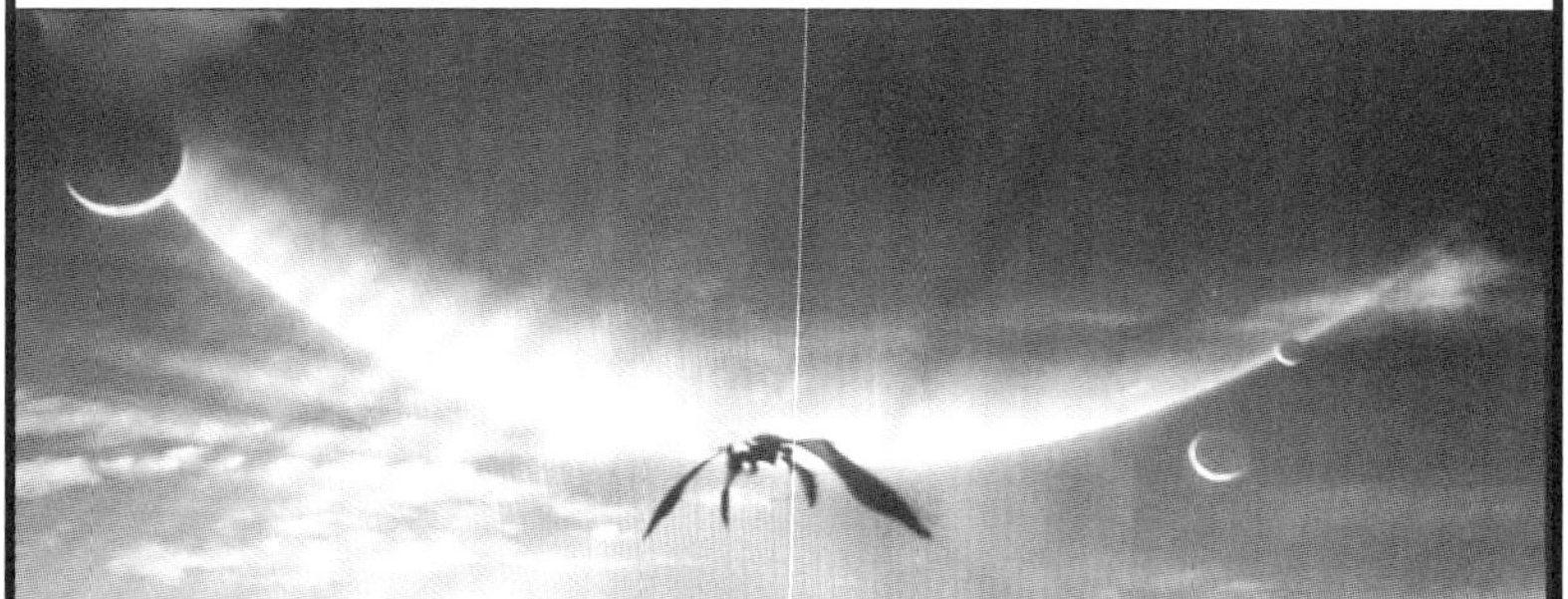

大ヒットの映画『アバター』の舞台は「プロキシマケンタウリ」だった

を舞台にした物語だったらしい。

もしかすると、この映画の脚本化はクラーラーの著作を参考にした可能性もある。

残念ながら、クラーラーはすでにこの世の人ではないのだが、科学者エイコンとの間に生まれたエイリングは、地球年齢で言えば今、58歳前後になるはずだ。

この金色の髪と瞳を持ったエイリングは、実に知性に優れ、好奇心が旺盛らしい。当然ながら、子供が生まれるということは、染色体、または種が同じということになるはずだ。

人種が遠ければ遠いほど、優秀な子供が生まれることは遺伝学上、よく知られた法則である。今日世界で活躍するオリンピックやプロ野球、テニスなどで活躍する日本のアスリートたちの中にも混血の若者が増えてきた。運動能力や感性にも優れ、日本人離れしたパワーを備えている。

惑星メトン星のエイコンの家族たちも、地球人クラーラーとの異星人間の交配を喜んで受け入れたようなのだ。

エイコンらの先祖は南極に地下都市を作った!

このメトン星には、美しく調和のとれた田園地帯があり、その上空を宇宙船が飛び交っていた。白と銀色に輝く都市は、円形なドームが密集、時折り、巨大な円形ピラミッドが見られた。自然を破壊するような建造物やハイウェイなどはなく、自然の美しさを享受でき、草原を馬が走っていたというのだ。**実は遠い昔、太陽系の中では金星でETたちが生活し、牛や馬なども生活しており、宇宙船でメトン星に移住させた**ことがあったという。その後、金星は太陽が膨張する更新世周期に入って、生命が失われた。そして広大な海が干上がり、不毛の地となったようだ。

エジプトのピラミッドは何の目的で作られたのか謎の1つだが、しかし、科学者エイコンによれば、「地球と火星では、たくさんの地震が人々を悩まし、有害な放射線が満ちていますが、**私たちは地球と火星を護るにはピラミッド型の構造物が最適なことを発見しました。**

ピラミッドはメトン星に暮らす私たちが建造しましたが、後の文明が崇拝や埋葬の場として利用しました。それらは宇宙図書館で、やがて星々への道を示します」というのだ。

先見性のある考古学者は、ピラミッドの方角がきっちり東西南北をさし、オリオン座の三ツ星が捉えられるなど、天文台ではないかと推論したが、的中していたわけだ。また、火星でもピラミッドが建造されていることが明らかとなったほか、エジプトでのピラミッドの配置が火星の配置と一致することが指摘されていた。

これで太陽系の秘密と、ピラミッドの謎が解けたではないか。

一番上が火星のピラミッドと言われているもの。写真2段目の地球にあるピラミッドと同じ配列。

（右）有名な火星で発見された人面岩

数十万年前、エイコンの先祖らがピラミッドを建造したという

クラーラーは、やがて最愛の異星人となるエイコンが操っていた宇宙船から別な科学調査船に乗り込んだ。そこで、シェロンと名乗った栗色の髪と金色の瞳を持つ青年から驚くべき説明を受けた。

「私の先祖は更新世の太陽膨張周期の研究するために地球に残りました。そこで美しい地下都市を建設し、過酷な放射線をかわして生き残りました。

南方の大陸にある大きな山岳地帯の中心に移動し、彼らはそこで自分たちの文明を維持しました。地球の今の時代でも宇宙船は行き来しています」というのだ。

なんとこの南方の大陸とは、南極大陸のことだった。エイコンはシェロンの説明を補足した。

「私たちの領域（次元）は、宇宙空間と惑星表面にあって決して惑星内部ではありません。地下都市と通路は過去の遺物です。私たちは温かい湖のある南極の地下基地を維持しています。

これは私たちの先祖が暮らしていた地下都市のエリアで、当時、氷冠はありませんでした。

火山活動によって、湖のエリアが氷や雪で覆われることはなく、放射線のない高緯度において快適に宇宙船から外にでることができたのです。

そこには大気の穴があり、極近のボルテックスが両極上で地球の磁場とともにらせん状に下降しているのです。ソーラー粒子が地面に向かってらせん状に下降し、高層大気において原子にぶつかって刺激を与えます。それがきらめくオーロラのスペクトル光を発するのです」

さすがにエイコンは科学者だけに、実に論理的だ。南極に今のような氷冠がなく、大陸だったということは実証されている。地球が両極で磁場がりんご状に沈み込む、あるいは放射されているように見えるのが「トーラス」と呼ばれる現象ではないだろうか？

南極に地下基地があるというのは、ハーモニー宇宙艦隊がここを拠点にGoogle earth上で三次元に多数出現した映像が2016年3月下旬、確認されたではないか。

エイコンの解説は、ハーモニーズ隊長、横石集の推論を裏付けるものだ。また、2016年春、南極越冬隊によって南極上空を滑走するUFOの動画がYouTubeにアップされた。

エイコンの先祖らが作った地下都市に帰還するシーンと考えれば、納得がゆく。

実は、**世界の南極観測隊の基地とエイコンらの地下都市は近い場所にあるという。フランスの沿岸の基地から300㎞先、ロシアの基地も近隣。アメリカの観測所も近い**という。

「アメリカの観測所では、暗闇の中、電離層の研究を何年もやっており、地表の要衝における世界的な磁気嵐をマッピングしています。私たちは、極地域の不利な環境下で大きな決意と勇気をもって働く地球の科学者の努力を高く評価しています」

エイコンらにとっては、地球人が行っていることは全部筒抜けらしい。

南極地下にUFO基地があった!!

南極越冬隊が撮影したUFO　2016.1.18公開　Facebook.com/UFOatsection51

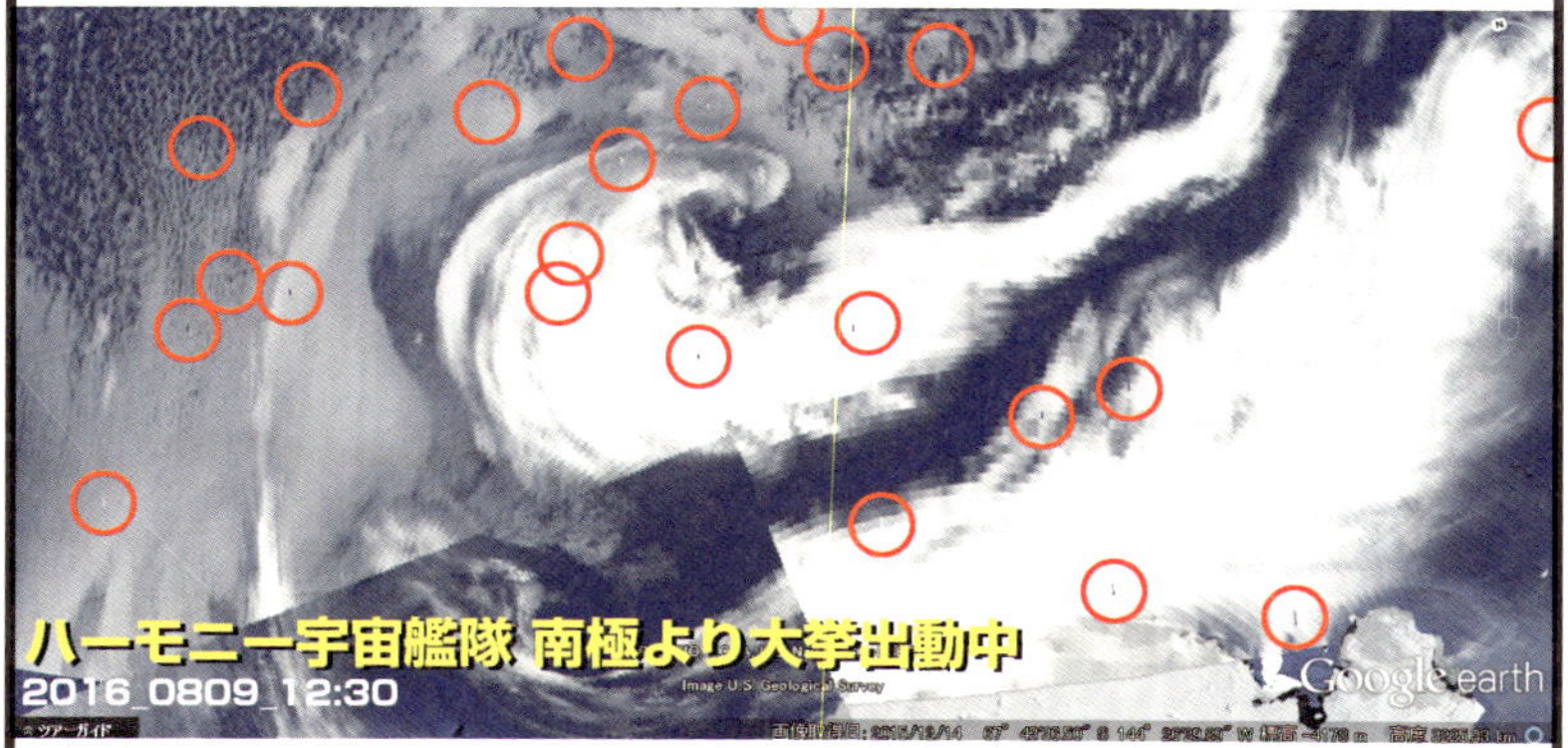

2016年８月９日　南極のＶ字型ゾーンからUFO艦が出動、台風６号の威力を削減してくれた。このＶ字型ゾーンこそ多次元世界で彼らはここから周波数、またはスピードを落とし三次元世界に出現すると思われる

〝スペースシップ〟は、〝ワープ航法〟で惑星間を移動する

このエイコンの住む惑星メトン星もそうだが、他の惑星にも時間軸がなく、どうも人間が生活している三次元とは次元が違うようだ。また、過去、現在、未来が同一時間軸に存在するようなのだ。したがって、彼らは、過去も未来も見通せるようなのだ。

このことも、〝そんな馬鹿な！　なぜ、未来を見られるのだ！〟と思われる方が多いだろう。しかし、宇宙空間はわれわれが知る三次元とはかなり違うようだ。このことは、『超微小知性体ソマチッドの衝撃』（ヒカルランド）で著したが、われわれの頭では、昨日とは終わった過去のことだが、多次元世界、つまり量子力学の世界では様相がかなり違う。

量子力学の世界では、観察者の意識によって現象が異なることが立証されていることがわかった。早い話、仮にあなたが今、弓矢を誰か、いや、〝ぶら松〟にでも射ったとしよう。矢は相手をめがけ、飛んでゆくのが三次元世界の絶対法則だ。

しかし、**量子力学の世界では別なのだ。あなた（観察者）が矢を放つ瞬間に意識を向けると、そこに物質化現象が起こり、放った矢が戻ってくる**のだ。

これが量子力学の世界だ。このことで、量子力学の父とされるボーア博士と、天才アインシ

ュタイン博士との論争が湧き起こった。

勝敗は、ボーアに軍配があがった。あの天才博士をして、「月は観察者がいようがいまいが、観察者に関係なくいつも出ている！」と嘆かせた。

世紀の天才にもこうした量子力学の世界が理解できなかったのだ。

物質を拡大すると分子になる。分子を拡大すると原子で構成されていることがわかる。さらにこの原子を拡大する原子核が現れ、中性子と陽子がその周りを回っていることがわかる。これをさらに拡大すると、素粒子やニュートリノの世界が現れるわけだ。

もはやこの素粒子の世界では、三次元の法則が通用しない現象が起こるのだ。この素粒子こそ、この宇宙に万遍なく存在し、時空を超え、地球を突き抜けてゆく。

東大工学部では、この量子が超光速でテレポーテーションしていることを証明、2013年8月、このことが科学雑誌『ネイチャー』に掲載されたのだ。

つまり、量子の世界ではタイムトラベルが可能となるわけだ。プレアデス星人、および銀河連盟のテクノロジーは、素粒子の世界を応用した文明の範疇に入るようだ。したがって、自分の過去や未来の映像をビジョンで観るリーディングは、決してあり得ない話ではないということだ。

UFOの航空技術では、まさしく量子力学の世界、宇宙空間に点在する『ワームホール』を使った『ワープ航法』が主流らしい。

アニメ『宇宙戦艦ヤマト』でも、宇宙空間では星がゆっくり流れる様子が描かれるが、〝ワープ！〟と言った瞬間、星はいっきに光の雨となって猛烈な勢いで過ぎていく。

もし、あなたがＵＦＯに搭乗する機会があり、約４００光年ほど離れたプレアデス星に招待されたら、このような光景を目撃できるだろう。

現在、この『ワープ航法』はＮＡＳＡでも研究に着手した模様で、その宇宙間航空モデルがネットで公表されているのだ。

前出の科学者エイコンは、**「やがて、地球でもこの〝ワームホール〟を発見し、人類も銀河系に旅立てる日がやってくるでしょう」**と明かした。

この書で引用しているサイト「アルシオン・プレヤデス」などネットでも見られる『ワームホール』から飛び出す連結した葉巻型ＵＦＯや小型ＵＦＯは、世界中で目撃されるようになった。この『ワームホール』こそ、宇宙の入り口、多次元世界に通じるルートと思われるのだ。

宇宙空間は『ワープ航法』で移動する

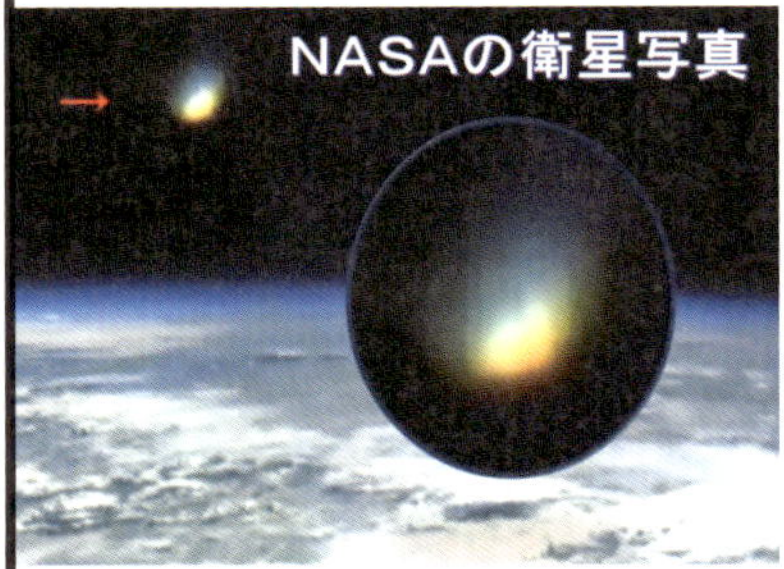

NASA でも〝ワームホール〟を発見した

超光速で飛ぶ宇宙航空船を設計した

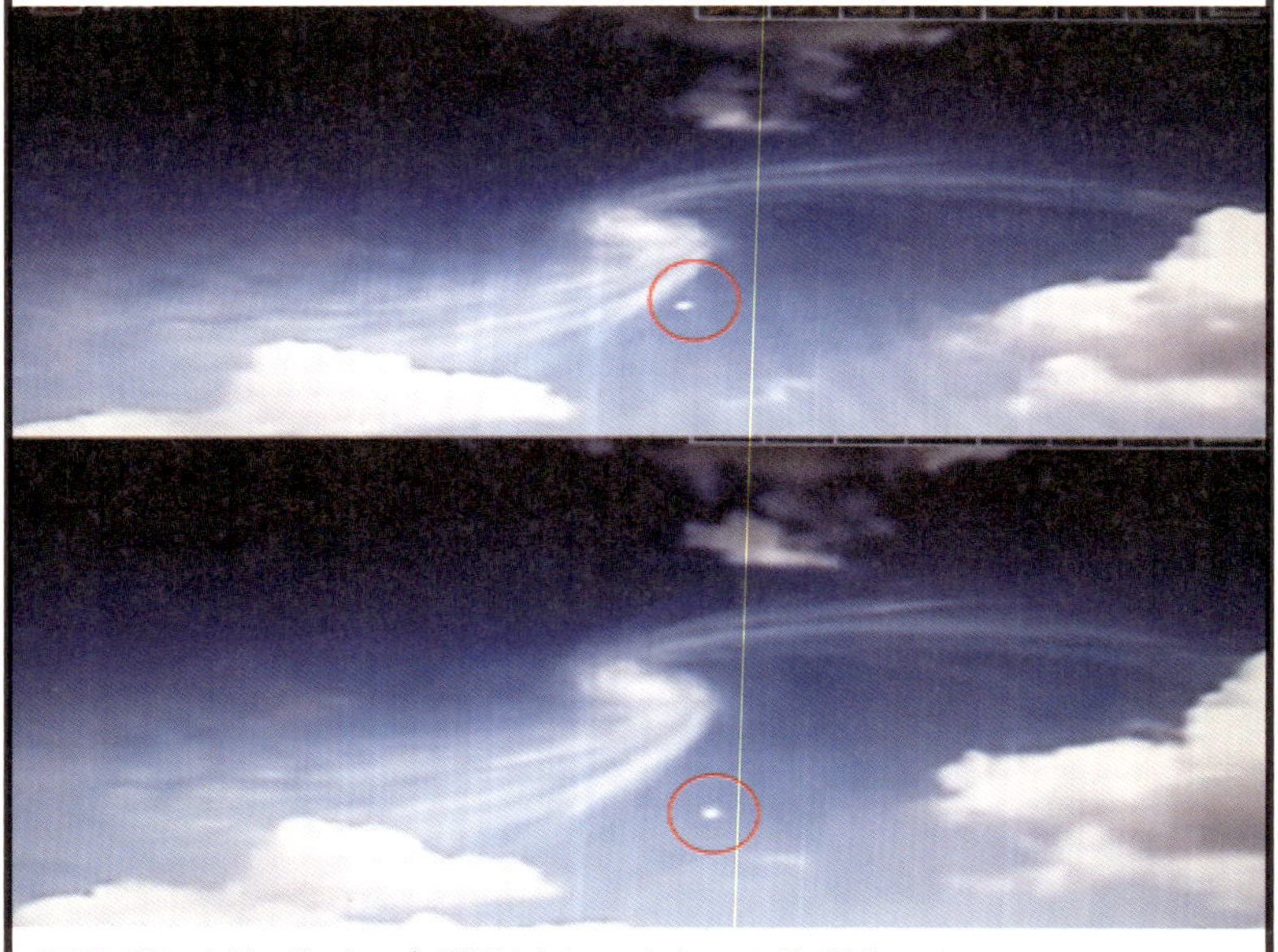

2015年12月、白昼、ジュネーブで撮影されたワームホールに飛び込む UFO

Ⅲ　宇宙人との共存時代がやってきた

エイコンはナイフのような警告を地球人に告げた！

「銀河系には惑星をもった太陽系のような恒星は無数にあり、この惑星上での全生物は繫がっています。生物たちの脳から〝無線波〟がでており、心臓は自身が属する恒星と調和し、電気的なリズムを刻んでいるのです。しかし、地球人がこの真実を発見するまで彼らはあらゆるものを破壊し続けるでしょう」

科学者エイコンによる、人類への警告は厳しかった。

クラーラーがこの惑星メトン星で、地球時間で4か月間しか過ごせなかったのは、メトン星の大気中に生じる高い振動率に対して彼女の心臓が順応できないからだった。

どうやら心臓は、自分が育った恒星系である太陽が持つ振動数と共鳴しているらしいのだ。

この4か月間で科学者エイコンの子供を受胎し、エイリングを育てることができた。

このメトン星は3つの恒星が放つ放射線が互いに衝突することで、厚い電離層が形成され、生命を育む絶妙な環境が形成されていた。

美しい雲がたなびく高層の大気を通り抜け、ＵＦＯから地上を眺めると、見渡す限りの田園が深紅色の岩肌を持った山々に続いているのが見えた。

草で覆われた山の斜面には山吹色の木々が点在し、澄んできらめく川が海に滝のように流れていた。森の中では色彩の鮮やかな花々が育ち、大量のユリの花がじゅうたんのように咲き誇っていた。

海や湖、川にはたくさんの魚類や哺乳類があふれていた。陸上の生物はほとんど草食で豊富な緑色の植物を食べていた。大型の肉食動物や過剰に繁殖した生物は、その生物に適した他の惑星に移住させ、生命の破壊が起こらないよう配慮しているという。

中でも小鳥たちが人に慣れており、木々から羽ばたいて下りてきては、差し出した手や肩にとまって、さえずってくれたりし、クラーラーはうっとりしたらしい。

自然の食べ物と水は豊富にあり、何世紀もの間、何もかも自然と調和がとれているように思えた。

「わたしたちの生活様式はとてもシンプルです。人生のすべてのことに穏やかでまっすぐなアプローチをします。真実は隠すことができず、駆け引きはありません。

すべてのものには、平和と調和があります。鳥たちのように私たちはくつろいで、特に歌うのが好きです」

エイコンは空を見上げながら、心に残る忘れられないテノールで歌ってくれた。

まさに**メトン星の人々には緊張や攻撃的思考もないらしい。先進的な暮らしと貨幣制度が不要な生活が可能で、生活の美と安全が全住人に与えられている**という。

その結果、心を養え、偉大な文化的な基盤・背景を獲得できる時間が得られる。すべての人々の営みは芸術と科学を学び、先進的で建設的な仕事やレクリエーションに向かい、建設的な文明を生み出していく。暴力や戦争は皆無だというのだ。

フリーエネルギーの開発で貨幣経済から脱却できる!!

なんという調和のとれた理想的な社会だろう。おそらくこれはフリーエネルギーが開発されたことで実現できる社会ではないだろうか。フリーエネルギーを空間から無尽蔵に抽出できれば、あくせく働く必要もないわけだ。

地球上では、サウジアラビアが税金もほとんどなく、医療費、教育費もほぼ無尽蔵に湧き出る石油で賄えるようだ。

さらに野菜や果物などの食糧がフリーエネルギーによるハイテクで自然栽培できれば、貨幣がなくとも生きてゆけるわけだ。

また、貨幣経済社会でないところが大きな鍵と思われるのだ。貨幣は便利なようだが、この貨幣によって富の集積が起こり、貧富の差が生じた。そこで、富を最も多く集積した者が勝者となった。そして、勝者が弱者を支配する構図ができたことは歴史が物語っている。

あげくの果てにこの惑星地球の勝者は、相対する社会構造を作り上げ、双方に競争を迫った。そこで、対立軸を作って武器を売りつけ、殺し合いするよう仕向け、大きな戦いを起こした。

カザールマフィアはここで莫大な利益を得た。どうもその戦いが英仏戦争だったようだ。

ここで天文学的な資金を手に入れ、世界的に裏社会に君臨することができた。

この勝者こそ、地球人類が平和に平等な社会を構築するには、追放されなくてはならない存在ではないだろうか。

宇宙人、または銀河連盟では、このような地球で行われている競争社会とは無縁なようだ。

エイコンは、地球からメトン星にやってきた最愛の女性クラーラーに告げた。

「野蛮人たちのことは忘れるのです。私たちは彼らが原因で太陽系から引っ越したのです。彼らはすでに金星や火星を探査していて、私たちと交信しようと無線信号を発信していますが、これは銀河において自分たちの所在を知らせることになり、大変危険な行為です。

科学とテクノロジーにおいて高度に進んだ残忍な存在がいますので、彼らがその信号を解読

して招待に応じれば、地球の科学者たちが望むような友好的、前向きな交流ではなく、地球を植民地化するかもしれません」

確かに戦争を仕掛け、人間同士の殺し合いを演出する勝者〝ぶら松〟こそ、野蛮人、動物にも劣る。この〝ぶら松〟を操る者こそ残忍なわけだ。それがトカゲ型宇宙人レプティリアンだったわけだ。

電波望遠鏡を使った地球外知的生命体探査が悪しき宇宙人を招き入れた⁉

実は、このエイコンが述べた無線信号を送信する計画は、19世紀末、天才発明家と称されたニコラ・テスラが電波を使って宇宙人と交信する実験を行ったのが最初だったようだ。その結果、火星人と交信できたと公表したらしいが、真偽のほどは不明だ。

1959年になって、MIT（マサチューセッツ工科大学）のフィリップ・モリソン博士とCERN（欧州原子核研究機構）のジュセッペ・コッコーニ博士が、1・4GHz帯の電波を使って地球外知性体と交信する可能性についての論文を学術誌『ネイチャー』に発表したことで、俄然注目を集めた。

そして、翌1960年になって、フランク・ドレイク博士が最初のSETI（地球外知的生命体探査）を開始した。これが有名なオズマ計画だ。このオズマ計画では、くじら座タウ星とエリダヌス座イプシロン星に向け電波望遠鏡での観測が行われたようだ。

こうした計画には、『ＣＯＳＭＯＳ』（テレビの科学番組）や『コンタクト』（地球外知的生命体との接触を描いたＳＦ）で世界的に著名となったカール・セーガン博士なども参加し、世界各地の天文台でも行われたようだ。

また、ＮＡＳＡでは１９７０年代になって宇宙探査機パイオニアやボイジャーを相次ぎ打ち上げた。この探査機には、人類からのメッセージを絵で表現した金属板などが搭載され、宇宙人へのメッセージとした。ボイジャーは、現在も太陽系外を飛行しているはずだ。

驚くべきことに１９７４年、ＮＡＳＡとカール・セーガン博士らが米国アレシボにある電波望遠鏡を使って送信したメッセージに、その後、彼らからの応答があったことが専門誌に紹介された。なんと電波望遠鏡の側の麦畑にミステリーサークルが作られ、彼らの顔まで作られていたのだ。

エイコンが説くように、こうした行為が悪しき宇宙人に地球征服のチャンスを与えたのかもしれない。米国で起きたロズウェル事件は１９４７年だ。そして、ワシントンＤＣ上空に10数機のＵＦＯが長時間乱舞し、トルーマン大統領がジェット機でスクランブルをかけた事件が１９５２年のことだ。

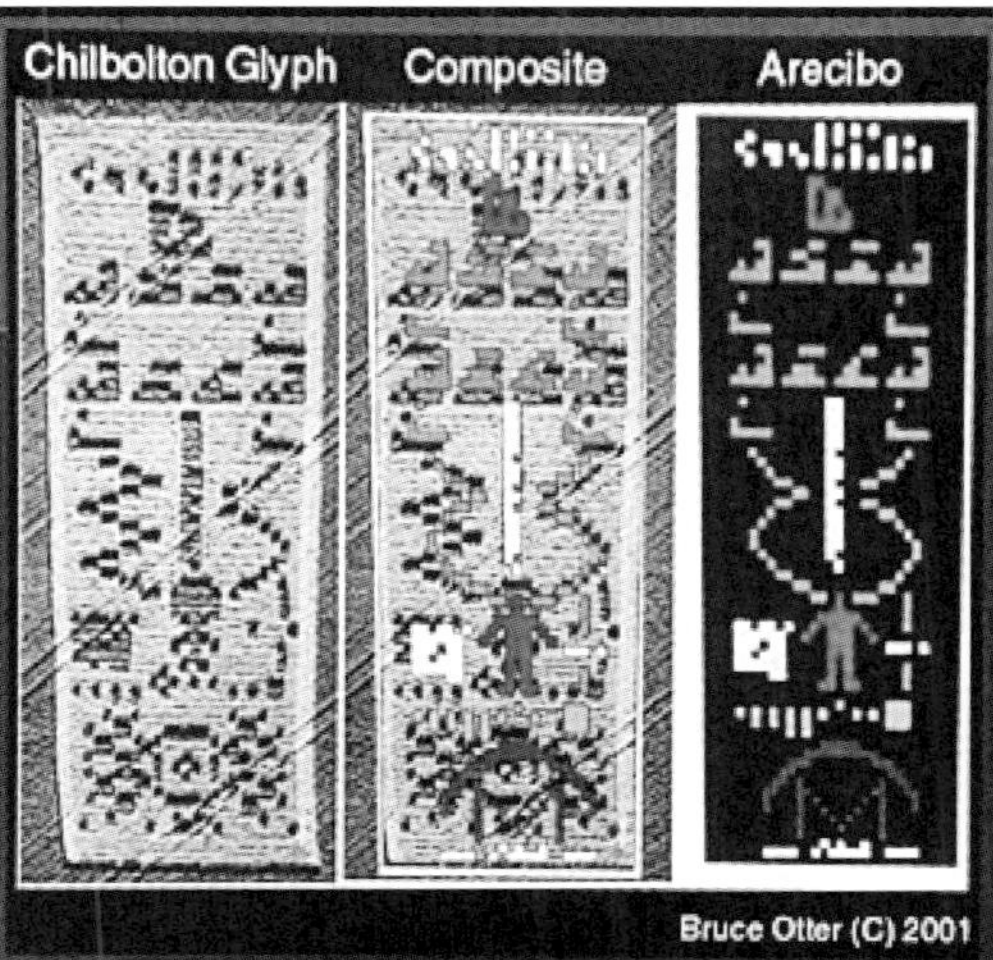

アレシボ電波望遠鏡

2001年8月

1974年に、NASAとカール・セーガン博士達が共同でプエルトリコのアレシボ電波望遠鏡(直径305m)から宇宙に向けてメッセージを送りました。このメッセージは地球から約2万5千光年離れたヘルクレス座の球状星団 M13 に向けて送信されました。

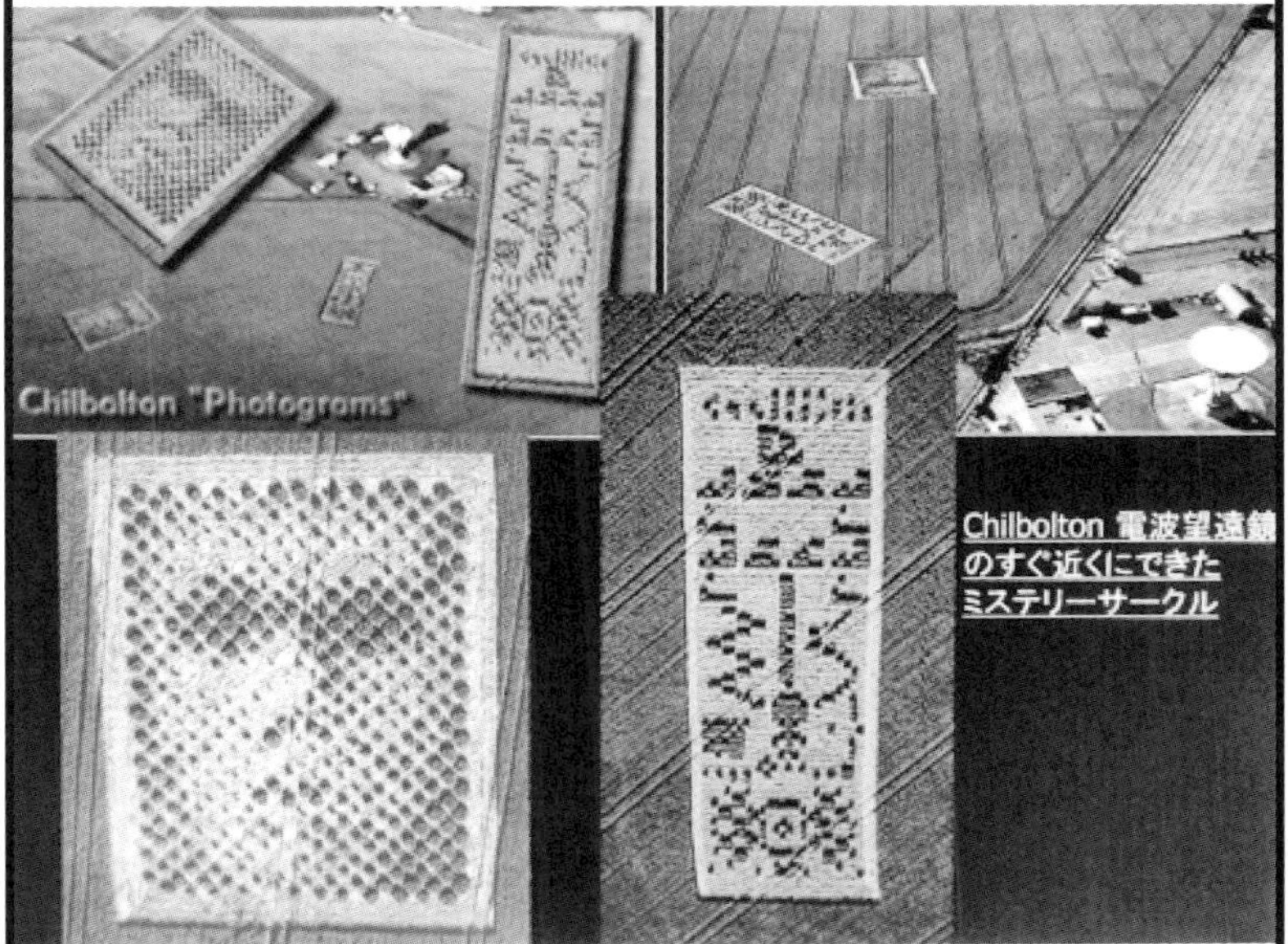

麦畑に出現したミステリーサークル。宇宙人の顔まで作られていた

理論物理学者スティーブン・ホーキング博士「宇宙に地球の存在を知らせるのは良くない」
METI会長：Doug Vacoch
「50、60年間送信続けたなら、もう手遅れに違いない」

2人の学者はすでに残忍なETの存在を知っていたのかも知れない

これはちょうど、人類が地球外知的生命体探査（SETI）を開始した時期と符合する。そして、彼らはネバダ州のエリア51に入り、米国に技術を提供する代わりに、人体実験のためアブストラクチュア（誘拐事件）を開始した。それとともに人類とのハイブリッドを育て、米政府内部に送り込み、大国を闇から操ったのかもしれない。

このことについては**天才物理学者スティーブン・ホーキング博士も「宇宙に地球の存在を知らせるのは良くない」**と公表していた。また、METI会長ダッグバァコッチ博士は「50、60年間送信続けたなら、もう手遅れに違いない」と警鐘していたのだ。何と言う慧眼!!　この2

人の学者はすでに残忍なＥＴの存在を知っていたのかもしれない。

Ⅳ　地球人類へのメッセージ

【人類はわれわれのテクノロジーを奪おうとしている！】

この章では宇宙人と地球文明のかかわり、そして、現実の社会がどのように操作され、どう進んでいるかを主に綴ってきた。

では、今後、私たちは何をどう考え、どう生きてゆけばよいのだろうか。

科学者エイコンの人類への警告は大いにその指標になる。クラーラーは胸をナイフでえぐられた思いがした。エイコンは続けた。その要旨はこうだ。

「太陽はまもなく膨張し、致死の放射線を発する周期になる。戦争を止め、手遅れになる前に自分たちの科学知識と能力を結集し、宇宙旅行を完成させ、別の惑星を捜さなければならない。自分たちの惑星が致命的な危機に陥っている中で、他者に対する力を得るため暴力で戦い続けている。そのため、自分たちの世界を取り巻く危険に気づけない状態だ」

――宇宙計画を加速できるよう、人類救済はできないのだろうか？

「私たちは、地球人類が自分たちの態度を変え、温和で平和を愛するようになり、自分たちの惑星上のすべての動植物を愛して大切する能力を身につけた時、初めて接触する」

「この哀れで不穏な惑星は、今や自身の霊的エネルギーによって生み出された邪悪な勢力――古い魔術を取り出そうと企て、自分たちの種の攻撃的な力に頼る――に支配された、人類種をかかえている。

地球における退化には、宗教指導者、哲学者、社会的・政治的変革者による言葉の洪水がともなっている。膨大な量の書籍が図書館に眠っているが、そのどれもが地球人類の思考と偏見の壁を打ち破れないのは明らかだ」

――では、人間はどうすれば良いのか？

「あらゆる哲学や科学の分野において私たちが協力できるよう、人間の意識を全レベルにおいて高めなければならない。地球の人々が暴力的な勢力から離れ逃れることを学ばなければ果てしない破壊が運命づけられているのが歴然だ」

――科学分野でも誤っているのだろうか？

「地球人類は磁力線さえも取り返しがつかないほど崩壊させた。大気というきわめて貴重なすばらしい贈り物を汚染している行為は悲しい。愚業と無知がこの荒廃の原因だ。この愚劣さが生み出した汚れた底部で動植物は苦しんでいる」

――あなたたちで霊的かつ科学的な生き残りの方法を示せないだろうか？

「それは可能だが、私たちのアプローチに対して攻撃的な反応を示した。（不可能なことだが）自分たちの空軍機で宇宙船を撃墜しようとした。地球人類は私たちのテクノロジーを入手しようとし、彼らが求めているのはそのことだけだ。

このような政府や軍当局の指導者とは、接触することができないのだ」

エイコンの人類への指摘は的確だ。まったくその通りだ。地球環境を省みないで、ひたすら営利を追求する。否、それどころか同じ人類で殺し合い、人口を5億人にするという、悪魔の計画を実行しようとした闇の組織が存在していたのだ。

しかし、今や銀河連盟および新機軸によってこうした旧勢力は駆逐されつつあり、その犯罪および謀略が暴かれ、国際的に裁かれる日が近づいてきたようだ。悪がいつまでも存続していいはずがない。

地球の進化エネルギーは銀河連盟によって強化されている

日本サイ科学会の学会で筆者がＵＦＯ講演した時、不思議なことに前出の小池了さんと水月千歳さんという、ソウルサイエンスを主宰するお2人と親しくなった。

なんと、このお2人、多次元世界と自在に交信できる能力を持たれている。小池さんが宇宙意識体からのメッセージを受信、宇宙語で話す。それを瞬時に日本語に翻訳し、語るのが水月さんだ。

お2人のご厚意で、銀河連盟から筆者の質問に対するメッセージをいただいた。エイコンのメッセージが人類への警告なら、こちらは銀河連盟の地球への貢献と、人間が何をどう考え、どう動いたらよいのか、そのメッセージだ。これを最後にお伝えしたい。

――宇宙人、地球外知的生命体は国際情勢をどのように捉えられているのでしょうか?

「現在、国際情勢というのは、古くからのしきたりに則って維持しようとする勢力と、改革を推進するものとの衝突に似ている。土台が出来るまで時間がかかるため国際情勢は波乱含みが続くであろう。たらいの中の水に揺さぶりをかけると大波小波が生じた後、凪《なぎ》が訪れるように、不安定な状態が付きまとうであろう。このような出来事の繰り返しであって地球への影響が直接あるわけではない。

説得から入るのではなく、今、何が求められているかに焦点を絞れば、自ずと道は開けてくる。**一部が潤うという図式を崩し、末端の人々まで幸せをもたらす国と国同士の連携がなされていなければ、何の機能も持たない。**

宇宙語および多次元世界とのコンタクトは誰でも簡単にできる（竹本良主宰・日本サイ科学会より）

多次元世界からのメッセージを伝える小池了氏と美月千歳氏（ソウルサイエンス主宰）

皆への平等意識を根付かせることが急務で、それを含め意識改革が真の国際情勢の動きとなる。

――米国政府は、レプティリアン（トカゲ型宇宙人）、またはグレイ系宇宙人に操られているとオバマ大統領は記者会見していますが、現状はレプティリアンが生存できにくい環境下が銀河連盟によって作られ、地球から追放されているとの情報がネットで公開されています。この現状はいかがでしょうか？

「地球が独自の進化をすることに目覚めたのにあたり、**これまで牛耳っていた宇宙人自体にも世代交代が始まり、当初の意向から外れ、何を目指していたかがわからなくなっている。**宇宙人の中でも、新しい意識の目覚めを体験している。

このような事態から、少数派の片寄ったグループにおいても指示命令する者がドンドン離れていき弱体化しています。地球独自の進化のエネルギーは宇宙の法則に則り、阻止することはできません。

よって、**レプティリアン系エネルギーと地球の進化エネルギーは合わなくなり、彼らは違うエネルギーを求め去りつつあります。**地球の進化の意志は、銀河連盟によって強化が行われ、地球がより宇宙のエネルギーに同調するようになっています」

自然を愛し、循環型機能を創世することでアセンションの波に乗れる

——地球がアセンションに向かっている中、われわれ人類、人間は、どのような行動をとり、または思いを持つことが大切なのでしょうか?

「人類は、母なる地球とともに進化することを約束した魂です。故に**人類はアセンションを迎えることを想定したDNA遺伝子を内包しており、今やそのスイッチをONにする**ことが求められています。それには地球とダンスするかの如く、共振、共鳴一体化、われわれと同一存在である生命体、地球を意識すること(自然を愛し、循環型機能を創世していくこと)でアセンションの波に乗ることができるでしょう。

そして、もともと持っている古代からの智慧に自らアクセスし本来の自分を取り戻すこと、はるか遠くに瞬く星を見れば、今も昔も人の意識は変わらず、1人1人は人類全体の成長を担っていることに気づくでしょう。自分自身の才能は他者を助けるようにできており、他者を発動させるには、まず**自分自身が発動すること。つまり自分自身に目覚めるとは、心の衝動に従い、やりたいことをやり続けて、自分自身を信じることが、生の喜びを体現していくことに繋がる**のです。この地球に存在することの恩恵を表現していくことが大切です」

――地球人類にとって、今、何をどう考え、動くことが大切でしょうか？

「地球人類が遠い昔から常に思っていたこと……人は何のために生を受け、何を行おうとしているのか、それは魂を鼓舞するためにこの世を選んだということ。

それなのに長い間、虐げられたため、憤慨することを、本音が言える状態を作り出すことを恐れるようになってしまい、いつしか忘れ去ってしまった。

しかし、魂の衝動に従い、自分らしさを問い、本来の自分の喜びに忠実であることで、個性を活かす世の中となり、同じ喜びを共有する者で輪を広げていくことができる。

つまり拡大は個の中にある。自分らしさを発揮する場を作り、生み出すことで、現状は変容を遂げていくでしょう」

《追記》

「『核』という、人の出来心で作られたものが、今や巨大な力として人をかしずかせている。本来フリーエネルギーとして産出されたものであるのに間違った使われ方をしています。

すべての人が潤う手段である、核をこの状態に止めることなく、新しいエネルギーを生み出す道具として道を誤ることなく使ってほしい」

「**人工地震発生はわれわれの恐れることの1つである。磁場が地球の周期、惑星軌道にも影響を与えるため余波は計り知れない、中途半端な動きは、宇宙に悪影響を及ぼす**のです」

そしてこれら全ての周波数が、光の存在によって検知され、
私達の進歩が本物かどうかが判るのだ。

地球の進化エネルギーは銀河連盟によって強化されている　出所／アルシオン・プレヤデス

自分を敬い、自分を愛する心が地球を敬う心に繋がる

どうであろうか。銀河連盟のメッセージは、およそ本書で述べてきたこととほぼ一致する。ハーモニー宇宙艦隊が日本上空に出現、〝ぶら松〟の謀略を阻止してくれるのも、欧米人と違った日本人の精神性の高さに着眼しているからではないだろうか。

大切なことは、日本人が自分らしさを知り、目覚め、自己を発揮する場を持つことで、世界を変容できることを自覚することではないだろうか。

何より1人1人が自分を敬い、自分を愛することから始めてみてはどうだろうか。日本人には、あまりにも左翼的な文化人、いまだに解けない占領政策システムによって刷り込みされた「自虐史観」から抜け出せていない人があまりにも多すぎる。

相手を思いやれる心が魂の進化を促す

自分をいつも敬い、自分を愛し、自分を信じている心は相手も同様に敬う。人を敬う心は、動植物などの自然を敬い、地球を愛し、太陽に感謝する。

こんな人は相手を傷つけ、自然を破壊し、地球を破壊に巻き込むような心とは無縁だろう。

人は毎日生活する中で、艱難辛苦《かんなんしんく》し、凌ぎ合い、競争し合うために生まれたわけではあるまい。また、物質的に満ち足りた生活をし、財産を蓄えるために生まれたわけでもあるまい。

愛と平和を実現し、生かされていることに感謝し、世の中に喜ばれる。自分自身も「生きて良かった」との実感を抱きながら、この世を旅立ち、新たな世界に旅立ってゆく。

人の痛みが自分の痛みのように思える。人の喜びが自分の喜びのように感じる。こうした魂の進化を遂げる使命を担って生まれてきたに違いない。そんな心を育むためにこの惑星に降り立ったのではないだろうか。

ハーモニー宇宙艦隊は、そんな日本人に共感を抱くのではないだろうか。

エピローグ　ハーモニー宇宙艦隊は日本人が日本人らしさに目覚めることを待っている！

果たして宇宙船地球号はどこに行こうとしているのか？

愛の奉仕行動が基本の社会とするハーモニー宇宙艦隊および銀河連盟の活躍と、国際政治を闇から操る〝ぶら松〟こと、『闇の政府』の謀略を綴ってきた。

２０１６年秋になって、国際政治は激変しそうな状況になってきた。これまで世界を牛耳ってきた旧勢力の流れが時代に適応しなくなってきた。それに代わる新しい経済体制に飲み込まれ、追い詰められているようなのだ。

それに伴い、日本への攻撃も激しさを増し、人工台風と人工地震による攻撃が繰り返された。言わずと知れた４・14／16熊本地震、そして迷走台風10号に代表されるように度重なる人工台風攻撃がそれだ。

今日では、爆弾で相手国を攻撃、威嚇するよりも気象を操作し、核爆弾の１万個にも相当する被害を与えられる人工台風や人工地震での攻撃のほうが費用も安価で効率が良いわけだ。そして、世界の誰からも批判されることもない。

今や、戦争は開戦を宣言することで開始されるものではなく、密かに気象を操作し、攻撃対象にめがけ、電磁波HAARPを照射するものに変貌してきているようだ。

その証拠をウイスコンシン大学が提供するMIMICという、空中の水分蒸発量をアニメーション化した動画と、マイクロ波の照射がわかる画像で実証してきた。これを阻止するハーモニー宇宙艦隊のテクノロジーを本文で述べてきた。

台風10号の福島第一原発の再破壊が回避された！

彼らの存在が一番明確になったのは、台風10号のUターンと迷走ぶり。この台風は異常であることに多くの人が、気がついたのではないだろうか。そして、福島上陸が懸念された2016年8月29日、台風10号にハーモニー艦隊の宇宙船が10数機突入したことがNASAの衛星写真Worldviewで確認された。この突入で最悪の事態が回避された。

また、2016年9月下旬、905hPaという激烈な台風18号が南方で発生、これにもUFO艦隊が最大規模で突入したことがMIMICで確認された。この9月29日午後8時前、UF

〇数機が出現、その様子が石垣島西方の空で撮影されたのだ。

撮影したのは天体ツアーを生業《なりわい》とする天文ファンで、**「水平線上にオレンジ色の光が1つ見え、10分ほど制止したまま徐々に4つに増えた。写真を撮ると円盤状になっていて鳥肌が立った。星も出ない低い位置で、衛星や航空機、船の光とも明らかに違う」**と言い切った。これが沖縄タイムス10月1日付けで報道されたのだ。

その後、10月3日、台風18号にハーモニー宇宙艦隊がオペレーションを加えたのがMIMICで確認された。台風は予報に反し、沖縄に10数mの風を吹かした程度で終わった。その後、台風18号は九州を迂回し、日本海に見事追っ払われた。さらに19、20号も狂ったように発生したのだが、これもハーモニー宇宙艦隊の手にかかり弱体化された。

ハーモニー宇宙艦隊は、明らかな〝ぶら松〟の攻撃に対し、その謀略を阻止してくれたわけだ。

米国のアフガン侵攻およびイラク戦争の謀略が暴かれた！

従来あった旧勢力を追い詰め、新しい潮流を作るその大きな力となっているのがロシア・プーチン大統領の存在だ。9・11世界同時多発テロ事件以来、アフガン侵攻およびイラク戦争などによって中東に進出した米国の謀略が、ことごとく暴かれてきた。

テロの首魁《しゅかい》として世界中に名が知れわたったのは、アルカイダを組織するビン・ラディンだ。米国では、このテロリストがアフガニスタンに潜行していると断定した。イラクは大量破壊兵器を所有していると議会で決議し、主要同盟国に呼びかけ、アフガン侵攻および、イラク戦争を敢行した。

実は、この時の米国大統領ブッシュとビン・ラディン一族は、30年来のビジネスパートナーであったことが近年暴かれた。有力な情報によれば、**「ビン・ラディン一族は、米国の誇る大手軍需産業に巨額な投資をしており、このテロ戦争で莫大な利益をあげた」**というのだ。したがって、世界中を震撼させた9・11米国多発同時テロ事件は、完全な自作自演だったことが明らかとなった。

イギリスの大手テレビ局BBCがこの模様を生中継し、「ビルが崩壊したようです」と流したが、驚くべきことにその映像には、旅客機が突入していないビルが映ってしまった。早い話、事前に収録したコメントを事件が起こる前にオンエアしてしまったわけだ。この映像がネットで公開され、9・11の疑惑の究明が世界中で始まり、もはや、米国民でも政府の公式見解を信じている人は20%もいないという。

新しい時代の盟主にふさわしいのはロシア・プーチン大統領だ！

ロシアには、元ＣＩＡのスノーデンが亡命しているので、プーチン大統領は米国がこれまで行ってきた謀略を全部知った。当然ながら、３・11も人工地震であることをプーチンは知り抜いていた。それだけではない。**「２０１４年来、世界中を混乱に落とし込んでいるＩＳに武器弾薬、資金を提供しているのが米国であり、ロシアを後ろ盾にするシリア政府を攻撃し、石油を奪取、米国の同盟国に売りさばいている」**現状を米国記者団に明かした。

この謀略を実行したのがネオコン・ブッシュとロックフェラー財閥、国務長官時代のヒラリー・クリントンであることが明らかとなった。もちろん、これを動かし、指図しているのが〝闇の政府〟および、トカゲ型宇宙人レプティリアンだ。

ヒラリー・クリントンは脳卒中で倒れた経緯があり、９・11記念式典でも発作を起こしたことから、入院先で暗殺され、替え玉にすり替えられたという説がネットで流布されるが、真偽のほどは不明だ。

しかし、ニューヨークを代表する自国のビルを自作自演によって破壊、仮想敵国をでっち上げ、戦争を仕掛ける国だ。人の命など、何とも思っていないのは歴然だ。

かつての旧勢力に操られ、国際謀略を企て世界を混乱に落とし込んでいる国こそ、カザールマフィアが操る米国軍産複合体だ。

それに代わり、新しい盟主としてロシア・中国を中心とした経済機構にインドやパキスタンなどが仲間入りし、シリア、トルコ、そしてイスラエルまで参加を希望しているという情報も飛び込んできた。本文でも触れたが、ロシア・プーチンは、北極基地で銀河連盟と会談、新兵器の供与を受けたらしい。これを使うと戦闘機からロケット弾まで電子機器がストップ、作動しなくなってしまうという。これは友軍も同じでその地域全体が不戦闘状態を呈するというのだ。

そのため、中東地区ではロシア詣《もうで》が始まったらしい。

これこそ、戦争の愚かしさを訴えるハーモニー宇宙艦隊および銀河連盟のメッセージではないだろうか。

第三次世界大戦を目論む安倍政権支持が50%を超える異常ぶり

こうした中、2016年9月2日、安倍晋三首相はウラジオストクでプーチン大統領と会談、日ロ平和条約締結をめぐって定期的に会談し、2国間の友好を深める方向に舵を切った。オバマ大統領の制止を振り切った会談だったようだ。これで米国が怒ったはずだ。

このための威嚇が、迷走台風10号の攻撃であり、その後の台風攻撃と九州地区で繰り返される余震攻撃だったのではないだろうか。

しかし、その後、訪米した安倍晋三首相は、ビル・クリントン夫妻と会談、日米安保条約の必要性を再確認したという。その裏で、プーチン大統領と会談したことの言い訳に出向いたのだろうか。米国が参画した、日本の産業が打撃を蒙るＴＰＰ批准を約束したらしい。

国内では、このようなポチ外交を展開する内閣支持率は、嘘か誠か50％を超えている。この数字が問題なのだ。国民は、本書で述べてきた真相など何も知らない。ましてや、最近になってオバマ大統領まで、「60年前から米国政府はトカゲ型宇宙人に操られている」ことを記者団に明かしたのだが、当然ながら、その情報など知る由もない。

日本人の情報源は98％が新聞・テレビであるからだ。新聞・テレビはすでに〝闇の政府〟の手に落ち、真実など報道しようもない。

こうした事態に危機感を抱いているジャーナリストや作家、有名ブロガーらが警鐘を鳴らすのだが、この国民は毎日、お笑い芸人が出る番組漬けで、〝平和ボケ〟〝お花畑〟状態だ。

これはまったく危険な兆候だ。

ロンドン大学が発見した4・3光年先の「プロキシマb」がエイコンの惑星だ⁉

宇宙人が実在する証拠として、何度もUFOに搭乗している津島恒夫氏やX氏、ケンタウルスα星近く、ロンドン大学が「プロキシマb」と名づけた惑星で暮らす科学者エイコンの子供を授かったエリザベス・クラーラー女史の体験記を掲載した。

その息子エイリングは地球年齢で言えば、60歳近くに達しているはずだ。すでにその子供も誕生しているだろう。もうおわかりであろう。宇宙人と地球人は同じ種、子供を作れるのだ。地球では、少なくとも宇宙人とのハイブリッドの2世、3世が市民に溶け込んで生活しているはずだ。

津島氏とプレアデス星を訪問、3日間で地球に戻ったX氏の見聞もかなり酷似している。飛行原理は『ワープ航法』という点も一致する。光のスピードで10年、100年、1000年、1万年かかろうが、ひとっ飛びなのだ。宇宙空間では光速の1万倍ものスピードで移動できるようだ。

もちろん、現代科学のトップに君臨、または学会の重鎮に座る物理工学、天文学らの専門家には、本書で述べたことなどまったく嘘、デタラメ、眉唾として無視されるだろう。宇宙空間とこの人間が暮らす三次元世界とは、様相がまったく違うことを理解できるわけもない。

原子力から脱却、核戦争の脅威から脱しなければならない

彼らの文明はすでに地球より5000年、1万年、5万年も進んでいるらしい。そして、彼らも戦争で滅ぶ危機を体験しているようだ。それを乗り越え、平等で、争いのない平和な社会を確立、惑星間を自在に移動できるテクノロジーを身につけた。

地球にやってくるのは、素晴らしい緑豊かな環境と、手垢のつかない純粋なDNAを人類が持っているからのようだ。**その人類が原子力を開発、核戦争によって滅びの危機に直面している。**「他文明には関与しない」が銀河連盟の不文律だったが、もはや、地球の警戒レベルは、限界を超えたようだ。

ハーモニー宇宙艦隊が大挙日本上空に出現しているのは、原子力の怖さを3度まで知り抜いている日本人に目覚めてほしいからではないだろうか。エゴ、自意識に固まった欧米人にない、〝万人皆平等〟の精神を持つ日本人に期待しているからではないだろうか。

地球文明は、絶対危機に瀕している！　人類同士で三度目の大戦を始めようとしている。今度の争いは、どちらも無事に済むとは思われない。

〝我、関せず〟では、事態は収束しない。〝諦め〟から何も生まれないことを知らなければならない。そのためには、あなたの力が必要だ。1人1人の覚醒が大きな力となるに違いない！

本書作成に際し、動画サイト「アルシオン・プレヤデス」から銀河連盟および国際情勢の動向、そして、数年前からハーモニー宇宙艦隊の動向を追跡しているハーモニーズの横石集氏からは多大な情報をご提供いただきました。ここに感謝申し上げる次第です。

どうか、真実を知り、周りの人々にこのことを知らせ、覚醒へのお手伝いをいただければ幸甚に存じます。

2016年10月

著者

著者：上部一馬　うわべ かずま

1954年岩手県陸前高田市生まれ。77年明治学院大学卒業。学習研究社代理店勤務の後、92年㈱健康産業流通新聞社に入社。多くの健康食品をヒットさせた。00年からフリーに。03年健康情報新聞編集長兼任、ドキュメントを執筆プロデュース。代替療法、精神世界、農業、超常現象、超古代史に精通。

主な著書／『難病を癒すミネラル療法』（中央アート出版社）、『やっぱり、やっぱりガンは治る』（コスモ21）、『ガン治療に夜明けを告げる』（花伝社）、『3.11東日本大震災　奇跡の生還』（コスモ21）、『2013年から５万６千年ぶりの地球『超』進化が始まった』（ヒカルランド）、『巨大地震を１週間前につかめ』（㈱ビオマガジン）、『超微小知性体ソマチッドの衝撃』（ヒカルランド）、『里山資本主義を実践できる《スーパー微生物》神谷農法』（ヒカルランド）他多数。

情報提供：横石 集　よこいし あつむ

本書に下町ロケット氏として登場する核心の人物。

1957年　長崎県佐世保市生まれ。ハーモニーズ代表。

㈱リクルートにて編集出版業務経験後、福岡とシリコンバレーにてベンチャー企業を設立しIT分野での技術開発に携わる。2011年３月11日の東日本大震災をきっかけに、超自然的なパワーで人工地震や人工台風などから日本を護る公開オペレーションを通算600回以上、公式ブログ上で全国の読者と共に実施し、その後の検証により多くの成果が実証された。2012年10月19日のハーモニー宇宙艦隊の大量出現以来、地上から艦隊の活動をサポートするハーモニーズのリーダーとしての役目を果たすと共に、独自技術による量子加工製品「太陽のカード」「プロテクショングリッドペンダント」を開発し世に送り出している。

《ハーモニーUFO艦隊VS闇の権力》迫真の攻防戦

闇の政府をハーモニー宇宙艦隊が追い詰めた！

NASA衛星写真《World View》が捉えた真実

第一刷 2016年12月31日

著者 上部一馬

発行人 石井健資

発行所 株式会社ヒカルランド
〒162-0821 東京都新宿区津久戸町3-11 TH1ビル6F
電話 03-6265-0852 ファックス 03-6265-0853
http://www.hikaruland.co.jp info@hikaruland.co.jp

振替 00180-8-496587

本文・カバー・製本 中央精版印刷株式会社

DTP 株式会社キャップス

編集担当 TakeCO

ISBN978-4-86471-458-7

実は日々の私たちの想念（思い）は、この細胞内の水分子の中に波動として蓄積されていて、それと脳がシンクロしているのではないかと考えました。「愛している」という言葉の波動に満たされた人体細胞の水は、愛という明るい波動を発し、周囲にも明るい影響を与えます。よって、体内の水分子を調節することで、ネガティブな想念を打ち消して、ニュートラルで落ち着いた精神状態に出来るのではないかと考え、この製品を開発しました。

■ 製造プロセス概略

この太陽のカードは、素材となる黄銅（真鍮）に、微細な絵柄加工を行い、さらに金メッキを施します。その後、特殊セラミックを応用し強い電場をかけて、量子力学的な加工を行います。これを一定期間連続して処理し、さらにはハーモニー宇宙艦隊にカードへのエネルギー直結を依頼することで完成します。

■ 心が不思議に安定してくる

このカードをご自身の身近に置いて使っていただくとわかりますが、私たちを悩ませる不安や心配など、余計な想念が出にくくなって精神的に安定し、必要な作業や物事に集中できるのです。その理由は、まだ完全に解明されたわけではありません。しかし沢山のユーザー様による実体験（下記一覧）がそれを証明しています。

■ ユーザー様からのご報告実例

◎心が落ち着く、出来事に冷静に対処できる
◎熟睡できる・睡眠時間が短くてもだるさがない
◎明晰夢を見る（逆に見なくなったケースも）
◎夜中にトイレで起きなくなった
◎朝の目覚めがスッキリしてモヤモヤ感が消えた
◎ネガティブな思いにとらわれなくなった
◎就職活動の成功・中途入社での成功
◎子供のテストの成績が上がった・学習意欲が出た
◎販売成績の向上・会社の資金繰り改善
◎国家試験（宅建取引主任者）の合格
◎同僚や上司などが穏やかに優しくなった……などなど。

■ カードには明確な指示を出しましょう

太陽のカードは、財布やポケットの中に入れておく、カード入れに入れて首から下げておく、就寝時には枕元に置いておくなどの使い方が一般的です。さらに使いこなすには、カードを手に持ち、マイクのようにカードに対して「○○を○○してください」と、声に出して指示を出してください。これでインプット（設定）が行われ、カードが具体的な活動を開始します。

◉ THE CARD OF THE SUN 超次元ツール「太陽のカード」

太陽のカード
9,800円（税込）

●サイズ：縦85×横54×厚さ0.4㎜（クレジットカードサイズ）
●素材：黄銅（真鍮）に18Kメッキ

★『日本上空を《ハーモニー宇宙艦隊》が防衛していた！』刊行記念 ★
★★★ 特別デザインカード発売決定 ★★★

この度、通常版ゴールドの「太陽のカード」に加え、新刊刊行記念としてシルバー版の「太陽のカード」が発売されました！　新刊のイメージをもとにデザインされた特別版です。この機会にぜひお買い求めください。

シルバー版 太陽のカード　9,800円（税込）
●サイズ：縦85×横54×厚さ0.4mm（クレジットカードサイズ）
●素材：黄銅（真鍮）

■ 太陽のカードの特徴

『水は何でも知っている』という本をご覧になった方は多いと思います。コップの水に「愛しているよ」と言えば、美しい六角形の雪の結晶となり、「馬鹿」と言えば、結晶の形が崩れてしまう。これは、人間の声とその言葉の意味の波動が、水分子に直接的な影響を与え、分子結合構造に微妙な影響を与えるからだと考えられます。液体の状態の水分子は、いくつかが集まり、集団で１つの固まりになったり、それがまた崩れたりしながら、いろいろな方向に向かって自由に運動しています。水が様々な形に変化できるのは、分子がこのように自由に動いているからだと言われています。太陽のカードはここに着目しました。

■ 水分子と想念の関係

人体の約60%は水で作られています。ちなみに赤ちゃんは、体重の約75%、成人では約60%、老人では約50%と、加齢につれて水分の割合が少なくなります。

ールです。

■ 第三の目の開発

太陽のカードプロトタイプと異なり、裏側は「鏡面」部分を増やしています。これは自分自身を映して、宇宙とシンクロさせるためのものです。この面を自分に向けて、ご自分の顔を映してみてください。ちょうど額の真ん中あたりに、エネルギー放射の中心が来ると思います。この位置が「第三の目」にあたります。仏像では東方一万八千世界を照らし出す「白毫（びゃくごう）」とも言われています。※鏡面は非常にデリケートなため、メッキ工程時に多少の微細な傷が入っていることがありますが、機能には影響ありませんのでご安心ください。

■ 30秒～１分間程度シンクロさせます

額に放射点をセットしたら、銀河から放射される宇宙エネルギーが、第三の目を通じてシンクロするよう、30秒～１分間程度、目を開けたままイメージングしてください。宇宙という壮大無比なシステムが、ダウンロード＆インストールされるイメージでも OK です。人によっては、第三の目のあたりがムズムズする方もおられると思います。宇宙や超次元とのシンクロ現象が起きている証拠です。「○○をよろしくお願いします」とか「○○をされる」というイメージでも OK です。人によっては、第三の目のあたりがムズムズする方もおられると思います。宇宙や超次元とのシンクロ現象が起きている証拠です。このほか、ご自分のアイデアで、宇宙面のさまざまな応用を行ってみてください。

■ タイプ違いでネックレスタイプもあります ※５月下旬以降発送

プロテクショングリッドペンダント
9,800円（税込）

日本列島や世界を数々の災害から守ってくれている、ハーモニー宇宙艦隊の「プロテクショングリッド」。ユーザーの方々の完全守護を目的としたペンダントです。太陽のカードと全く同じ量子加工を行っています。紐の長さを「短い、長い」で選べます。口元へ持って行き、ハーモニー宇宙艦隊へ頼みごとを呟いてみて下さい！

●サイズ：高さ25×幅15×厚さ２㎜、重さ８ｇ
※革紐50cmか60cmからお選びいただけます。
※５月下旬からのお届けとなります。ご了承ください。

【お問い合わせ先】　ヒカルランドパーク

■ 好転反応について

太陽のカードの使用中、人によっては、たとえば頭痛がする、ネガティブな想念が次々と出てくる、などの現象が起きることがあります。これらは、体内の水分子に蓄積された、過去のネガティブな波動を排出してデトックスしているのだとお考えください。

■ 太陽のカード使用上のご注意

太陽のカードは、必ず付属のビニールケースなどに入れたままご活用ください。袋から出して素手で触ると、カードのエッジ（ふち）で手指などをケガする恐れがありますので、お子様の手に触れないよう十分ご注意ください。またこのカードは、天気のいい日には時々日光に当てて、太陽からのエネルギーを充電させると、パワーが増加しますので、ぜひお試しください。

◉ 超次元ツール「太陽のカード」 宇宙面の使い方 ◉

■ 裏側は「宇宙面」です

カードのおもて側の絵柄は「太陽」＝太陽面ですが、裏側はこの太陽系と表裏一体となった「宇宙」＝宇宙面です。銀河の中心から放射される、万物を司るエネルギーが回転しながら、十字型の無数の星々に、キラキラと降り注いでいるさまが描かれています（カードを動かすと放射が回転して見えます）。もちろんこの十字星は、ハーモニー宇宙艦隊でもあります。

■ 人間の肉体は大宇宙と同じ

人体を構成する細胞の数は、長い間約60兆個と言われていましたが、実際は37兆個前後と推定されているそうです。それでも気の遠くなるような天文学的な数であることには変わりありません。肉体は「小宇宙」であるとも表現されますが、実際は完全に大宇宙とシンクロしており、肉体＋意識＝宇宙という公式が成立します。これまで、瞑想などのイメージング以外に宇宙と繋がるツールはありませんでした。それをいつでも携帯できるようにしたのがこの超次元ツ

■ 財布の使い方

①超次元財布として使用（現金を入れない方法）

この財布は全体を量子加工し、カード入れには太陽のカードとスターシップカードがセットしてありますので、量子という名の「財」を取り込む器として機能します。

よって現金は一切入れず、夜寝る前にこのクォンタム財布を、普段お使いになっている通常の財布の上に重ねひと晩置き、翌朝太陽のカードとスターシップカードを取り出し、自分のクレジットカードや銀行のカードに重ねて入れて、量子的な財をインストールします。

この場合、太陽＆スターシップカードそれぞれに取扱額を紙に書いて一緒に入れ設定しておきます。量子には限界はありませんので、１億円でも100億円でもかまいません。

②通常の財布として使用（現金を入れて使う方法）

太陽＆スターシップカードに取扱額を設定し、クレジットカードやATMカードに重ねて入れておき、紙幣やコインを普段通りに入れて使います。

※①と②いずれかしっくり来る方法で活用してください。

■ 製品の内容

クォンタムリッチウォレット（量子加工済み財布）１個、
太陽のカード２枚、専用フランネル保存袋１個、説明書カード、
専用ケース、太陽のカード用透明ビニール袋２枚

■ 製品仕様

財布の大きさ：タテ100㎜×ヨコ190㎜×厚さ25㎜
素材：牛革（内装仕切り：ナイロン）、色：黒、お札入れ３、
コイン入れ１、カードホルダ８、オープンポケット２

※訂正）製品同梱の説明書カードには太陽のカード１枚・スターシップカード１枚となっておりますが、スターシップカードは素材がステンレススチール製で磁気カードに影響を与えるおそれがあるため、磁気に影響のない真鍮製の太陽のカード２枚となっています。

※追記）このクォンタムリッチ財布は、イタリアのボッテガヴェネタ社のイントレチャート財布によく似たデザインです。しかしこのイントレチャート（革による編み込み）デザインは、同社の専売特許ではなく、古来からあるバッグ等の製造方法のひとつです。それをお求めやすい価格で実現しました。

※注）このクォンタムリッチ財布は、お使いになる方またはご家族等の収入および売上の増加、改善を保証するものではありません。

【お問い合わせ先】ヒカルランドパーク

本といっしょに楽しむ ハピハピ♥ Goods&Life ヒカルランド

量子加工製品販売のお知らせ

クォンタムリッチ財布
価格：29,800円（税込）

「量子加工はカードだけではなく、あらゆるものに可能であることがわかってきました！　今後多くの量子加工製品に挑戦していきますが、まずはこんな財布あったらいいのではないかと思って作ってみました！」atumu

■ 豊かさをもたらすクォンタムリッチ財布

Quantum ＝量子の世界では、この世の物理法則が通用せず、時間の逆転が起きたり、ないものが突然出現したり、不思議な挙動を示します。これからはこの量子の世界をどのように役立てるかがポイントになります。そこで誰もが毎日使う「財布」の量子加工に挑戦しました。

■ お金を30日単位の時間軸から解放

お金を単なる「毎月の収入」という固定概念で見てしまうと、あなたにとってリッチは気分は給料日だけ。あとは減る一方です。これは、お金が30日単位という短い時間に縛られてしまうからです。

■「財」の複数の次元をコントロール

私たちの生活と切り離せない「財」には、多次元世界と同じように複数の次元があります。比較的短期に実現するもの、あるいは逆に何年何十年もの月日を必要とするもの、さらには人生の長さほどのベースで実現するものなど、多岐にわたります。

いついつまでにに現金になるならない、それだけで判断してしまうと、将来に向かっての中長期的な財の量子的活動が停滞します。クォンタムリッチ財布は、量子の世界で財のエネルギーを上手にコントロールする目的で製作されました。

ヒカルランド　好評既刊！

地上の星☆ヒカルランド　銀河より届く愛と叡智の宅配便

日本上空を《ハーモニー宇宙艦隊》が
防衛していた！
著者：上部一馬
四六ソフト　本体1,815円+税

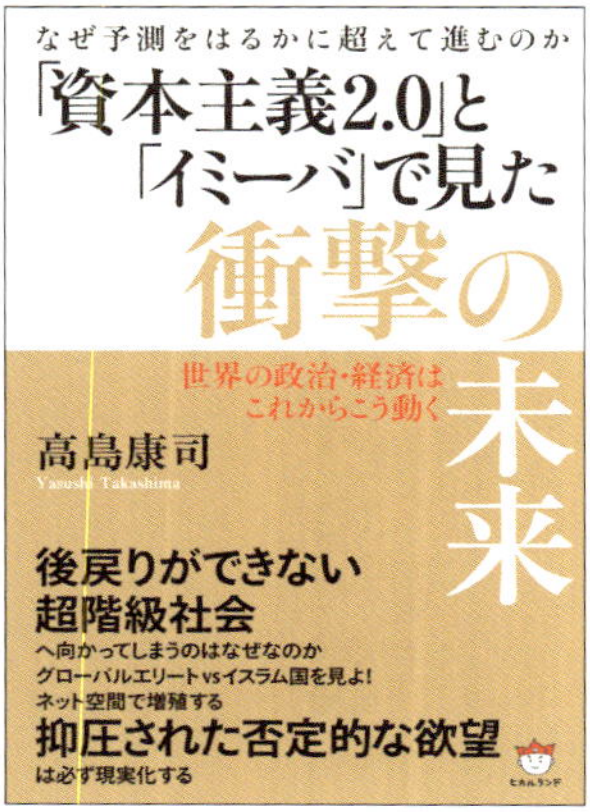

「資本主義2.0」と「イミーバ」で見た
衝撃の未来
著者：高島康司
四六ソフト　本体2,000円+税

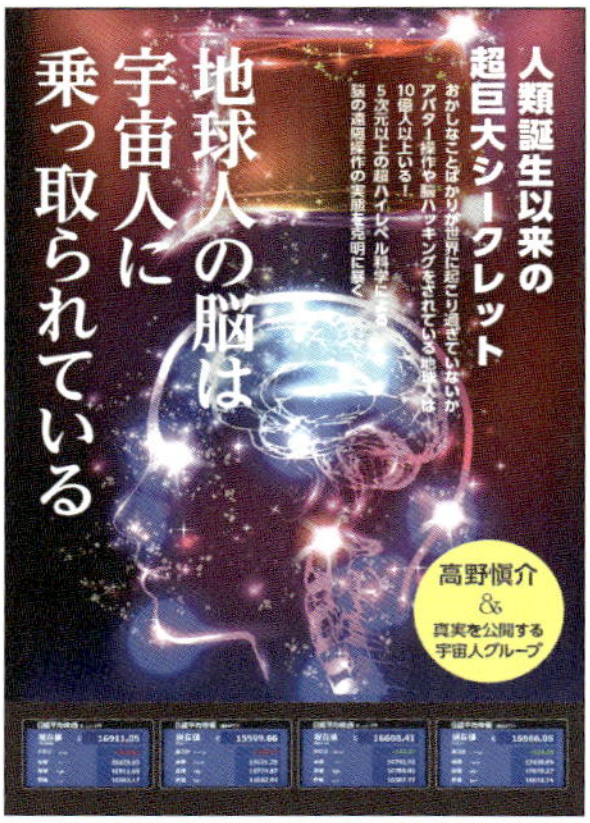

地球人の脳は宇宙人に乗っ取られている
著者：高野慎介／
　　　真実を公開する宇宙人グループ
四六ソフト　本体1,815円+税

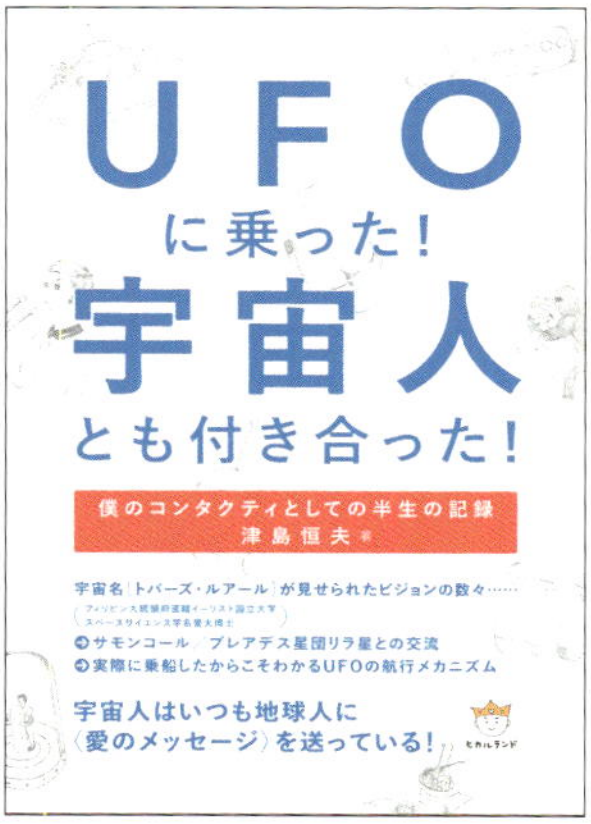

UFOに乗った！
宇宙人とも付き合った！
著者：津島恒夫
四六ソフト　本体1,815円+税

神楽坂♥《ハート》散歩
ヒカルランドパーク

海外プレミアムセミナー①
《愛と結婚と永遠の伴侶／スピリットメイトとは何か？》

講師：アニ＆カーステン・セノフ　　スペシャルゲスト：滝沢泰平

『宇宙からの伴侶 スピリットメイト』の著者アニ＆カーステン・セノフ夫妻が、北欧より待望の初来日！
ソウルメイトを超えたスピリットメイトをテーマにセミナーを開催します！
スペシャルゲストには、この度めでたくスピリットメイトとゴールインされた滝沢泰平さんをお呼びしています。
アニ＆カーステン・セノフ夫妻と滝沢泰平さんのハーモニック・セッション「真実のパートナーシップとは何か」をつかみにこの会場にぜひ足をお運びくださいませ！

日時：2017年３月25日（土）13：00～17：00
料金：10,000円（海外プレミアムセミナー②と同時受講の方は２日間で20,000円のところ18,000円となります）
場所：ヒカルランドパーク（予定）

ヒカルランドパーク
JR 飯田橋駅東口または地下鉄 B1出口（徒歩10分弱）
住所：東京都新宿区津久戸町3－11 飯田橋 TH1ビル 7F
電話：03－5225－2671（平日10時－17時）
メール：info@hikarulandpark.jp
URL：http://hikarulandpark.jp/
Twitter アカウント：@hikarulandpark
ホームページからもチケット予約＆購入できます。

セット内容：本体・電極パーツ・電源コード
寸法：本体 幅185㎜×奥行き185㎜×高さ304㎜
電極パーツ：３ｍ　電源コード 1.8m
重量：本体 1.85kg　電極パーツ 295ｇ
電源：AC100〜240Ｖ　50／60Hz　　消費電力：40W

水素風呂リタライフ ― Lita Life ― でお家のお風呂が変わります。

1．誰でも簡単に操作ができます。
2．30分で準備が完了します。
3．５分〜10分で水素を吸収します。

日本人にとって入浴は毎日の習慣です。
そして入浴は、疲労回復や心身をリセット・リフレッシュさせます。
体温が上げることで血液循環もよくなります。
血液循環が良くなると栄養物質や酸素の供給、老廃物質の排泄促進につながります。

39〜41℃程度のぬるま湯に浸かって、ゆっくりと体を温めると疲労回復が早まり、血液循環や新陳代謝の活性化の効果と共に傷ついた細胞の修復も期待できます。

そんなお風呂の中で「水素」を発生させることで、さらに皮膚から直接「水素」を体内にとり入れることとなり、お家のお風呂が、天然温泉のように優れた場所になるのではないでしょうか。

リタライフ ― Lita Life ― のレンタルをご希望の方は、下記のどちらかの方法でヒカルランドパークまで御連絡を下さい。
電話：03－5225－2671
FAX：03－6265－0853
メールアドレス：info@hikarulandpark.jp
FAX・メールの場合は「リタライフ、レンタル希望」と明記の上、お名前・ふりなが・ご住所・電話番号・年齢・メールアドレスをご記入ください。

後日、リタライフの正式なレンタル契約書を、ご自宅に郵送いたします。

現在大変混み合っておりますので、お申込み後、商品のお届けまで１ヶ月〜２ヶ月ほど掛かります。ご了承ください。

【お問い合わせ先】ヒカルランドパーク

本といっしょに楽しむ ハピハピ♥ Goods&Life ヒカルランド

◉ 水素風呂 リタライフ －Lita Life－

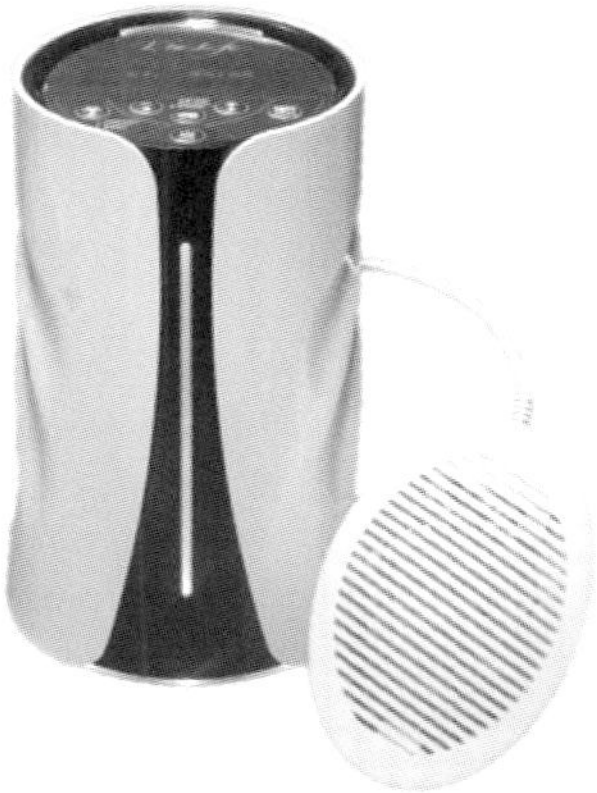

モニター価格として**月々3,500円(税別)**でレンタルいたします。(通常は5,000円税別)
最初の１ヶ月は無料です。

※モニター会員として効果について報告をお願いすることがあります。無料期間も含め４ヶ月以上レンタルしていただける方が対象です。

人間は老化という生理現象から逃れられません。
細胞の劣化が老化の原因ですが、劣化原因に活性酸素があることが周知のこととなってきました。
なかでもヒドロキシルラジカルは糖質やタンパク質、脂質などのあらゆる物質と反応し、最も酸化力の強い、いわゆる悪玉活性酸素に変化してしまいます。

近年「水素」の還元力が細胞の酸化防止に極めて高い効力を有することが明らかになってきました。

水素は、水素水などの飲料水からでも十分に体内に取り込めることが期待できますが、研究が進展することで、水素水を飲む以上に水素風呂で水素を取り込むほうが、効率よく取り込むことが出来るといわれています。

水素風呂には錠剤タイプもありますが、長期的に水素を取り込もうとすれば、コスト面、水素の質、手軽さなどを考慮して電解式の水素発生器が最も便宜性の高いものとなります。

ご家庭でお気軽にご使用頂けるように、低価格でレンタルサービスの出来る水素風呂リタライフをお薦めします。

水素水の生成にかかる費用は、機械のレンタル料のみ！ご家族みんなで使用しても同料金でお楽しみ頂けます。※要別途電気料金

③ 臨床試験によって「血管拡張」「血行改善」が明らかに
多くの研究機関で効果を実証。国立大阪大学付属病院の関連施設で、褥瘡（じょくそう）改善効果が確認されています。また、国立帯広畜産大学では、動物による血管拡張試験でも、血管、血流改善が報告されています。

④ 安心の日本製！　約20年の実績
北海道の厳選したブラックシリカを使用した「蓄熱マテリアル」と合成樹脂を混ぜ、薄く伸ばした生地を裁断、縫製します。鉱石の採取は社長自ら行い、改良を重ねた工程で作業はすべて日本国内で行っています。

⑤ 米国 FDA 医療機器認可登録
米国食品医薬局（FDA）の厳しい審査をパスして認可登録された信頼の商品です。その効果は海外でも注目され、サウジアラビアでは、国立病院でスーパーメディカルマットの導入を検討しているほどです。まさに世界が注目しているマットです。

出先でも使用できる携帯用サイズもあります♪

※写真は椅子にマットを敷いたものです。

デスクワークや車の運転など、長時間の同姿勢で血行の滞りが気になるシーンにお使いいただけます。持ち運びやすい携帯用マットで、体の内側からポカポカに！

スーパーメディカルマット携帯用
販売価格　97,200円（税込）

★サイズ：45cm×98.5cm×厚み0.3cm
材質：ダブルラッセル、蓄熱マテリアル
色：赤
生産国：日本

◎オーガニックサウンドスピーカー
◎水素風呂（手足浴）

みらくる Goods メニュウ

◎メディカルマット（電源のいらない保温製品）
◎テネモス地球環境製品
◎地球家族フリーエネルギー製品
◎ TAKEFU（竹繊維製品）
◎麻福（麻繊維製品）
◎ラジエントヒーター（赤外線調理器具）
◎クリスタルボウル（水晶純度99.99％）
◎サウンドヒーリングツール各種（ユニバーサルバランス）
◎ハッピーウッドテーブル

みらくる Food メニュウ

◎神楽坂紅茶（世界最高品質のテイスト／薬効）
◎皇帝塩食品（安心・本物のこだわり／米・味噌・醤油）
◎麻食品（究極のパワーフード）
◎オリーブオイル専門店クレアテーブル食品
◎マルンガイ（オメガ３、GABA、ファイトケミカル）

みらくる Book メニュウ

◎テレビ、新聞、ニュースでは決して知ることのできない情報ばかりの本（500種類）

神楽坂ヒカルランド
みらくる Healing & Shopping
2017年1月オープン予定です

ハッピーウッド（天然微生物の生きた杉材）の
森林浴ルームでショッピング & ヒーリングを
お楽しみ頂けます。

元気健康になるココだけの Goods &フード
一度は試したい話題の波動健康器具（数種）
ハッピーウッドの家具
もちろんヒカルランドの本もございます。

ユメの究極ヒーリングの殿堂
まさに《光るランド》がついに完成します〜〜
ぜひ遊びに来てください！

みらくる Healing メニュウ

◎西堀式音響チェア
◎ AWG 波動療法
◎メタトロン波動療法
◎ブレインパワートレイナー（脳波調整）
◎元気充電マシン（磁力不足解消）

ヒカルランド　好評既刊！

地上の星☆ヒカルランド　銀河より届く愛と叡智の宅配便

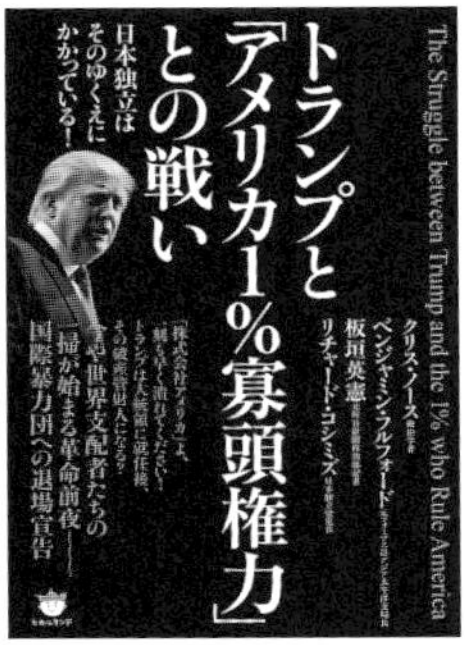

トランプと「アメリカ１％寡頭権力」との戦い
著者：クリス・ノース／ベンジャミン・フルフォード／板垣英憲／リチャード・コシミズ
四六ソフト　本体1,843円+税

嘘まみれ世界経済の崩壊と天皇家ゴールドによる再生
著者：ベンジャミン・フルフォード／板垣英憲／飛鳥昭雄
四六ソフト　本体1,667円+税

この国根幹の重大な真実
著者：飛鳥昭雄／池田整治／板垣英憲／菅沼光弘／船瀬俊介／ベンジャミン・フルフォード／内記正時／中丸 薫／宮城ジョージ
四六ソフト　本体1,815円+税

サイキックドライビング
【催眠的操作】の中のNIPPON
著者：飛鳥昭雄／天野統康／菅沼光弘／高島康司／船瀬俊介／ベンジャミン・フルフォード／宮城ジョージ／吉濱ツトム／リチャード・コシミズ
四六ソフト　本体1,815円+税

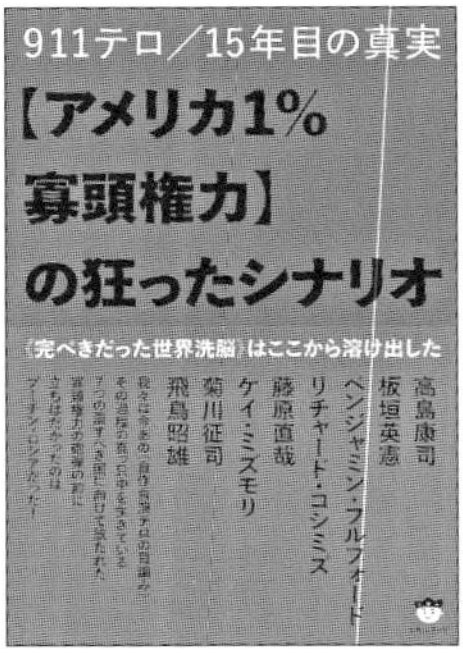

【アメリカ１％寡頭権力】の狂ったシナリオ
著者：高島康司／板垣英憲／ベンジャミン・フルフォード／リチャード・コシミズ／藤原直哉／ケイ・ミズモリ／菊川征司／飛鳥昭雄
四六ソフト　本体1,851円+税

戦争は奴らが作っている！
著者：船瀬俊介／ベンジャミン・フルフォード／宮城ジョージ
四六ソフト　本体1,750円+税